美食从典故中走来

冯忠良　编著

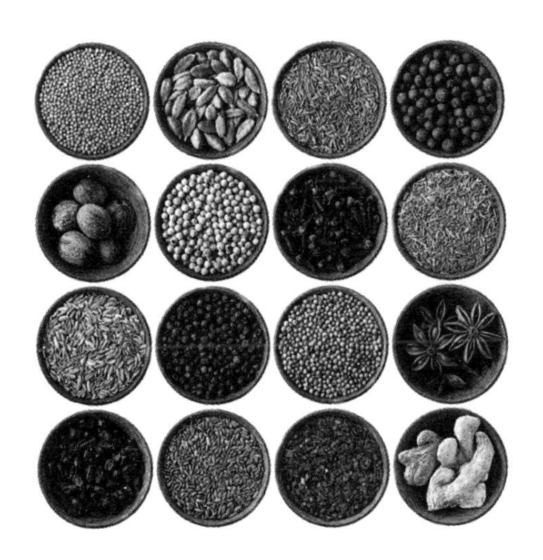

四川民族出版社

图书在版编目（CIP）数据

美食从典故中走来 / 冯忠良编著. --成都：四川民族出版社，2023. 2

ISBN 978-7-5733-1152-8

Ⅰ. ①美… Ⅱ. ①冯… Ⅲ. ①饮食-文化-中国 Ⅳ. ①TS971.2

中国国家版本图书馆CIP数据核字（2023）第030602号

美食从典故中走来

MEISHI CONGDIANGUZHONG ZOULAI

冯忠良 编著

出 版 人	泽仁扎西
责任编辑	伍丹莉
责任印制	谢孟豪
出 版	四川民族出版社(四川省成都市青羊区敬业路 108 号)
邮政编码	610091
设计制作	成都圣立文化传播有限公司
印 刷	四川金邦印务有限公司
成品尺寸	170mm × 240mm
印 张	16.75
字 数	270 千
版 次	2023 年 2 月第 1 版
印 次	2023 年 2 月第 1 次印刷
书 号	ISBN 978-7-5733-1152-8
定 价	78.00 元

自序

冯忠良

前几年，一位红颜知己曾与我有过一次关于餐饮的认真讨论。

问：“你喜欢做饭菜吗？”

答：“我不喜欢。”

问：“既然不喜欢，那你在北京四年、海南一年，有食堂，为什么还要自己做饭菜呢？”

答：“我不仅仅是考虑到成本、卫生，而且还因为我想吃最适合自己口味的饭菜。”

问：“你为什么不培养做饭菜的兴趣，而有的人却偏偏喜欢做饭菜呢？”

答：“一个人的时间和精力毕竟有限。因为我生活中还有更多的与做饭菜同样有意义、有价值的事。即使我喜欢上做饭菜，或许喜欢的也是饭菜中的历史和文化。”

我完成长篇小说《东山情》的创作和出版之后，因为小说内容涉及清宫餐饮，且言犹未尽，于是就想出一部关于中国古代有典故的餐饮的书。对于做饭菜，也开始喜欢上了。当然，喜欢的主要还是饭菜中的历史和文化。

中华民族上下五千年，名人名餐辈出，而名人名餐密不可分，有的因名餐而成为名人，有的则因名人而成为名餐。但无论是前者还是后者，其中都有一个动人的典故。

于是，我分类收集整理了中国历史上有典故的美食名品，并挖掘出了这些美食的出处或其中的故事及做法。力求做到，书中每一道美食都有一个文学化的典故，都有古今的不同做法，都有可供参考的图片，等等。

其实，有典故的美食，对于当代人而言，太平常了，或许大家都吃过。但是，不平常的是背后鲜为人知的典故。许多典故，主题鲜明，故事性强，引人入胜，人物形象生动感人。其中，有凄美的爱情，有古人的智慧，有传统的美德，有治病的良方，有养生的秘诀……全是优秀的中华文化，具有一定的文学性和史料价值。

说实话，收入本书的美食，现在许多餐饮店都有，但对于这些美食的来历，不用说食者，就是许多店主或厨师，甚至是通过专业培训的厨师，或许也只知其然，不知其所以然。食者只知吃，做者只知做，哪知其中的故事？店主如果知道了来历，为什么不可以广而告之，通过各种形式的宣传，来提升本店及美食的历史文化品位，进而促进消费呢？要知道，真正有竞争力的美食，不仅仅在于美食本身的品质，而且还在于其中的历史和文化含量。只有美食加上历史文化，才可能真正形成品牌。

当然，此书也可以供喜欢美食的朋友们烹饪时参考，但仅仅是参考。因为，这部书并非餐饮专著，我毕竟不是厨师，菜谱是搜集所得，仅作为典故的配套内容。因此，烹饪者在具体操作中切忌生搬硬套，尚需根据不同的地方，不同的菜系，不同的人群，不同食者的口味、身体状况，以自己拥有的烹饪知识和实践经验，去辨别，去取舍，去调整，去完善。

同时，此书对于喜欢养生的读者，也有重要的参考价值。中国的食疗养生文化，历史悠久。典故中的帝王、美女、文人及民间名人，无不注重养生。其中的食谱，值得借鉴。其实，现在许多养生餐饮，大都源于古书中的食谱，尤其是宋代“打老儿方”。不少食谱还特别列出了营养成分和适用人群的分析或提醒。

这部书，分类成章。以典故中主人公的主要身份大致分为帝王将相与美食、美女与美食、文人与美食、民间美食四大类，基本以朝代或菜别为序。鉴于有的典故在分类中会有交叉，所以如果前面已有记载的，后面只注明，不再重复。

本书的出版发行，得到了日本川渝总商会、在日中国厨师精英协会的大力支持。在此表示感谢。

冯忠良

目　录

Contents

第一章　帝王将相与美食

第二章　美女与美食

第三章　文人与美食

第四章　民间美食

第一章

帝王将相与美食

古代帝王将相大多既是美食的品尝家，又是美食形成的创意者、经历者、食中人。有的在开拓事业之前饱受磨难，吃的本来是平常之菜，因为后来身居高位而使平常之菜一举成名；有的是成为帝王将相之后吃遍天下美食，以致美食成名。当然，其中也有他们亲手做出的菜，他们所赐的名，更有因他们的故事或传说而成名的菜……

一、周天子制定的宴饮必上的冷盘菜

中国古代天子宴享，隆重冗长。因无炒锅，烹饪以烧、烤、煮、熬为主。但如此一来，耗时费工，太过烦琐。为此，周天子规定宴饮须用冷食，以作为热菜一时上不来时的调剂，使宴饮既丰盛又不冗长。

《周礼》记载了这种须用冷食的饮食规定，“凡王之稍事，设荐脯醢”（《周礼·天官·膳夫》）。意思是说，凡是宫廷的这一类宴饮，要设置和呈上“脯醢”。所谓“脯”，指可以冷食的肉干，相当于现在的卤肉、腊肉、午餐肉之类；所谓“醢”，也就是酱，当时周王宫廷已有220种“醢”，主要是肉酱。后人贾疏指出，“脯醢者，是饮酒肴馐”，意思是，肉干、肉酱这一类冷菜，是饮酒的珍馐，即上好的下酒菜。这表明，早在西周时代，人们已清楚地认识到冷菜宜于宴饮的特点，并把它作为酒菜而不是食菜来对待。

周天子的这一规定，开创了我国古代冷菜之先河。应该说，中国冷菜之萌芽，不晚于西周，但汉代以前，仍依存于热菜之中，冷菜尚未成为独立的菜肴类型。

二、周文王寻找姜子牙形成的“鞭打黄牛”

【名菜典故】

商朝末年纣王无道，只知沉湎于酒色，全不问国家大事。使得奸臣当道，天下大乱，无辜的忠良不是被杀就是被疏远。忧国忧民的周文王也被软禁在岐山一带，壮志难酬。他日夜苦思伐纣良策，却苦于没有出路，于是四处寻访智谋之士，可总是没有着落，心里更加着急。

有一天，他独自迎着寒冽的西风，沿着渭河岸边，信步而行，望着流水不断，叹息声声。走着走着，却被眼前的一桩奇事吸引住了：在空旷清冷的河边，蹲着一位白发苍苍的老人。只见他手持钓竿，动也不动，僵持在那里，老半天过去了，连一只小鱼也未曾上钩，他仍纹丝不动。周文王想，天下竟然还有一个和自己一样如痴如醉之人呢。便悄悄走到老人身后，才发现老人的鱼钩垂在水面之上老高，而且钩上根本没有鱼饵。文王深感疑惑，便大声问道：“老人家，鱼儿既不上钩，您为何还要甘受如此风寒之苦呢？”老人并不理会，只自顾自钓，还念念有词：“太公钓鱼了，鱼儿快快上钩吧……”文王自讨没趣，便离开了河边。回去之后，文王还在为这个奇怪的老人纳闷。

周文王放心不下钓鱼老人，又派一个士兵去河边看他。士兵回来禀报，说老头儿不理人，只听他自言自语：“钓、钓、钓，鱼儿不上钩，虾米别来闹。”周文王到底是有心之人，他对垂钓老人的言谈举止冥思苦想许久，终于恍然大悟，也许这个不同凡俗的老人，正是自己苦苦寻求的天下奇士、智谋非凡的大贤人呢？他暗中责怪自己不能礼贤下士，没有恭敬谦虚地向人家求教……

其实，周文王的想法一点不错，垂钓渭水之滨的正是大贤大德之人姜子牙。他早知道周文王姬昌有心兴师伐纣，解除天下黎民疾苦，自己也想助他一臂之力。只是太公垂钓，愿者总得自个儿上钩才是呀！周文王一改往日的矜持，毕恭毕敬地来到渭河边向老人家施礼，请教兴国大计。

姜子牙说："我久闻大王贤良，也愿出山相助，只是不知大王是否信得过我。若大王真情相邀，可否立时伏地充作黄牛，让我鞭打。我打一鞭，愿为大王效命一年，打两鞭愿为大王效命两年……"不等姜子牙把话说完，周文王早已俯身伏地等候。那姜子牙果真手持鱼竿，在文王身上轻轻地拍打了几下。两人哈哈大笑，紧紧拥抱在一起。

于是，83岁的姜子牙出山当上了西周国师。他大力辅佐周文王姬昌，从此，西周国力日渐昌盛起来。周文王对姜子牙以"尚父"相称，将其尊为自家长辈一般，几乎是言听计从。结果，西周仅用几年时间便出兵岐山，东征伐纣，一举灭了商朝，建立起全新的国家。此后，"姜子牙钓鱼，愿者上钩"的故事一直传颂至今，以"鞭打黄牛"为美名的陕西佳馔也世代流芳，给喜爱美食的人们送上了一份厚礼。

【古菜今做】

原料：熟牛肋条肉300克，水发海参100克，香油、绍酒和酱油各25克，八角和姜片各10克，葱段15克，味精1克，精盐1.5克，肉汤150克。

做法：

——将熟牛肋条肉切成长5厘米、宽2厘米、厚0.3厘米的肉条，码入碗内；加葱姜、酱油、绍酒和肉汤；上笼蒸20分钟。下笼，除去葱姜和八角。

——将海参切为0.6厘米宽条，放入沸水中氽透。

——炒锅置于旺火上，加清油。油热煸炒葱姜，出香味后滗入蒸肉汤汁，加入酱油、海参和味精，转至小火煨2分钟。再转至大火，用手勺捞出海参，用筷子一个一个地摆放于牛肉之上，与牛肉条呈十字交叉状。

——原锅卤汁烧热，勾薄芡，淋香油，浇到牛肉条上即可装盘上桌。

三、宰相易牙为齐桓公宠妃卫姬制作的五味鸡

【名菜典故】

我国最早的药膳，出现在战国时代的齐国。

公元前685年至公元前719年间，齐桓公宠妃卫姬生了重疾，经医生治疗，不见起色，病势愈来愈重，齐桓公非常着急。齐桓公的宰相易牙，是

一名膳食高手，见此，为解齐王之忧，烹制了一道药膳，叫“五味鸡”。卫姬食后，病情有所缓解，齐王大喜。卫姬痊愈后，易牙声名大振，齐桓公九会诸侯的时候，特意让易牙烹煮“八盘五簋宴”。盘、簋是商周时代的食器，盘一般用来盛放菜肴，簋用竹篾编织而成，经常盛放无汤的肴馔，“八盘五簋宴”共有五篮八盘药食，精美绝伦，口味鲜美，有健身延年的功效。据资料显示，当时的菜肴中有“五味鸡”“鸳鸯鸭子”“龙门鱼”等。后人有不少与“八盘五簋宴王公”有关的诗句，说它是“大官之馔，天人之供”。

由于齐桓公“九会诸侯”场面盛大，易牙的烹饪方法一下子就传开了。后人师法易牙的烹饪原理，从此，药膳发扬光大。

【名菜今做】

原料：净母鸡1只（约1250克），熟土豆泥150克，洋葱末50克，番茄酱1克，咖喱粉、白糖、盐、味精、鲜汤、黄酒、葱、姜、植物油各适量。

做法：

——先把锅烧热，用油滑锅后，倒出油；锅内加油，放洋葱末煸炒，再下咖喱粉炒，接着下番茄酱，均要炒出香味、辣味及红油（但绝不能炒焦）；然后再放土豆泥，炒至均匀细腻；最后加入调料及汤水，使汁色泛橘红，光亮、鲜艳，葱香扑鼻，即为五味卤。

——将鸡剁去脚爪，洗净，揩净水分。用15克细盐擦遍鸡身。将几段葱结、3片姜塞入鸡膛内，用黄酒50克淋洒鸡身后放盆内，上笼屉用旺火蒸约20分钟，断生即取出，改刀装盆，拼摆成平面鸡形。将五味卤加四分之一的鲜汤熬煮均匀，淋入鸡油，浇在鸡面上，即为五味嫩鸡。

【名菜特色】

五味醇香，鸡肉滑嫩鲜美，汤浓不腻。

【健康提示】

桂圆具有补益心脾、养血宁神等功效，鸡与当归亦是强身健体的食物。若三者搭配食用，能为人体提供比较丰富的营养物质，对产后体虚乏力者有一定益处。

四、楚王喜爱的烹海狗

【名菜典故】

传说楚王游云梦泽，有一天夜晚听得哭声，像娃娃啼哭，好不纳闷，心想莫非哪里有冤情？于是派人查看，回报说，外面明月挂天，银光遍地，没有一丝人迹。楚王放心地“啊”了一声，不料还未入寐，又听得娃娃大啼。

楚王大怒，当即责打查看的侍从，着令点上火把，亲自出去查看。这一查查出个异物来，非狗非鱼，哭声就是由它发出来的。

楚王问随从此为何物，随从无人识得，又不敢说自己不知，便随口答“海狗”。楚王责令把海狗拿下，说是吵了他的美梦，说罢回去睡了。这下轮到侍从恼怒了，就这么一个怪物，折腾得众人不安，于是恨恨地将它烹了。到天亮，海狗已烹好，楚王早起，便闻得一股馥郁的奇香。楚王大惊，循香寻找，结果发现香味来自烹海狗。令人尝，鲜美无比，于是将它礼敬宾客。宾客尝得，纷纷说是天下美味。“烹海狗”也就成了楚国的国菜，一时传播开来。

海狗，其实是现在我们所说的“娃娃鱼”，目前仅存于中国和日本，生活在山沟溪流，能上树吃山椒果子，能入水捕食小鱼，四足，形似壁虎，无鳃，无鳞，为目前尚存的远古物种之一。

古人认为海狗有长生不老的功效，一直把它列为珍馔，后人以其为原料制成的名菜有“杏元鸡脚炖海狗”，还有“淮杞炖海狗”“海狗鱼炖鸡”等等。“娃娃鱼”现为国家级保护动物，禁止捕食。

五、经孙膑推崇由齐桓公建议制作的豆腐干

【名菜典故】

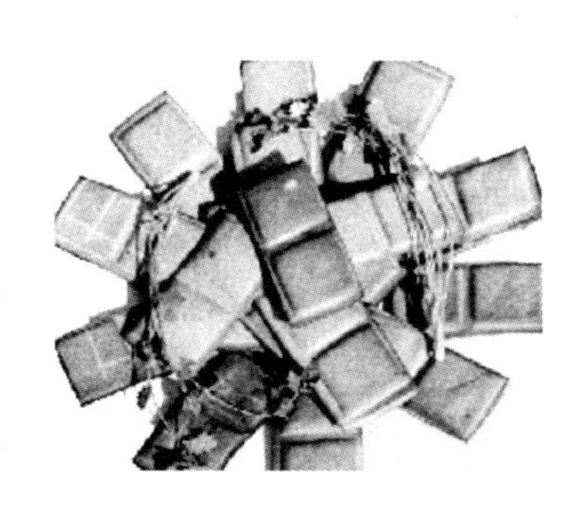

春秋战国时，魏国大将军庞涓心胸狭窄，嫉妒同学孙膑的才能，设计陷害，借魏王之手挖掉了孙膑的膝盖骨。孙膑得知庞涓欲置他于死地，装疯流落街头，以此麻痹庞涓，逃回齐国。有个卖豆腐的少年小福，见孙膑可怜，每天偷偷送他几块豆腐。孙膑怕被庞涓派来监视他的人发现，便将吃剩的豆腐压在石头之下，结果发现被挤压后的豆腐非常好吃。

孙膑被齐桓公救回齐国后，怀念起这段经历，对齐王说，用石头挤压后的豆腐非常好吃。齐桓公听说后，把小福找来，让他开了个“玉堂号”豆腐店。小福开店后，把挤压好的豆腐干再加作料，烹晒腌制，味道更加可口。于是，中国的五香豆腐干就这么产生了。

据记载：孙膑之后，北宋人特别推崇豆腐干。当时这种豆腐干以“自仙镇玉党号”最负盛名，皇家御宴往往把它作为席上佳品。到清代，朝野之人都喜欢吃这种豆腐干。清末八国联军进攻北京，慈禧太后避难开封，临走还带了十盒，车行至西安，豆腐干仍然发出醇香，由此又被叫作“千里香”。

【古菜今做】

原料：豆腐1块。

做法：先上锅蒸10分钟；蒸好的豆腐在外面晾晒，晒至表面微黄，表皮发硬（如果不晾晒一下，豆腐的水分太大，很容易破碎），切成小块，继续晒，同样晒至切开面也发黄变硬。

六、春秋时代庆祝田单“火牛阵”的“千层酥”

【名菜典故】

山东名食“千层酥”又名“翻毛酥”。它呈蛋白颜色，凹心多层，酥香绵甜，令人百食不厌。

据传在春秋时代，燕国上将军乐毅率大军进攻齐国，并有秦、楚、燕、赵、韩五国协同作战。齐国势单力孤，很短时间内便连续失去七十多座城池，最后只剩下莒城和即墨等一些地区了。在国家危急存亡时刻，齐国满朝文武力荐田单将军挂帅保国。田单智勇双全，誓死守卫即墨。

田单为了表示与国家共存亡的决心，将自己家人全部编入军队，和士兵一起守城，极大地鼓舞了士气。

田单待反攻时机成熟时，将城中近千头黄牛集中起来，在牛身上披上花被单，牛角上绑牢尖刀，牛尾拴好一束浸过油的茅草。另外选出五百名勇士，个个戴上奇形怪状的鬼脸面具，悄悄埋伏在城头准备行动。

燕国上将军骑劫发出要田单投降的最后命令：如不投降便血洗即墨，斩尽杀绝。田单派人去燕军阵前，表示愿意按约定时间出城投降。骑劫大喜，以为大获全胜在望，更加轻敌和骄傲了。到了受降时刻，燕国上将军及全体将士整装阵前，喜形于色。但见即墨城门大开，一声炮响，五百鬼脸勇士和屁股着火的神牛一起冲了出来。在风力鼓动之下，火牛受不住剧痛拚死闯入敌阵。燕国将士被冲杀得晕头转向。田单指挥大军奋勇作战，连骑劫也被火牛践踏而死。齐兵大获全胜，燕军溃不成阵。田单一鼓作气追击逃敌，很快收复了被燕国攻占的全部领土。

为了庆祝田单巧布火牛阵的丰功伟绩，齐国百姓制作了一千个彩色“面牛”食品，既为犒劳胜利之师，也为祭奠亡牛之灵。这就是山东历史名点“翻毛酥”的来历。

今日山东“千层酥”与昔日“面牛”很不一样，但是渊源犹在。人们食用千层酥时，会发现一层又一层的酥皮、一圈又一圈的重叠，螺旋式地向中心红点渐进，似乎可以联想到当年千头火牛冲锋陷阵的情状，美食爱好者一边品味吃食一边追溯历史典故，更富情趣。

【古菜今做】

原料：高筋面粉500克，熟猪油1500克，白糖200克，红色食用色素少许。

做法：

——将面粉过筛后，先将250克面粉用175克猪油和成油酥面，再将余下的面粉加入25克猪油和适量的水，和成与油酥面软硬一致的水油面团。

——将干油酥包入水油面内，捏拢收口，擀薄皮，折叠3层，擀成长20厘米、宽13厘米的面皮，用刀切成长20厘米、宽2厘米的细长条。取一根卷在左手指上，卷齐，把卷尽后的头塞在底部中间，从手指上脱出坯子，将酥层向外翻出，上面翻平，即成酥层在四周、中间略凹的圆饼形。

——油锅置火上，注入猪油烧热，将做好的生坯下入油锅氽。开始油温要低（五六成热），待出层次后，逐步升高油温，成熟捞出，沥净油，面上加糖色，轻轻压实压平即可。

七、楚文王下令研制的湖北鱼圆

【名菜典故】

“鲜鳞如玉刮刀椹，汁和葱姜得味深。要向宾筵夸手段，鱼餐做出是空心。”这是晚清《汉口竹枝词》中的一首描述鱼圆制作工艺的诗。诗中的“鱼餐”即“鱼圆”，又称“鱼丸”“鱼氽”，是楚乡湖北著名的传统佳肴，也是鄂菜中的佼佼者，深为湖北人民所喜爱。在当地民间，每逢年节举行家宴，或婚丧宴请亲朋，几乎都要烹制这道菜。鱼圆色泽洁白，质地软嫩，鱼肉鲜美，吃鱼不见鱼，无骨刺之烦恼，堪称鱼菜之绝作、鱼肴之精品。

相传，楚文王迁都到郢（今湖北江陵）以后，酷爱吃当地的鱼鲜，几乎达到无菜不鱼的地步。但文王偏偏是个吃鱼不会吐刺的人，每次进膳，总是面对丰盛的鱼肴一筹莫展。据《荆楚岁时记》记载：一次，楚文王被鱼刺扎喉后，当即怒杀司宴官。此后，厨师每给文王烹制鱼宴，首先必将活鱼斩头去尾，剥皮除刺。尽管如此，也难免有时遗留细刺卡喉而使文王恼火，往往盛怒之下，便喝令处死做菜的厨师。于是，不知有多少御厨名师沦为刀下冤鬼，许多厨师因此逃往他乡。有大臣建议出榜招贤，聘用会烹制无骨刺鱼肴的名师，获得文王应允后，便立即行文张榜。

张榜数天，却一直无人敢应聘。后来，有一位名厨应召担任楚文王的御厨，但他烹制出的鱼肴仍不能令文王满意。眼见厄运就要降临到自己头上，然而，他仍旧想不出好办法来，只得呆呆地站立在案板前，手握厨刀，用刀背猛击案板上的鱼块，以发泄愤恨之情。突然，他意外地发现鱼肉与刺神奇地分离了，鱼肉变成了细茸。这时已快到楚文王用膳时间，慌忙之中他灵机一动，速将各种调味料和鱼茸掺和在一起，然后挤成一个个小圆子，氽入鸡汤中呈给楚文王。文王见这漂浮在汤中玲珑剔透、异常精美的鱼圆肴馔，感到惊奇，细细品尝，入口即化，无刺无渣，且绵软香嫩，色、质、味皆佳。文王顿时大悦，赞不绝口，自此，鱼圆这一佳肴便产生了。

鱼圆这一特殊风味佳肴产生以后，楚文王下令定其为“国菜”，不许外传。于是，鱼圆便成为历代宫廷御膳珍品，专供皇室享用。至元代时，还出现了炸制的鱼圆，称为“鱼弹儿”。随着厨师手艺日趋精湛，鱼圆的品种越来越多，由原先的普通鱼圆，发展到现在的灌汤鱼圆、空心鱼圆、金包银（肉圆包鱼圆）、银包金（鱼圆包肉圆）、橘瓣鱼圆等，而且还由鱼圆发展出鱼线、鱼饼、芙蓉鱼片、芙蓉抱蛋、鱼糕、鱼饺等衍生品。如今，鱼圆已不再是皇室的专用品，而成为平民百姓的寻常肴馔。

【古菜今做】

主料：白鱼450克。

辅料：小白菜100克，鸡蛋清100克，淀粉（蚕豆）10克。

调料：味精3克，盐5克，葱汁10克，姜汁10克，猪油（炼制）50克，小葱5克。

做法：

——将白鱼宰杀洗净，片取净白鱼肉漂净血水，制成茸。

——鱼茸放入钵内加入精盐、味精、葱姜汁、鸡蛋清、湿淀粉和清水250毫升，用力搅拌成糊状。

——将熟猪油盛入平盘中，放入冰箱内，冻成块，用刀划成2厘米见方的小丁。

——将鱼茸糊摊在手中，取一小粒冻熟猪油放在鱼茸中间，挤成鱼圆。

——鱼圆下入清水锅中，待水温接近沸点时撇去浮沫，再加入清水，使水温保持“菊花水”状，煮10分钟后捞出放入凉水盆内漂凉。

——炒锅置于旺火上，放入清鸡汤750毫升和精盐、味精，投入空心鱼圆和菜心，稍沸后起锅盛入汤碗中即成。

工艺关键：鱼肉剁得越细越好，以上手感到滑润为止，成泥后加少许盐和味精，顺着一个方向搅拌上劲。“空心鱼圆”过去一直用猪板油做心，现改进为用熟猪油经凝固后切成小块，外包鱼茸，成为光润的鱼圆。

【名菜特色】

口感滑润、细嫩、有弹性，别具一格。

【健康提示】

白鱼不宜和大枣同食，鸡蛋清不能与糖精、豆浆、兔肉同食，淀粉（蚕豆）不宜与田螺同食。

八、范蠡养出的鲤鱼及“糖醋鲤鱼”

【名菜典故】

“糖醋鲤鱼”是鲁菜名馔。山东省济南市濒临黄河南岸，盛产著名的“黄河鲤鱼”，用它烹制的“糖醋鲤鱼”极有特色。造型为鱼头鱼尾高翘，显跳跃之势，寓“鲤鱼跃龙门”之意。糖醋汁酸甜可口，十分开胃。

黄河鲤鱼鲜美肥嫩，营养极为丰富，故有“黄河之鲤，肥美甲天下”之美名。《食疗本草》称：“将鲤鱼煮汤食，最有补益而利水。”至今黄河两

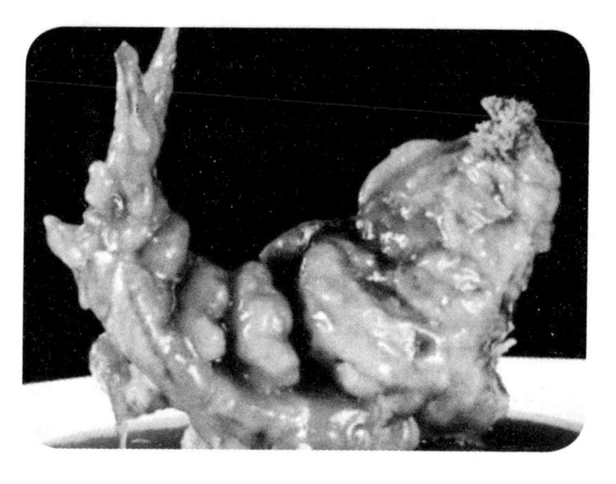

岸广大地区，宴席必以鲤鱼为珍肴，足见其名贵了。

我国最早饲养鲤鱼的，传说是帮助越王勾践打败吴王的范蠡。勾践打败吴王之后，范蠡大夫谢绝了越王重用他的好意，不愿当权臣辅宰，却要过平民生活。他携西施泛舟五湖，离吴之后到了齐国。因他善于经营，又得齐威王重礼相聘，从事养鱼业。他认为“养鲤鱼者，鲤不相食，易长，又贵也”。可见关于“黄河鲤鱼”的由来，范蠡贡献很大。

有趣的是，早在春秋时代，孔子生了儿子后，鲁昭公以鲤相送，表示祝贺，孔子还给儿子取名为“孔鲤”。那时山东的鲤鱼不仅是美味佳肴，而且还被人们认为是一种吉祥的象征。这种观念是从更早的《诗经》时代继承下来的，有诗“岂共食鱼，必河之鲤”为证。

【古菜今做】

原料：黄河鲤鱼1条约750克，米醋100克，白糖180克，酱油10克，精盐10克，清汤约300克，葱、姜、蒜末少许，湿淀粉150克，花生油适量。

做法：

——鲤鱼去鳞、去鳃、去内脏、洗净。鱼身上每隔2.5厘米距离，先直划后斜划约1.5厘米深的刀纹，然后起刀，张开鱼身，将精盐撒入鱼内稍腌，并在鱼的全身均匀地涂上一层湿淀粉糊。

——炒锅倒油，旺火烧至七成热，手提鱼尾放入油锅内，用铲刀将鱼托住炸约2分钟，用铲刀把鱼推向锅边，使鱼身呈弓形，鱼背朝下炸2分钟，再翻过来让鱼腹朝下炸2分钟，然后再把鱼身放平，将鱼头按入油内炸2分钟。等鱼身全部呈金黄色时，取出放入盘内。

——炒锅留油少许，烧至六成热，放葱、姜、蒜末和醋、酱油、白糖及清汤，烧浓后即用湿淀粉勾芡，淋上热油少许，迅速出锅浇在鱼身上即成。

九、秦始皇为嫔妃“垄断”的“水麻酥”

【名菜典故】

湖北潜江地方，至今流传着这样一首歌谣：

> 茶馆不卖水麻酥，茶客不往门前走。
> 请客不用水麻酥，宾至桌前又回头。

歌谣赞美的水麻酥，是湖北潜江县一种著名的传统菜点。相传，在公元前200多年的秦代，始皇帝嬴政曾经派出使者，到全国各地巡访佳点，以供后宫嫔妃们无聊时消遣。当使者寻访到楚地时，在一个名叫竹根滩的地方，发现一家作坊，门上挂的匾额口气大得吓人，叫什么“盖天之点——水麻酥”，使者忙进去，只见屋内坐满了顾客，大家都争着品尝一种小圆饼。使者也买了几个，细细品味，感到确实不同，很好吃。使者问这是什么饼子，人们告诉他说：“这就是水麻酥，是天下第一名点。”使者听后，虽然认为有些夸大，但也觉得非比一般，于是取了些样品，带回宫去。

后宫嫔妃们吃了水麻酥，个个都大加赞赏。秦始皇不禁龙心大悦，褒奖了使者访到佳点之功，随即又派他奔赴楚地，将竹根滩作坊的师傅召进了皇宫，专门为嫔妃们制作水麻酥。看到妃子们品尝水麻酥的欢喜劲儿，秦始皇当然十分得意，但他转念一想，这等上好茶点，应当被皇家独享，怎能由民间众食？于是秦始皇将水麻酥定为“御饼”，秘方不许外传。

到了清朝末年，还是潜江竹根滩，有一个茶点作坊名师叫潘丑儿，名字虽不好听，但他的技艺却十分高超，他立志要把家乡失传已久的水麻酥重现人间。他根据传说，仔细揣摩，几经反复试制，终于制作成了水麻酥。从此，被封于深宫，在民间失传2000年之久的“御饼”，终于又恢复了它本来的风采，重新回到了普通百姓的茶桌，成为人们喜爱的茶点。

【名菜做法】

选用上等精白面粉，加去皮芝麻、白糖、香油等混合调制，再经多道工序精心制作而成。

【名菜特色】

油而不腻，香酥可口。

一〇、韩信为败坏项羽名誉安排人做的烙馍

【名菜典故】

韩信趁项羽失败，想要败坏他的名誉，于是心生一计，找来巧妇，令她做饼。那时的饼又大又厚，一时不能熟透。项羽的官兵很快就要过来了，若做这样的大厚饼，时间怎来得及？韩信就向巧妇说，你快把面捋捋，弄薄弄熟，越快越好。

巧妇急中生智，就用一个圆棍一擀，把面擀得薄薄的，放在铁板上一翻一合就熟了。韩信一看很高兴，这样既能多做又能熟透，没多久就做了两大篮子。韩信命一个老头将饼挑到项羽必经的道路上去卖，并说：“你要见不到项羽，回来我一定杀你的头。”老头无奈，只能在指定的地方等待。

起先有几个骑兵到来，问老头：“现在兵荒马乱，人家都逃亡，你这老头不怕死，还卖什么东西？”老头说：“我卖的是好吃的。”士兵听说是好吃的，一心想吃，但手中无钱，心里干着急，就向老头说：“我们项王的兵马，一向不吃百姓的东西，除了管军需的带钱，连项王都不带钱。”说完这几个骑兵就催马扬鞭走了。

接着又来了一群骑兵，为首的一个彪形大汉骑着乌骓马，老头想这必是项羽了，连忙拦住说：“大王！我看你士兵无钱，不吃我的东西，可见大王治兵有方。不过你一连打了这么多天的仗，实在够苦的了，就是手中无钱，也请大王吃我的东西，饱饱肚子，好再打仗。我绝不要钱。”项羽说：“我

现在身无分文，虽然挨饿，也绝不白吃老百姓的东西。”老头心中很受感动，觉得人们说项羽这个人生性耿直，带兵廉洁，看来的确不假，于是把心里的话老实向项羽说了：“大王，我是韩信派来的。来时韩信向我说：‘项羽若吃你的东西，他无钱给你，后人将说他不义；若杀了你这个老头，后人将说他不仁。’你现在既不吃我的东西，又不杀我，我回去后，韩信必说我没见到大王，一定会杀我。这怎么办呢？求大王救我一命。”

项羽说：“我还要急着赶路，既然如此，这样办吧！”遂用力从他的十三节霸王鞭上拔出四节，交给老头说，“你拿着我这四节鞭去见韩信，他就知道你见到我了。因为韩信过去给我扶过戟，执过鞭。”说罢，项羽即随大队向南急驰而去。就这样，项羽一路奔逃来到东城（今安徽定远东南），队伍只剩28人。他想东渡乌江重整旗鼓，又觉无颜见江东父老，奋力拼杀一阵，遂横剑自刎而死，年仅31岁。老头回到村里后跟大家说起项羽的故事，人们争相学做馍来纪念项羽，后来徐州人民便将这馍称为“烙馍”。

【古菜今做】

原料：面粉（不需要发酵）。

——和面饧20分钟。

——将饧好的面分成若干小剂，揉均匀、光滑、表面无气泡。

——为防止面坯和擀面杖粘连，擀时加稍多的面粉。

——有耐心地擀制，刚开始擀时一定要多加面粉。

——继续擀，擀得越薄越好。

——锅烧热，什么都不需要放，下面饼以大火烙几秒钟，熟透即可。

一一、厨师投项羽所好而做的“霸王烧杂烩”

【名菜典故】

据说项羽有两大特点：一是对感情非常专一，终身以虞姬为伴；二是每顿饭都吃一样的。因为这第二个特点，手下的厨子可是伤透了脑筋。为了使驰骋沙场、鞍马劳顿的楚霸王吃好，厨子们想尽了各种办法。其中一个机灵的小厨子提出，将鸡、鱼、肉等放入一锅，精心烹制，这样不就什么东西都吃到了！

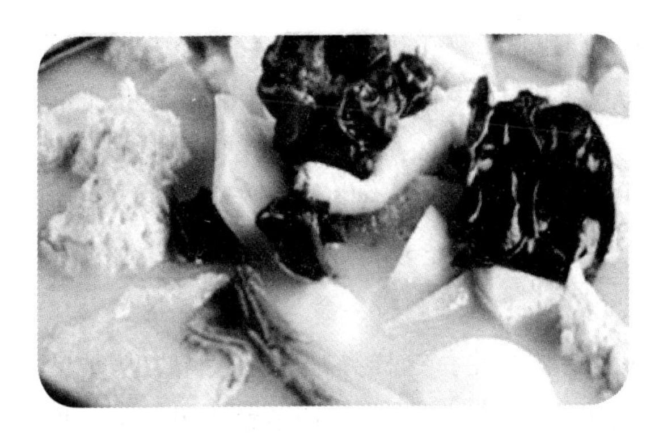

待这锅杂烩做好，端到楚霸王项羽面前时，厨子们起初还担心弄不好会被楚霸王一顿训斥，未曾想，项羽吃了第一口，胃口大开，一大碗杂烩顷刻间被吃了个精光。饭毕项羽告诉厨子，为了节省时间，今后菜就这么烧。

从此，厨师们每顿必做杂烩。为了使杂烩不致太单调，他们想方设法用各种菜搭配，尽量将杂烩烧得花样翻新。

【古菜今做】

主料：草鱼块、羊肉馅、鸡肉片各适量。

辅料：茶树菇、粉丝、白菜、鸡蛋各适量。

调料：洋葱、香菜、葱、姜、盐、白糖、高汤精、香油、胡椒粉各适量。

做法：

——坐锅点火倒油，下姜片煸香，放入茶树菇煸软后倒入适量开水，加盐、高汤精、白糖。

——将汤转入砂锅中，放入草鱼块、鸡肉片，羊肉馅中加入洋葱末、葱末、香菜、鸡蛋搅拌均匀，制成丸子放入锅中，加入粉丝、白菜煮熟，放胡椒粉、香油出锅即可。

【营养功效】

炖羊肉是很常见的滋补吃法，其营养价值非常高，因羊肉经过炖制以后，更加熟烂、鲜嫩，易于消化与吸收。新法做出来的杂烩色泽鲜艳，热气腾腾，虽制作方法简单，吃起来却鲜美异常，菜肉混杂使得汤浓味美，令人食之难以忘怀。

一二、刘邦喜爱的牛肝炙

【名菜典故】

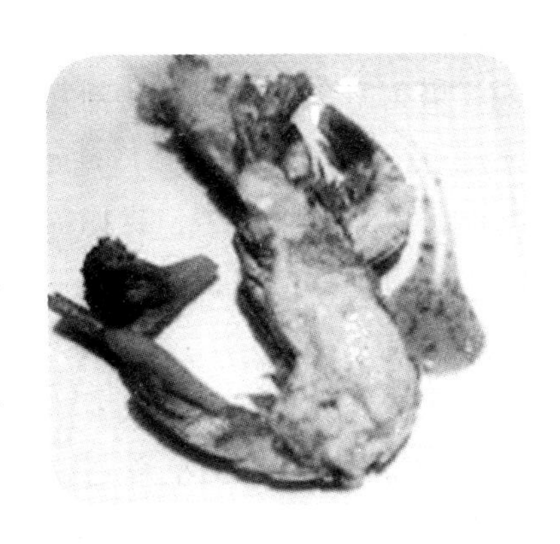

汉高祖刘邦登基后，早晚进膳，喜欢把牛肝炙、鹿肚炙置于案前。据晋《西京杂记》说，这中间的原因是："高祖为泗水亭长，送徒骊山，将与故人诀去。徒卒赠高祖酒二壶，鹿肚、牛肝各一。高祖与乐从者，饮酒食肉而去。后即帝位，朝晡尚食，常具此二炙，并酒二壶。"根据这样的说法，刘邦喜爱牛肝炙，是因为当年打天下的时候，以吃牛肝炙壮行。得天下之后，刘邦大概不敢忘记创业的艰难，因此每餐必置此菜。

【名菜做法】

那么，刘邦吃的牛肝炙到底味道如何？北魏《齐民要术》记述："肝炙：牛、羊、猪肝皆得。脔长寸半，广五分，亦以葱、盐、豉汁腩之……横穿炙之。"所谓"牛肝炙"，在当时的做法就跟现在的烤羊肉串差不多。古朴粗犷，外酥里嫩，香味袭人，确实鲜美。

两千多年过去了，这道菜流传不灭。清代饮食典籍《调鼎集》都不敢遗忘它，记载道："生肝切片，拌葱汁、盐、酒，网油卷，炭火炙熟。"完全承继汉制，仿效古风。

一三、刘邦喜爱的"鼋汁狗肉"

【名菜典故】

秦朝末年，沛县有个卖狗肉的樊哙，生意不错。年轻时刘邦喜欢吃他的狗肉，但刘邦穷困不堪，从不给钱，樊哙只好见他就躲。有一天，刘邦找遍全城，不见樊哙，无意中发现他在河对岸卖狗肉，决定过河去吃。可是河上无桥，难以渡过，怎么办呢？也许是刘邦心诚，或是天见可怜，正为难间，河中游来一只大鼋，刘邦一见大喜，当即跨上大鼋，骑鼋来到了对岸。樊哙乃豪爽义气之人，见刘邦这样看重自己的狗肉，也就二话不说，屠狗宰鼋，把那只驮刘邦来的大鼋也一起烹到狗肉之中。狗肉加鼋肉（也就是鳖肉），犹如锦上添花，味道更是鲜美，由此传下名菜“鼋汁狗肉”。

后来樊哙参加刘邦义军，将“鼋汁狗肉”的制作秘方传给了自己的侄儿。刘邦做西汉开国皇帝之后，以万乘之尊荣归故里，置酒沛宫，宴请沛县父老，仍不忘狗肉，特地在席上摆设了这道怀旧菜，并写下慷慨之作《大风歌》。因狗肉在这段故事中与樊哙和《大风歌》有联系，这道菜后来又被称为“沛县狗肉”“樊哙狗肉”“风歌狗肉”。这道菜味道鲜美，又益气轻身，能安五脏、益脾胃、暖腰膝、壮气力、治五劳七伤，成了沛县一绝及中华名馔。

【古菜今做】

鼋鱼的加工：选用1千克左右的活鼋（即鳖，又名团鱼）一个，断头放血，放入沸水中烫3分钟后捞出，刮去壳和裙边黑膜，剔去四爪白衣，洗净，去脚爪和尾，从腹骨正中对剖，挖去内脏，冲洗干净备用。

狗肉的加工：

——分割洗刷：将屠宰好的狗胴体分为四大块，即头颈、左肩筋、右肩胁和后座（臀部和后肢），然后放入清水池中反复洗刷，除去狗毛，洗干净。备用。

——焖炖：煮狗肉多使用甑锅。先将原煮狗肉的老汤（注意不可变质）添加清水（根据狗肉的多少，估计放入狗肉后水面超过狗肉2～3厘米为宜），盖上锅盖煮沸；然后将分割洗刷好的狗肉和鼋鱼放入锅内，不加锅盖，用大火烧沸。这时不断撇去锅内浮沫、浮油、杂质，同时将用纱布包好的花椒、小茴香、八角、良姜、丁香、山楂、白芷、草果、砂仁、肉桂、白果、甘草、山柰等15种作料放入锅内。盖上锅盖以大火煮1小时左右，打开锅盖下硝（以生狗肉重量计算要下的量），进一步排出污物，并使狗肉颜色好看，同时下盐（有老汤加2%，开新汤加4%）。大火煮1小时后改为小火慢煮，这时要不断翻动锅内狗肉，观看狗肉煮熟程度，将较生的翻下去，熟的翻上来，约1小时，至七八成熟时熄火，盖上锅盖焖炖4小时，上市前2小时将狗肉捞出，晾凉。

铝箔包装高温杀菌狗肉的制作：

——拆骨：将上述焖煮而成的狗肉捞出，倒在烫洗干净的案上，趁热人工拆去狗骨（不要留一点碎骨），同时除去筋腱、嘴唇、口边等次品狗肉，晾凉。

——包装：将拆骨晾凉的狗肉，加250克至100千克香油和5%的汤汁搅拌均匀，然后定量称重（一般200克），装入特制的铝箔装内。

——抽空封口：将装有狗肉的铝箔袋的敞口端，横放在封口机的压线上，按动电钮，约3秒抽去袋内空气，同时封口。

——高温杀菌：将封上口的铝箔狗肉袋整齐地放在专用盘中，推入杀菌锅内，关好阀门，开动机器，120℃杀菌2小时，然后取出，放入冷水中浸泡检查有无破袋。

——保温试验：将已杀菌的铝箔软包装狗肉，放入专门保温室内，37℃下保存7小时，取出，除去变质不合格的。

——外包装封口：将保温试验合格的软包装狗肉放入温水中，洗去袋子表面污物，擦干，装入印有商标、品名、场址、商品说明等的专用外包装内，封口即成。

这种包装的狗肉保质期长，携带方便，食用安全、卫生、便捷，而且保持原有散包装狗肉色泽红亮、香气浓郁、味道鲜美的特点。沛县鼋汁狗肉以凉食为佳，食用时用手撕开里外包装，放入盘中，淋上小磨香油，即可食用。若将生花椒与狗肉同嚼，不但无花椒的麻辣味，反觉得狗肉更香。

一四、刘邦为吕后献的“红棉虾团”

【名菜典故】

刘邦推翻秦朝，成为皇帝后，深深地知道除了外界的支持以外，更离不开贤内助吕雉的支持。不久，富有远见的吕后用计翦除了手握兵权的开国元

勋韩信，进一步巩固了刘邦的统治地位。为了答谢吕后，汉高祖决定举办盛大的宫廷宴会庆贺，并且当场赐她稀世珍品“红棉锦衣”。

原来在两千年前，“红棉”十分罕见。丞相萧何绞尽脑汁，方为皇上寻得此物。高祖知道锦衣珍贵，必能得皇后欢心，但他私下又授意丞相：命御厨一定要在庆功宴上奉献出仿红棉色形的佳馔，好让皇后喜上加喜。御厨受命，哪敢不遵？熬了几个通宵，几经实验，果然制成以新鲜的太湖大虾为主料的美馔“红棉虾团”。

盛宴当日，满朝文武无不兴高采烈。吕后身着簇新的“红棉锦衣”，风姿绰约，光照四壁。接着御厨献上“红棉虾团”，只见金红油亮，绚丽无比。吕后第一个品尝该馔，顿觉甜酸宜人，酥脆中带有微麻，十分满意，百官也纷纷叫绝。高祖大喜，赞过之后，重赏了御厨。从此，“红棉虾团”成了一道历史名馔传留下来。

【古菜今做】

原料：珍珠虾仁500克，熟瘦火腿、益兰松、黄金肉松各50克，黑芝麻15克，绿菜叶12片，猪油100克，绍酒10克，花椒粉10克，麻油10克，精盐25克，荸荠粉20克，蛋清2只，葱泥、味精各少许。

做法：

——先把虾清洗干净，剥出虾仁，将杂质洗干净，控干水分放到碗里，加入精盐、绍酒、味精、葱泥、麻油，拌匀后备用。把蛋清打成泡沫状，加进荸荠粉调成糊。把虾仁放到糊里拌匀，分20份。

——把绿菜叶切成菱形斜片，拿出5只菜片摆成“五角星”形，将虾团放到五星菜叶上面，再把火腿末撒在虾团上，呈现出棉桃形状。

——将肉松、益兰松分别码到平盘里线一圈，再将炒熟的黑芝麻撒在益兰松上面。

——炒锅放到大火上，加入猪油1250克，烧到六成热时，放进摆好的棉桃形虾团，炸到漂浮在油面时捞出，码在大平盘双松圈里即可。

一五、汉文帝母后孝敬母亲的“太后饼”

【名菜典故】

陕西富平县有一种地方风味美食“太后饼”，以老幼咸宜和酥脆可口而著称于世。

据说西汉初期，汉文帝刘恒（前202—前157）的外婆灵文侯夫人，住在今天的富平县华朱乡。那里有座著名的皇庄，富饶的土地给显赫的皇亲国戚提供了取之不尽、用之不竭的物质财富。但是汉文帝的母后薄太后还是对老母亲的生活放心不下，她每年都要几次返乡探视老母，每次都要带着大批随行人员，并携带许多天下美味食品。

有一次薄太后下乡，正值老母身体不适，太后见母亲食欲不振，十分担心。随行的一位御厨专门给老人家制作了一种风味独特的烤饼，老人家吃了竟然胃口大开，非常满意。事后御厨干脆留了下来，不再返回宫廷。他除了专门伺候老人家的饮食外，还负责招待地方显要及乡绅，众人无不赞扬他手艺高超，并把他特制的饼食叫作“太后饼”。

【古菜今做】

原料：以50只计算，高筋面粉5000克，猪板油2000克，八角、花椒、桂皮、精盐各适量。

做法：

——猪板油除去皮膜，切成丁后用刀背排砸成油泥，排砸时将调料水及精盐分次加入，全部加完后再砸两遍。

——将和好的面团分成每个重1000克的面剂，用手拍平，在案上甩扯成约7厘米厚的长方形面片，在上面抹一层板油泥，然后从右向左卷起，呈圆柱形，再搓成长约7厘米的条，用手压扁回叠成三折，再搓压成长条，揪成每个重约100克的小剂。

——将每个剂子竖起在手中旋转五六圈后，用拇指压住顶端，边旋转边向下按，如此转五六次，用手拍成直径约7厘米的圆饼，即成饼坯。

——将饼坯上面抹上用水化开的蜂蜜，放入三扇鏊的底鏊或电烤箱里，烘烤成金黄色即成。

【名菜特色】

出炉的“太后饼”色泽金黄、焦而松脆，入口即碎，食后留香，令人百吃不厌。

一六、严光宁不做宰相也不舍的“清蒸鲥”

【名菜典故】

东汉初年，有个浙江余姚人，名叫严光，字子陵。“少有高名”，颇有才干，同刘秀是老同学，帮刘秀打天下有功。刘秀建立东汉王朝，当了皇帝，严光却隐居江畔游钓。刘秀得知其下落后，曾遣使往返三次才把他接到京城。有一次，刘秀亲临严光的卧室拜访，请他出任相助，但严光假装睡觉，不予搭理。后来，刘秀索性把这位老同学请入宫廷，“论道旧故”，两人睡在一张床上。严光睡觉时竟“以足加帝腹上”，故意触犯君臣繁礼，但刘秀为建树“中兴大业”，网罗人才，并不介意，反笑曰：“朕与故人严子陵共卧耳。”刘秀这种礼贤下士的态度，仍没有使严子陵入朝辅佐。严光只说他悠闲自乐的隐居生活，津津有味地讲他钓的鲜鲥鱼清蒸下酒如何美味，讲得刘秀亦不觉口中生津，连连称是。严光终以难舍鲥鱼美味，婉言谢绝了刘秀。

【古菜今做】

主料：鲥鱼（750克）。

辅料：猪网油（100克），香菇（鲜）（40克），虾米（2克），火腿

（30克），春笋（60克）。

调料：姜（10克），盐（2克），胡椒粉（1克），猪油（炼制）（40克），香菜（5克），小葱（10克），料酒（25克），白砂糖（3克）。

做法：

——香菇去蒂，洗净，切片。

——姜洗净，切片。

——熟火腿切片。

——香菜择洗干净，切段。

——春笋去皮洗净，切片。

——葱去根须，洗净，切段。

——将鲥鱼挖去鳃，沿胸尖剖腹去内脏，沿脊骨剖成两片，各有半片头尾。

——取用软片洗净，用洁布吸去水。

——将猪网油洗净，晾干。

——将鱼尾提起，放入沸水中烫去腥味后，鱼鳞朝上放入盘中。

——将火腿片、香菇片、笋片相间铺放在鱼身上。

——加熟猪油、白糖、精盐、虾米、料酒、鸡清汤100毫升，盖上猪网油，放上葱段、姜片。

——上笼用旺火蒸约20分钟至熟取出，拣去葱姜，剥掉网油。

——将汤汁滗入碗中，加白胡椒粉调和。

——将汤汁浇在鱼身上，放上香菜即成。

——上菜时带有姜、醋碟，以供蘸食。

工艺关键：

软片即不带脊骨的一面；一条鲥鱼约重750克；鲥鱼鲜美，贵在鳞下有脂肪，宜带鳞蒸食，故不宜去鳞。

一七、淮南王刘安点出的“一品豆腐”

【名菜典故】

据说汉朝刘邦之孙刘安，袭父爵，被封为淮南王，“为人好书”，多才多艺，曾召集方士苏非、李尚、田由等“八公”在北山（即后来的八公山）

大炼灵丹妙药，以图长生不老。多年以后，丹没炼出来，却意外地点出了豆腐。后来人们尊奉刘安为“豆腐神”。李时珍在《本草纲目》中写道：“豆腐之法，始于淮南王刘安。”还说，“（豆腐能）宽中益气，和脾胃，消胀满，下大肠浊气，清热散血。”豆腐洁白如玉，柔软细嫩，适口清爽，调味从心，可荤可素，不仅可以单独成菜，还可以独立成席。

【古菜今做】

原料：豆腐750克，水发口蘑、冬笋、荸荠、火腿各25克，水发干贝、水发海参、猪肥瘦肉、鲜虾仁各50克。

做法：干贝、海参、口蘑、冬笋、肥瘦肉、荸荠、火腿切丁，同虾仁一齐焯水控干；加料酒、精盐腌渍；肘子切片；将豆腐片去皮，再片一块做盖，中间挖洞填入馅，盖好盖儿，四周放肘子片装砂锅内，加入高汤及调料，慢火烧1小时扣入钵内；原汤烧开勾芡，浇在豆腐上即成。

一八、因淮南王喜爱而命名的“淮王鱼”

【名菜典故】

西汉时期的淮南王刘安在寿春（今寿县）为政清廉，颇有声望。有一天他巡游黑龙潭，正碰上当地一家佟姓财主娶小老婆。佟财主趁机把刘安请到家里以盛宴款待王爷。满桌尽是鸡鸭肉蛋，可是刘安偏偏想吃当时很有名气的鲜嫩清香的“八公山豆腐”，这还真难住了佟财主。哪想到菜上五味、酒过三巡时，忽听门子来报有人献豆腐来了。

淮南王大喜，忙唤进来。只见一个白发如霜、挽裤赤脚的老渔民，端上一碗香气扑鼻的白汤，并不像豆腐。刘安一尝，又觉得像豆腐，只是味道更鲜美。他一边连说“好吃，好吃”，一边吩咐重赏银子。参加盛宴的人，无不惊奇。可是渔翁不要银子，而要申诉冤情。原来，老人世代在淮河打鱼，身边只有一个女儿玉春，长得如花一样可爱，就快要与捕鱼的小伙耿成成婚了。不料这个佟财主起了歹心，硬是抢走了玉春。耿成去佟府要人，也被打得死去活来。这时，坐在一旁的佟财主不等渔翁说完，就喊：“王爷，这个老刁民端来的是鱼，却冒充豆腐欺骗王爷！该治他不敬之罪呀！”因为这鱼实在太鲜美，刘安只是不住地吃，也不理佟财主，过一会儿才问：“这鱼是你捕的？在哪儿捕的？”老头儿说：“恳求王爷放了我的孩子，我请王爷到黑龙潭边，亲眼看我捕鱼。”

刘安立时吩咐放出玉春和耿成，狠狠惩罚了佟财主，又跟着老渔翁来到黑龙潭边。老渔翁从潭中起出一张木床，只见木床的草窝里藏着成群肥嫩嫩的鱼。他说：“此鱼栖于水底，喜欢钻洞，故用此法来捕。”淮南王刘安听了，吩咐把残害渔民的佟恶霸推下黑龙潭喂鱼，并让耿成和玉春成了婚。此后，夫妻俩每月都捕鱼送给王爷。刘安常在宴客时称此鱼味美无比。此后，人们就把此鱼称为“淮王鱼”了。“淮王鱼”有“鲜、嫩、滑、爽”四大特点，清蒸、白煮、红烧、片炒无不美妙，尤以清蒸更佳，肉质有如豆腐般细腻，汁水如鸡汤般鲜美，别具风味。

【古菜今做】

原料：淮王鱼1条（重约1000克），猪瘦肉50克，大葱白段、姜片各10克，香菜、精盐各5克，白胡椒粉1.5克，鸡清汤1000克，熟猪油100克。

做法：

——将鱼去鳃，剖腹去内脏洗净，用刀在鱼身两边直剞小柳叶纹。将猪瘦肉切成3.5厘米长、1.7厘米宽、0.3厘米厚的鸡冠形薄片。

——炒锅置于旺火上，放入熟猪油，烧至七成热，下热鸡清汤烧沸，放入鱼、肉和葱、姜，盖上锅盖，至汤呈奶汁状，加盐和白胡椒粉，出锅倒入汤碗内，上桌时，随带香菜一小碟佐食。

一九、《三国演义》中曹操大宴群臣所吃的“松江鲈鱼”

【名菜典故】

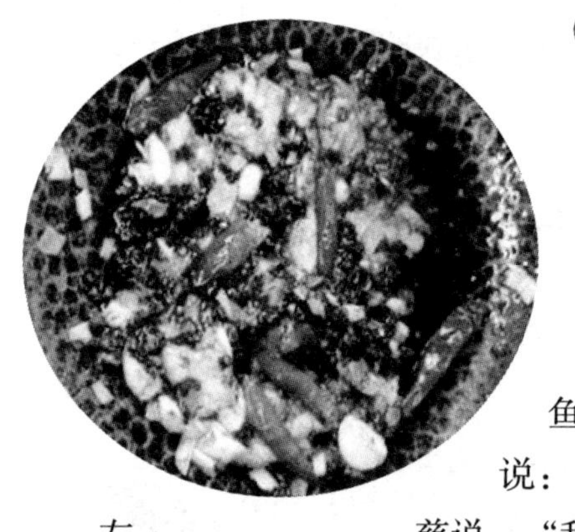

相传，松江鲈鱼产于上海松江以北的秀野桥，很早就名扬天下。《三国演义》中有一个“左慈掷杯戏曹操”的故事。说是有一年冬天，曹操在许昌大宴群臣，这时来了一位名叫左慈的不速之客，他看见席上只有一道鱼，就说：“吃鱼一定要吃松江鲈鱼。”曹操说：“许昌离松江千里之遥，到哪儿去取呢？”左慈说：“我能替大王钓来。”说着，拿了一根钓鱼竿，跑到宴厅前的池子边，一会儿就钓上了几十条鲈鱼。曹操说：“我的池子里本来就养着鲈鱼。”左慈说：“天下鲈鱼都只有两鳃，唯独松江鲈鱼有四鳃，不信请看。”大家一看，果然都是四腮。松江鲈鱼之所以被视为珍品，是因为它肉质洁白肥嫩，无刺无腥，是野生鱼类中最鲜美的一种。它与长江鲥鱼、太湖银鱼、黄河鲤鱼一起被誉为我国四大名鱼。松江鲈鱼的营养价值更在诸鱼之上，其颊部之肉及肝特别鲜美。此鱼肴特点是色泽洁白，汤汁细腻，肉质鲜嫩。

【古菜今做】

主料：鲈鱼肉。

辅料：冬笋薄丁、熟鸡脯肉末、熟火腿末、麻油、绍酒、葱、姜、熟猪油、湿淀粉、精盐、鸡汤。

做法：

——将鲈鱼肉去骨切成丁。

——笋丁用开水氽熟。

——炒锅置于火上，放熟猪油烧至五成热，下葱、姜煸香捞出，倒入鱼丁稍炒，烹绍酒，加鸡汤、笋丁和盐，汤滚后用湿淀粉着芡，淋麻油少许，出锅倒入汤盘，撒上熟鸡肉和熟火腿末即成。

【名菜特色】

汤色洁白，点缀红色的火腿末，汤汁薄腻，肉嫩味鲜，回味无穷。

二〇、孙权命名的武昌鱼

【名菜典故】

武昌在湖北著名梁子湖畔的鄂城，因三国时孙权驻军在此，“因武而昌”，得名武昌。传说，梁子湖曾是吴国造船的好地方，为了庆贺大船下水，孙权有一次选择良日，要大摆酒宴。当时主管膳食的官员为使孙权高兴，提前呈上食单，其中关于鱼馔，写了鳜鱼、鲈鱼等。孙权一看，很不高兴，这些鱼本地并不出产，老远运来，路遥天热，难免不得其鲜。官员善于察言观色，见孙权不悦，小心问用什么鱼代替，一时难倒了孙权。

正在这时，一些百姓也赶来，有送鱼的，有送虾的。有一个老渔翁，呈上一种孙权从未见过的鱼，身子扁平，也就是现在的鳊鱼。孙权忍不住问这鱼是哪儿来的，老渔翁说：“这种鱼就捕自旁边的梁子湖，每年涨水时节，游九十里长港，绕九十道水湾，到梁子湖的出口即樊口。这里的水一半清，一半黄，它喝了黄水，过十天十夜，黑鳞变白鳞，黑肠也变为白油肠。这种鱼油多，丢到水里能冒十几个油花，烹起来特别香。”孙权听完，便让老渔翁演示。老渔翁当即清蒸此鱼，不用食油。鱼做好后端了上来，果然油光水滑，香气扑鼻。孙权一尝，鲜美无比，一连吃了三盘，并且喝了好多酒。孙权那天喝酒过量，但奇怪的是，毫无醉意，便问老渔翁。老渔翁说：“这鱼能解酒，吃了它喝多少酒也不会醉倒。”孙权当即大喜，立刻让人叫来主管膳食的官员，下令以后庆宴就用这种鱼，就用这种做法。孙权还特意给这种鱼命了个名，叫“武昌鱼”。

这次庆宴，清蒸鱼呈上，众人皆说美味，一时“清蒸武昌鱼”之名传遍天下。特别是毛泽东主席“才饮长沙水，又食武昌鱼”的著名词句发表后，更使武昌鱼驰名中外。

【古菜今做】

原料：樊口团头鲂鱼1条1000克，鸡清汤150克，精盐25克，水发香菇50克，味精7.5克，净冬笋50克，葱结7.5克，熟火腿50克，姜片7.5克，白胡椒粉1克，熟鸡油25克，绍酒10克，熟猪油75克。

做法：

——将鳊鱼治净，在鱼身两面剞上兰草花刀。

——炒锅置于旺火上，下入清水烧沸，将打有花刀的鳊鱼下沸水锅中烫一下，立即捞出放入清水盆内，刮净鱼鳞，洗净沥干水分后，将精盐、绍酒、味精抹在鱼身上腌制入味。

——将香菇、冬笋、熟火腿分别切成薄片，放入汤锅内稍烫捞出，间次摆放在鱼身上，摆成白、褐、红相间的花边，葱结、姜片也放在鱼身上，淋上鸡汤、熟猪油。

——将加工好的整鱼连盘入笼，以旺火蒸至鱼眼凸出、肉质松软时取出，拣去姜片、葱结，淋上熟鸡油，撒上白胡椒粉，连同调好的酱油、香醋、姜丝的小味碟上席即成。

工艺关键：

——鱼肉在沸水中略烫时要随烫随提，以免将鱼肉烫老。

——鱼身花纹要剞得距离相等，深浅一致，不要破坏鱼的形象。

——配料切片要厚薄匀称，嵌入鱼身花纹时要间隔摆放。

——上笼蒸鱼时，要保持旺火满气，蒸至鱼眼凸出为好。

——葱段、姜片垫入鱼底是为了使鱼身下透进热气，使鱼熟得均匀、熟得快，还可以保持鱼的嫩度。

【名菜特色】

成菜鱼形完整，色白明亮、晶莹似玉；鱼肉鲜美，汤汁清澈，原汁原味，淡爽鲜香。鱼身缀以红、白、黑配料，更显出素雅绚丽，外带姜丝麻油，香气扑鼻。

二一、纪念赵云的“子龙脱袍”

【名菜典故】

相传三国名将常山赵子龙（赵云）英勇盖世，百战百胜。当曹操大军和刘备血战当阳长坂坡一带时，由于双方力量悬殊，刘备只好在众将掩护下且战且退。赵子龙负责保护两位夫人和太子阿斗。眼看曹兵重重围困，两位夫人唯恐受辱，便含泪嘱托赵云千万护阿斗杀出血路，为刘皇叔保留一条血脉。说罢便投井而死。赵云含悲推倒土墙掩埋土井后，转身奋力冲向敌群。好一个常山赵子龙，不愧于五虎上将之誉，只见一条银枪盘旋飞舞，所到之处，敌手一一落马而亡。他怀揣阿斗左冲右突，拼死连杀几十员曹将，浑身伤痕累累。为了不负主子重托，他拼着最后一丝气力，终于从曹兵薄弱之处冲了出去。几经辗转，子龙找到了刘皇叔，刘备看到他把鲜血染红的战袍从重伤的身上脱下来时，被裹着的阿斗还在酣睡之中。赵子龙将阿斗双手送到刘备怀里，刘备却将阿斗抛到地下，感慨地说：“为了这个小东西，竟险些损失我一员上将呀！”在场的将士无不为之震撼。

后来的湘楚名厨为了表示钦敬长坂坡英雄赵子龙忠心救主的美德，创制了“子龙脱袍”美馔一款，并以鳝鱼寓子龙之意。楚湘名菜“子龙脱袍”，系用形似小龙的鳝鱼烹制而成。制作时需蜕下鱼皮，让人联想到胜利归来的将军脱下铠甲战袍，故得名馔美名。

【古菜今做】

原料：鳝鱼300克，玉兰片、水发香菇、香菜、绍酒、肉清汤、湿淀粉、百合粉各25克，青椒50克，鲜紫苏叶、芝麻油各10克，黄醋、盐各2克，鸡蛋1个，味精、胡椒粉各1克，熟猪油500克。

做法：

——用刀划开鳝鱼，将皮撕下。将肉放入开水中氽一下，捞出剔刺，切成5厘米长的细丝。青椒、玉兰片、香菇同切成4厘米长的细丝。紫苏叶切碎。

——将鸡蛋清倒入碗内，搅打起沫后，放百合粉、盐调匀，再放入鳝丝搅匀上浆。

——炒锅放熟猪油，置于中火上，烧至五成热，下鳝丝，用筷子拨散，半分钟后，倒入漏勺沥油。

——炒锅内留油50克，烧至八成热，下玉兰片、青椒、香菇、盐，炒一会儿，再下鳝丝，加绍酒合炒，速将黄醋、紫苏叶、湿淀粉、味精、肉清汤兑成味汁，倒入炒锅，颠几下，盛入盘中，撒上胡椒粉，淋入芝麻油，香菜拼放盘边即成。

二二、国王石勒举办的“黄瓜宴”

【名菜典故】

黄瓜最早叫“胡瓜”，不产于中原大地，而是出自西域。公元319年，“五胡”之一的羯族首领石勒带兵一举打进中原腹地，在现今的河北邢台建立了襄国。石勒当上国王后，一心想永久地统治下去，便下了一道命令：不准襄国的臣民再把羯族人叫“胡人”，也不准把羯族人带过来的这种蔬菜叫“胡瓜”。但是历史长期形成的民族隔阂和习俗，都是一时难以改变的。石勒决心强行推进民族同化的进程，想出不少办法。有一次，他大宴群臣，在餐桌上摆的竟是一条条翠玉般的“胡瓜”。国王把年纪很大的郡守樊坦也请来赴宴，席间故意问他知道不知道桌上是何物。樊坦文才卓著，自然深知石勒用意，便以诗答道：“此乃紫案佳肴，银杯绿茶，金樽甘露，玉盘黄瓜也。”

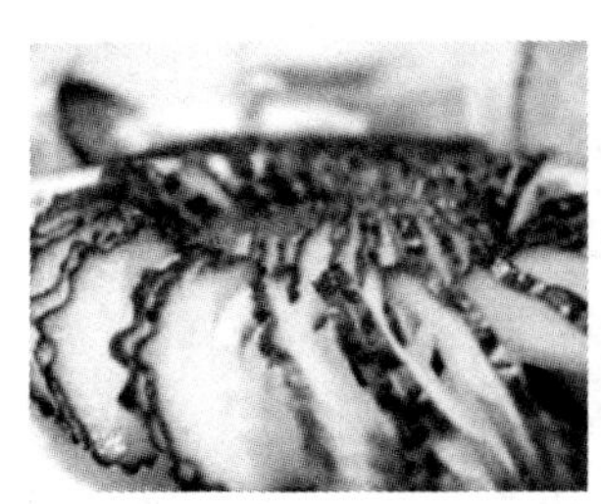

石勒听完哈哈大笑，满座无不称绝。据说，从那时起，“胡瓜”便改名为“黄瓜”，并在民间广泛流传开了。要不是石勒恭请的那位聪颖的郡守樊坦，只怕有名的“黄瓜宴”至今还得被人们叫作“胡瓜宴”呢。

【古菜今做】

原料：小白菜2000克，黄瓜1000克，熟盐蛋黄6个200克，料酒25克，白糖10克，精盐10克，味精1.5克，胡椒粉0.5克，湿淀粉15克，鸡汤300克，鸡油50克，熟猪油500克。

做法：

——将小白菜去掉老叶留菜心洗净。黄瓜清洗后削去皮，切开成4条，挖去籽，再切成4厘米长的斜方块。盐蛋剥去壳，取出蛋黄，装入碗里加入鸡油，上火蒸一下取出待用。

——锅置火上，下熟猪油，烧至六成热，把黄瓜块条和小白菜放入略炸一下，捞出沥净油。

——原锅中留少许油，放入黄瓜和小白菜心，烹入料酒，加入精盐、白糖、味精、胡椒粉和鸡汤焖入味后，用湿淀粉勾芡。然后取出菜心摆在盘子四周，黄瓜放在中间，再把鸡油蛋黄盖在黄瓜上面即成。

【名菜特色】

上述做法所得菜肴仅是黄瓜宴之一，整桌大席离不开黄瓜。若论“黄瓜宴”的菜色，有红白绿黄紫，可谓五彩纷呈；若论“黄瓜宴”的味道，有酸咸香辣甜，能上口的味儿占全了；再论“黄瓜宴”中的名肴称谓，有“二龙戏珠”“珍珠海参”“金银瓜盅”“金钩翡翠”“龙须瓜条”“瓤什锦瓜”等等，其典雅清新，令人耳目一新，再加上多姿多彩的造型，可真是名不虚传，让人食后难忘。一根带刺的翠绿黄瓜，竟能做出这么多名堂，真不简单。其他做法，民间多多，这里就不再述了。

二三、源于南北朝慰劳将士的南京板鸭

【名菜典故】

南京板鸭是江苏重要土特产之一。相传南北朝时期，梁武帝在位，建都南京。有一年，大将侯景起兵叛乱，围困台城。战斗十分激烈，梁朝士兵有的连饭都顾不上吃。当时，正值初秋，肥鸭上市，妇女们便将鸭子洗刷干净，加上作料煮熟，用荷叶包好送上山。有时干脆将几十只鸭子扎在一起，抬上阵地，士兵们打开成捆的干鸭，用水一煮，咸淡适宜，香气扑鼻，都说："这压板的鸭子真好吃！"后来，台城百姓为了纪念那次战斗，便把板鸭这名字叫开了，人们把制作板鸭的一套方法沿袭下来，而且越做越好。清朝时，因几乎每年当地都要将板鸭进贡给皇室，故板鸭又有"贡鸭""官礼板鸭"之称。

【古菜今做】

南京板鸭，是南京市的一水乡小镇湖熟久负盛名的特产。据清乾隆年间《江宁新志》记载："购觅取肥鸭者，用微暖老汁浸润之，火炙，色极嫩，秋冬尤佳，俗称板鸭。其汁数十年者，且有子孙收藏，以为业……江宁特产也。"

南京板鸭从选料制作至成熟，有一套传统方法和要求，其要诀是"鸭要肥，喂稻谷，炒盐腌，清卤复，烘得干，焐得足，皮白、肉红、骨头酥"。制作板鸭要选取体长、身宽，胸部及两腿肌肉饱满，两腋有核桃肉，去毛后体重1.75公斤以上的健康活鸭，宰杀前要用稻谷催肥。

南京板鸭在生产工艺上也独具一格。宰杀技术精湛，刀口很小，要使鸭出尽鲜血；浸烫脱毛，不能用沸水，免伤表皮；脱掉大毛，拔净小毛，经过水漂后，截去脚翅，在鸭腋下开一个寸余长小口，从中掏出内脏，外表看来体型完整。

腌制技术是制好板鸭的关键。南京板鸭用的是经过熬制的陈年老卤，必须严格掌握盐度（用炒盐），配以各种香料，下卤十几小时，即起卤上钩晾干。质量要求：体表光白无毛，无皱纹，肌肉收缩发硬，手持鸭腿，颈脖直立不弯，所谓“直脖”；八字骨扁开，胸骨突起，鸭身呈扁圆形；肌肉切面紧密，呈玫瑰色，而且色调一致；以竹签刺入腿肌和胸肌肉，拔出后有香味；20℃~25℃之间入口品尝有特殊香味。这就是标准的南京板鸭，不但色香味形俱佳，而且营养丰富。

蒸煮板鸭方法讲究。煮前，用温水洗净表面皮层，下温水浸泡3小时以上，以减轻咸度，使鸭肉回软。煮制时，用茴香1粒、葱1根、姜3片，从鸭翅下开口处塞入肚内，再用一根长约6厘米的空心管，插入鸭肛门半截，使汤汁在煮时内外对流。要先将锅中冷水烧开，停火后将鸭放入锅内，使水浸过鸭体，并从开口处充分灌入鸭肚内。鸭在水中要保温，盖严锅盖，在85℃左右的水中焖40分钟，并将肚内汤更换一次，把鸭翻身。这时将水烧至95℃（即小沸），停火再焖10~20分钟即起锅。煮熟的鸭子须待完全冷却后方可改刀，以免流失油卤，影响口味。也可将生板鸭切下一块，再切成薄片放在锅内蒸熟，这样吃，口味也很好。

【名菜特色】

南京板鸭外形饱满，表面光白无毛，板实坚挺，呈玫瑰色，脂肪呈乳白色，似羊脂，吃起来有酥、香、板、嫩，余味回甜的独特风味。南京板鸭因生产季节不同分为春板鸭和腊板鸭两种，后者宜保存。

二四、梁代昭明太子命名的“盘香饼”

【名菜典故】

常熟的石梅是江南旅游胜地。这里林木繁茂，风景秀美，还存留有许多古代名人遗迹。据说西汉初年的名士黄初平，就被石梅的风光吸引，在此流连忘返。他临行时，将梅子投入山岩之间，一夜过去满山梅花盛开。此处至今仍有一方“昔传黄初平曾履此石”的遗迹供人观览。石梅成了风景点之后，游人日盛一日，商贾食肆也发展起来了。各种风味小吃、名特食品争芳斗妍，供络绎不绝的游客品尝。梁代的昭明太子幼时在石梅读书，曾一住多年，他最爱吃一家食品店送来的香饼。在太子亲为香饼题名“石梅盘香饼”后，此饼名气远远超过许多同类香饼，成为常熟地区的传统风味食品。

“石梅盘香饼”系用精白面粉、熟猪油、糖猪油、绵白糖、芝麻仁及饴糖制作。先制干油酥，再和面揉剂子。将糖猪油、白糖豆沙拌馅，包进面剂，同时插入油酥，再用手搓成长条，盘制成盘香状的饼坯，随后刷饴糖稀，撒芝麻仁烘烤。等饼面金黄，香气甜味一起散发出来时，即可出炉食用了。现今的“石梅盘香饼”制作越发精美，不仅造型更加美观，而且馅心种类繁多，诸如玫瑰、葱油、百果及椒盐等，真是各领风骚，风味迥异，尽可能满足着各种爱“挑嘴”的食客。

【古菜今做】

原料：精白面粉900克，酵种150克，干油酥750克，糖板油丁450克，白芝麻250克，绵白糖450克，饴糖50克，碱末适量。

做法：

——将白芝麻用微火炒熟，饴糖加入清水750克调成饴糖水。

——精白面粉850克，加入撕碎的酵种和温水500克和成面团，揉匀，放置发酵。发好的酵面团加入碱水，反复揉匀揉透，揉至光滑，搓成长条，揪成30个面剂。将面剂按扁，包入干油酥25克，捏拢封口，擀成长方形，自两头向中间折叠，合起成4层，再横擀成长13厘米的面皮，用白糖、糖板油丁各15克放在面皮中间，由外向里卷成圆筒，两头捏牢，盘成圆形，再擀成饼状，刷上饴糖水，撒上白芝麻，将饼翻为底面朝上，洒上一些清水，即为生坯。

——饼坯逐只贴在炉膛内壁上，用文火烤至饼面呈金黄色熟透即成。

【名菜特色】

形状美观，色泽金黄，口味香酥，令人百吃不厌。

二五、魏武帝喜爱的“寒门造福”

【名菜典故】

“寒门造福”是“虾仁豆腐”的别称，本无稀罕，可它在历史上却是深受北魏皇帝喜爱的美食，更有人因为献此菜肴而平步青云。

北魏太武帝拓跋焘是个很讲究饮食的人。他不仅把吃遍天下美味肴馔当作最大的乐趣，还经常召集文武大臣参加盛大的宴会。为投其所好，不少钻营此道的人竟得邀宠，成为他的亲信官员。

有一次，拓跋焘要隆重庆祝自己的寿辰，可忙坏了文武百官。大伙儿都知道皇上好吃，个个绞尽脑汁，争献山珍海味、南北名馔。到了寿诞那日，宫内华灯高照、喜乐悠扬，太武皇帝端坐龙椅，接受百官敬献寿礼。其时，官员们所献上的几乎是清一色的美味食品，全都是高档的美馔，让宴会增色许多。太监逐一端到皇上面前请他过目。拓跋焘早已吃过无数美味，看着这些海参鱼虾、山禽兽肉，总提不起兴趣。

一时间文武大臣们都有些坐不住了，要知难邀龙颜欢悦，说不定祸害就会落到谁人头上。此时，只见一个将军不慌不忙地走上前去。太监接过他手中的食盒，送到皇上面前。只见太监刚刚掀开盒盖，皇上就觉得一股鲜香气味悠悠散发出来，脸上顿时露出一丝笑意。待他仔细观看食盒之内，只见有绿有黄、有红有白，造型也别具一格，他连忙品尝起来，果然味美无比，胜过前面许多献礼。

皇上高兴，百官无不惊喜。太监将献礼的将军带到皇上面前邀赏，将军欣然上前。

皇上问：“爱卿送上的美食正合朕意。我要重重赏你。”

将军答：“谢主隆恩！谢主隆恩！”

皇上说：“明早让御厨去你府中学习，如何？”

将军答：“禀万岁，此菜不是家厨烹制，而是我的堂弟所制。”

皇上又仔细询问一番，方知献美食的乃是一个七品地方官员，此人有烹制美食的绝活儿，目前正在将军府中。将军遵照皇上旨意，立即宣堂弟进宫领赏。

皇上问七品官："爱卿献上的美食有何名堂？"

七品官答曰："此馔叫作'寒门造福'。皆因小人出身贫贱，能当上七品官，全是仰赖万岁爷的洪福，今日在此叩谢皇上隆恩。"

拓跋焘见此人谦恭有礼，更加高兴，立即宣诏，让他官升三级，留京任职，另外还赏赐给他许多金银。皇上高兴，文武百官也是尽兴饮宴。"寒门造福"因此成为一道名菜而流传下来，至今赫然位列名菜谱中。

【古菜今做】

原料：鲜嫩豆腐3块，鲜虾仁150克，肥膘肉75克，熟肥肠400克，火腿丝25克，油菜心8棵，猪油125克，鸡蛋4个，淀粉75克，香油、白糖、鸡汤、黄鸡油、绍酒、酱油、醋、葱、姜汁、盐、味精及花椒粉适量。

做法：

——把嫩豆腐搅成泥，放小盆中待用，虾仁洗净和肥膘肉一起剁成细泥，放入小盆中，然后加少许酱油、姜汁、花椒粉、鸡蛋和淀粉搅拌均匀，做成一个大丸子，放入油中煎好，再放入大碗中加葱丝、姜块、酱油、白糖上屉蒸好备用。剩下的虾泥也加调味品调好，并拌上火腿丝。

——将熟肥肠剔去油后切为10段，将虾泥装进去后收入蒸碗，加葱段、姜块、好鸡汤、盐、绍酒，上屉蒸好备用。

——炒勺放火上烧热后，将蒸好的丸子连汤一起放入煨，调好口味，加味精；取出丸子放在大圆盘中间；剩下的汤汁用淀粉勾芡，淋红辣椒油，炒好后淋在豆腐丸子上。

——另用一把炒勺加油1000克，烧至六成热时，将蒸好的肥肠拖匀蛋糊入勺炸透，取出放在豆腐丸子四周。炸肥肠的同时，取炒勺一把，加入猪油250克，烧至三成热时，把油菜心放油中浸透炸透，倒出勺中油，加葱丁、姜末、油菜心，放盐、味素、一小勺鸡汤煨一会儿，用淀粉勾好芡，淋黄鸡油，舀出堆放在丸子、肥肠中间即可上桌。

二六、为武则天筑陵形成的“乾州锅盔”

【名菜典故】

生活在大西北的人们爱吃一种叫作“锅盔”的面食。陕西省“乾州锅盔”又是锅盔之冠，久负盛名，经年不衰。

“乾州锅盔”由来已久。唐代，女皇武则天登基后，为自己死后与高宗李治合葬而选址陕西奉天县筑陵。陵墓位于城北梁山，方位正应八卦图中的“乾”，故而一道圣旨颁下，“奉天”改称“乾州”，皇陵钦定为“乾陵”。为筑乾陵，土石木料源源不断地被运往乾州，数万民夫日夜出工。因为民夫众多，加上劳动量大，急需耐饥食物，于是，人们便制作出一种又厚又大、外形如锅一般的吃食，仅此一块，足够一天充饥之用。民夫出工，个个携带锅饼顶在头上。

开始为方便携带，饼被做得状似兵士头盔，炎热盛夏则能遮挡烈日，阴天又可用以挡雨。一时间人们大加称赞此美食，以“锅盔”雅号将其传扬开了。乾陵竣工后，当地推其为传统美食。

“乾州锅盔”系圆形大饼。饼的圆边呈辐射状菊花图案，一高一低有如波浪。锅盔火色匀，麦香浓，馍瓤干酥。用手掰开层层分明，用刀切开块如板油，入口酥香，耐人回味。一般每个锅盔重一斤左右，易储放，好携带，是极好的方便食品。耐煮是乾州锅盔的一大特点，将其放进羊肉汤锅煮好舀出，就是极有名气的西北风味饮食“羊肉泡馍”了。

“乾州锅盔”的制作离不开芝麻和食用油。品种有三：油锅盔、调料锅盔、普通锅盔。前两种是赠亲友的上好礼品，极受人青睐，后一种则是大众化食品，是人们的主食中的主要品种，在大西北可以说是随处可见。

【古菜今做】

原料：上等白面粉4750克，酵面500克（春秋用350克，夏季用250克），碱面50克（春秋用35克，夏季用25克）。

做法：

——碱面加入温水溶成碱液。

——上等白面粉3750克加入撕碎的酵面、碱液和水2000克（春秋用温水，夏季用凉水）和成面团，揉匀揉透，用木杠边压边折，再加入白面粉1000克反复排压，直至面光色润、酵面均匀时即止。

——压好的面团均匀分成10块，每块再用木杠转压，制成直径为26.5厘米的圆形放射形菊花状花纹的饼坯。

——三扇鏊用木炭火烧热，将饼坯放在上鏊上，用小火使面团进一步发酵和最后定型，更主要的是使饼坯的花纹部分上色，再送入中鏊烙烤，5～6分钟之后，取出放在另一平鏊上，继续用小火烙烤，并要勤看、勤翻、勤转，做到“三翻六转”，烙至火色均匀、皮面微鼓时即熟。

二七、唐代尚书家厨所创的“葫芦鸡”

【名菜典故】

相传“葫芦鸡”创始于唐代天宝年间，出自唐玄宗礼部尚书韦陟的家厨之手。据《酉阳杂俎》和《云仙杂记》记载，韦陟出身于官僚家庭，凭借父兄的荫庇，贵为卿相，平步官场。此人锦衣玉食，穷奢极欲，对膳食极为讲究，有“人欲不饭筋骨舒，夤缘须入郇公厨”（韦陟袭郇国公）之说。有一天，韦陟严命家厨烹制酥嫩的鸡肉。第一位厨师采用先清蒸、再油炸的办法制出，韦陟品尝后认为肉太老，没有达到酥嫩的口味标准，大为恼火，命家人将这位厨师鞭打五十而致其死去。第二位厨师采取先煮、后蒸、再油炸的方法，酥嫩的要求都达到了，但由于鸡经过三道工序的折腾，已骨肉分离，成了

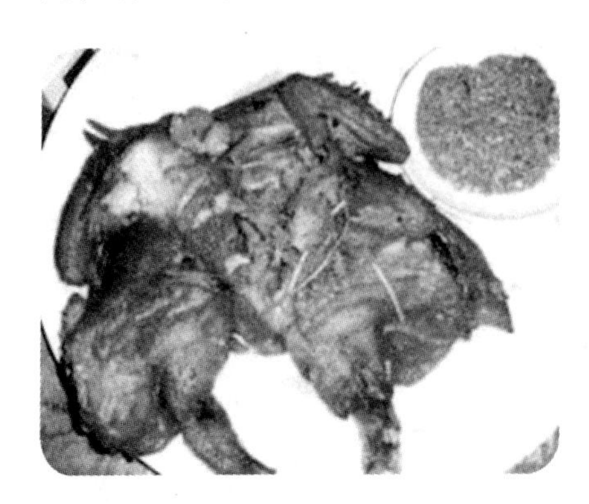

碎块。韦陟怀疑家厨偷吃，不容家厨辩说，又命家丁将其活活打死。慑于韦陟的淫威，其他家厨不得不继续为其烹饪。第三位家厨总结了前两位家厨烹制的经验教训，在烹制前用细绳把鸡捆扎起来，然后先煮，后蒸，再油炸。这样烹制出来的鸡，不但香醇酥嫩，而且鸡身完整似葫芦。这时，韦陟才满意。后来人们把用这种方法烹制出来的鸡叫作“葫芦鸡”，一直流传至今。

【古菜今做】

原料：肥母鸡1只，酱油100克，葱段15克，绍酒25克，姜块10克，精盐10克，桂皮7.5克，花椒盐25克，八角4个，肉汤1500克，菜籽油1500克。

做法：

葫芦鸡的制作分为清煮、笼蒸、油炸三道工序。

传统的选料是西安城南三爻村特有的倭倭鸡，这种鸡饲养一年，净重约1000克，肉质细嫩。制作时先要将鸡放在清水中漂洗除净血污；煮的时候用麻丝将鸡捆好，以保持鸡的形状，待锅内凉水烧沸，投入鸡煮半小时取出盛入盆内，添肉汤、料酒、精盐、酱油、葱、姜、八角、桂皮，入笼蒸透；油炸时将上好的菜籽油烧至八成热，投入蒸好的整鸡，慢慢拨动，至鸡呈金黄色时捞出沥油，以小碟的椒盐佐食即可。

——将鸡粗加工后洗净，放水中漂30分钟，除净血污，剁去脚爪，然后投入沸水锅中煮约30分钟。取出后，割断腿骨上的筋，放人蒸盆，注入肉汤，以淹没鸡身为度，加入绍酒、酱油、精盐，将葱、姜、桂皮、八角，入笼用旺火蒸约2小时取出，拣去葱、姜、桂皮和八角，沥干水，顺脊椎骨将鸡剖开。

——炒锅放入菜籽油，用旺火烧至八成热。将鸡背向下放入锅内，用手勺拨动，炸至金黄色时，捞入漏勺内沥油。将鸡的胸部向上，用手掬拢，呈葫芦形，放入盘中。上桌时另带椒盐小碟。

工艺关键：炸鸡前，应刺破鸡的眼睛，沥干水分，防止入油爆炸；炸鸡时，开始用热油炸，以保持鸡的完整形态，中途改用温油炸，使油逐渐渗入鸡肉，炸至外焦里嫩。

二八、治好宋仁宗皇帝病的“冬瓜鳖裙羹”

【名菜典故】

相传宋仁宗赵祯在位时，召见荆州府江陵县做过官的张景，问道：“卿看江陵有何景？”张景答道：“两岸绿杨夹虎渡，一湾芳草护龙州。”仁宗又问：“所食何物呢？”张景答：“新粟米炊鱼子饭，嫩冬瓜煮鳖裙羹。”后来，宋仁宗得了一种阴虚潮热、全身浮肿的病，御医用药都未见效，张景特地从江陵县请来一位著名的厨师，做了一碗“冬瓜鳖裙羹”进献给宋仁宗。宋仁宗吃过后大为赞赏，吃了还想吃。不久，他的病体也痊愈了。从此，“冬瓜鳖裙羹”声名大振，一直流传至今。

【古菜今做】

主料：甲鱼300克，冬瓜1500克。

调料：姜50克，小葱100克，盐15克，白醋25克，猪油（炼制）100克，味精2克，料酒5克。

做法：

——将甲鱼宰杀洗净，放入开水锅中烫2分钟，捞出后去掉黑皮，去壳去内脏，卸下甲鱼裙，将甲鱼剁成3厘米见方的块。

——冬瓜去皮，将肉瓤挖出削成荔枝大小的28个冬瓜球。

——炒锅置旺火上，下入熟猪油烧至六成热时，将甲鱼先下锅滑油后，滗去油，煸炒一下，再下冬瓜球合炒，加鸡汤150毫升、精盐5克，移锅至小火上煨15分钟后待用。

——用甲鱼裙垫碗底，然后码上炒烂的甲鱼肉、蛋，加入生姜、香葱、精盐、料酒、白醋、鸡汤，上笼蒸至裙边软黏，肉质酥烂出笼。

——出笼后取出整葱、姜，加味精，反扣在汤盆内，摆好冬瓜球即成。

【营养功效】

味道鲜美，散血化瘀，利尿消肿。

二九、程咬金研发的“金华酥饼”

【名菜典故】

唐朝24位开国元勋之一、早年在金华卖烧饼为生的程咬金，有一次，烧饼做得太多了，一整天也没卖完，他便将饼保存起来，准备明天继续卖。可是，如果烧饼变坏，就不能卖了。于是，为了防止烧饼变坏，程咬金将烧饼统统放在炉边。他想：让火一个劲地烘烤着，烧饼一定就坏不了啦。第二天，程咬金起床一看，烧饼里的肉油都给烤出来了，饼皮更加油润酥脆，全成了酥饼。这饼一上市，立刻吸引了不少人。大家见程咬金做的饼和以前大不一样，都争先恐后地品尝。程咬金很高兴，便扯着嗓子喊：“快来买呀！又香又脆的酥饼！”这一叫，买的人更多了。人们争夸程咬金的手艺越来越高超了，有的烧饼铺主人还煞有介事地向程咬金请教“秘方”。程咬金哈哈大笑起来，说：“我哪有什么‘秘方’呀！只不过在炉边烤一夜而已。”随后程咬金将烧饼再加以改进，制出的酥饼圆若茶杯口，形似蟹壳，面带芝麻，两面金黄，加上干菜肉馅之香，更加别具风味了。

后来程咬金参加了隋末农民大起义，在瓦岗寨当上了寨主“混世魔王”，进而成为唐王朝开国元勋。他功成名就之后，仍忘不了早年的卖饼经历，便极力推荐该小吃，“金华酥饼”更随首创者的名气而名扬四海。

后人赞“金华酥饼”：“天下美食数酥饼，金华酥饼味最佳。”

【古菜今做】

原料：面粉2500克，雪里蕻干菜125克，猪肥膘肉1000克，芝麻65克，酵面适量，菜籽油250克，饴糖65克，精盐30克，碱面30克。

做法：

——将猪肥膘肉切成1厘米见方、0.3厘米厚的丁。

——雪里蕻干菜除去老梗，切成碎末，上屉蒸15分钟，使干菜柔软。芝麻洗净，放入淘箩内加入沸水，使之松涨，稍停后上下翻动，再冲一次沸水，使芝麻粒涨大。饴糖加入清水15克调成蜂蜜状的饴糖水。

——猪肥膘肉丁加入雪里蕻末、精盐拌成馅料。面粉2400克加入温水（春、冬季为90℃，夏、秋季为70℃）900克拌匀，摊开晾凉后取出250克放入等量的酵面，和成面团，揉匀揉透，放置发酵1小时。

——碱面加入清水，成为碱液。

——待发好的酵面团具有弹性且呈海绵状时，兑入碱液，反复揉匀揉透，擀成厚0.5厘米、长43厘米、宽5.6厘米的面皮，抹上一层菜籽油，撒上面粉100克，用手抹匀，再自外向里卷起，搓成直径为4厘米、长4.3厘米的长圆形，揪成100个面剂，逐个按为直径3.3厘米的中间厚、边缘薄的圆皮，包入馅料11克，收拢捏严，收口朝下放在案板上，擀成直径为8厘米的圆饼，刷上饴糖水，撒上芝麻，再每2只对合，即为饼坯。

——黄沙烘饼炉烧木炭，使炉壁升温至80℃左右时，将饼坯贴在炉壁上烘烤13分钟，关闭炉门，用瓦片将炭火围住，炉口盖上铁皮，再焖烘半小时，炉火全部退净，再烘烤5小时，即可取食。

三〇、梁王当王的“梁王鱼”

【名菜典故】

“风云已过山河在，御赐琼楼何处寻？当年鱼头君独占，一朝霸业十七秋。”这首诗叙述的是一件烹饪轶事。

唐末朱温（后称梁王），准备投黄巢起义军前，其义兄义弟为他饯行，特制烧黄鲇鱼头。酒菜摆好，义弟去找义兄迟迟未到时，朱温竟把鱼头吃光。神话传说里，当年朱温吃的是鳌鱼化身之头，故他独占鳌头，而后称帝，并把砀山城门楼扩建三层，这道有寓意的菜名也就传了下来。因其国号为梁，故此菜又称梁王鱼。

【古菜今做】

主料：黄鲇鱼头700克。

辅料：水发小刺参6只，熟火腿60克，菜心4棵。

调料：熟猪油250克，水淀粉10克，清汤1000克，酱油20克，醋10克，葱4段，姜4片，花椒20粒，八角2个，陈皮5克，盐3克，白糖6克，葱姜汁12克，料酒14克，香油10克。

做法：

——先将鱼头整形，剁去嘴头（指大鱼头的半面，如整鱼头须劈为两面相连），鳃旁肉上剖十字花刀，用酱油、料酒及葱姜汁腌渍。菜心洗净，将小刺参在开口处横刻数刀，火腿切片，待用。

——锅置火上，倒入熟猪油，油热即下鱼头，面朝下，炒勺略斜倾，酌情推晃，使其受热均匀，视皮微黄，再把鱼头翻过来，略煎，放入葱、姜、醋、白糖、花椒、八角、盐、酱油，再把鲜汤一次性倒入，大火烧开，小火烧至骨髓软酥，汁浓。

——把烧好的鱼头盛入盘中，滗去汁，拣去葱、姜等香料。再把海参、菜心放入锅中，稍煨，与火腿三料分衬于鱼头四周，锅中余汤用水淀粉勾芡，淋入香油，浇于鱼头上即可。

【名菜特色】

骨膏醇香，汁浓味鲜。

三一、由赵匡胤短剑落水长成的义河蚶

【名菜典故】

古代有一位山西蒲州的少女，名叫京娘，随父去南岳朝山拜佛，不幸父女二人途中走散。孤苦无依的京娘在湖北天门巧遇落魄的江湖义士赵匡胤。赵乃见义勇为之人，毅然改变了投奔复州御史的初衷，不远千里护送京娘还乡。

这一天，二人来到了竟陵河边的龙潭湾。身无分文的赵匡胤只好将祖传短剑一柄交付艄公，以作渡河费用。善良的艄公自然不肯接受，免费送二人过河。哪知船到江心时，风浪骤起，京娘险些跌进河中，急忙去扶京娘的赵

匡胤不慎将随身短剑掉落水中。

后来赵匡胤当上了宋朝开国皇帝后，难忘天门这段经历，便特意敕封湖北天门区域内河段为“义河”。民间传说赵匡胤失落河中的短剑，日后变成了毛蚶，故又有“义河蚶”的美称。为了保护这里的水产资源，早从宋朝起，天门便被特准免除了渔课，这也算是历史上一段奇闻呢。

现今的天门名馔“红烧蚶肉”，乃是精选活鲜义河蚶，加熟腊肉和蒜泥烹制而成的美馔。入盘后汁稠味浓，蚶肉尤其鲜美。天门人家家善做此菜。不论是海外游子返乡探亲，还是当地亲朋好友聚会，都以围在一起共品“红烧蚶肉”为最大乐事。义河蚶虽然味美，但捕捉起来却异常麻烦。因为毛蚶栖身于水底岩石缝隙之中，故而每逢冬季农闲之时，当地人只能下水用手去摸，或者坐着小船，用长长的竹竿捣遍河床，再用竿头之钩夹在蚶壳中将其提出水面。除此法之外，还真是找不到更为省事省力的好办法呢。

【古菜今做】

原料：义河蚶1.5千克，胡萝卜200克，水发冬笋、猪肥膘、火腿各100克，荸荠、猪油各50克，蒜白25克，精盐10克，水发香菇6个，味精、胡椒粉少许，鸡汤适量。

做法：

——把义河蚶剖壳剔肉洗净，刀拍足和角，逐个将其一面拖剞平行花纹，再转90度，斜刀依次将蚶肉剞2/3的片口。荸荠去皮，胡萝卜刮洗干净，猪肥膘肉及火腿分别切成片。

——将适量清水烧沸，把胡萝卜、火腿、冬笋片放入沸水煮3分钟捞起，残水不用。

——锅内加鸡汤，放入蚶肉，以大火煮，撇去浮沫，加入肥肉片煮至汤汁呈奶白色。调入精盐，捡去肥膘肉。

——把1个香菇放在碗的中央，再将蚶肉、胡萝卜、香菇、火腿片依次排列于碗内。

——把冬笋片、荸荠片、肥肉片放在最上层，加入奶白蚶汤，上笼用大火蒸1小时。出笼去掉肥膘肉，将蒸好的义河蚶扣入盘内。

——滗出原汤，加蒜白、猪油，待汁煮沸勾芡淋入盘中，撒上胡椒粉即成。

三二、因老板娘偷吃而研发的赵匡胤喜爱的孝感麻糖

【名菜典故】

孝感麻糖是董永故里湖北孝感的传统地方风味名点，亦是蜚声中外，誉满神州的特产。孝感麻糖的故乡在孝感城南的八埠口，它的创始人是一位馋嘴的老板娘。

相传，很久以前，有户人家在孝感城南的八埠口开了一个糖坊，生意一般。这户糖坊的老板娘有贪嘴的毛病，时常忍不住要偷糖吃。有一次，她正吃得津津有味时，看见老板进屋来了，慌忙之下赶紧把一坨糖丢进了装芝麻的罐子里，不想还是被老板发现了。老板见糖上沾满了生芝麻，想弄掉芝麻却没有办法，如果丢掉糖块又实在心疼，非常生气。这时，那个馋嘴的老板娘在旁边说："我看有办法处理，把它放在锅里烙熟，一定又香又甜，好吃得很呢。"老板觉得有道理，照她说的一试，果然味道不错。

从这件事上得到启发，糖坊从此就创制出了孝感麻糖，销路越来越广，生意火红。据说宋朝开国皇帝赵匡胤路过孝感时，亲口品尝了孝感麻糖，赞不绝口，该糖由此一举成为皇家贡品。

孝感麻糖成为贡品，名气自然大扬，于是后来很多地方仿制，但味道都不及孝感本地的麻糖。因为孝感城南八埠口位于三汊河口，通府河，连环河。相传古时候，环河城隍潭里面藏有一条恶龙，常常兴风作浪。玉帝派哪吒下界擒龙，他用"混天绫"紧缠住龙身，将它往南拖到府河卧龙潭里锁起来。哪吒一路拖出一条河来，这便是八埠河，河里流淌的水就是"龙吐

水”。这水异常清洌甘甜，故用它才能制作出上品的麻糖来，非仿制品所能及，所以八埠口出产的麻糖最为出名。

孝感麻糖最初为长方形，因为出了名，成为朝廷贡品，就必须按朝廷要求定期进献。据说第一次进献时，正值皇上五十大寿，孝感知县便精选了整齐方正的五十块麻糖。那糖散发出异常甜美扑鼻的香味，诱使皇上的贴身太监垂涎欲滴，竟情不自禁地拈起一块咬尝了一角，顿觉满口生香，美味妙不可言。然而，当他醒悟到自己偷吃了贡品，会招致杀头之罪之时，感到后悔已来不及了。于是，他索性横下心来，将全部麻糖的角都以齿理为梳形，再呈献皇上。皇上边观赏边品味，竟诗兴大发，脱口吟道：“形似玉梳白似璧，薄如蝉翼甜如蜜。难得人间一佳品，传于后世莫走移。”皇上金口玉言，“钦定”麻糖为梳子形状，自此，千百年来一直没有改变。

【古菜今做】

原料：

白砂糖（纯净洁白，纯度达99.5%以上）。

糯米（不霉变，无杂质）。

芝麻（颗粒饱满，皮薄，要求新鲜，无杂质，以当年收获的芝麻为最好）。

大麦（采用种皮薄、皮色浅、富有光泽、麦粒整齐的四棱或六棱大麦，不宜用二棱大麦。大麦发芽率应不低于95%）。

做法：由于工艺较复杂，篇幅过多，此略。

三三、为寇准做寿专做的“水晶饼”

【名菜典故】

传说寇准从京都回到故乡渭南探亲，四乡八邻兴奋地相迎至十里开外，大路两边全摆满了酒肉礼物。寇准下马步行，一一答谢父老乡亲，但对礼物一概不收。

适逢寇准五十大寿，家乡的父老乡亲纷纷前来庆贺。为了不负乡亲的盛情，寇准便在家设宴款待，但绝不收寿礼。席间，忽有家人前来禀报，有人送来一只木盒就走了。寇准只好打开木盒，只见里面装有50只像水晶一样晶莹剔透的饼，并附有一张红纸，上面写了一首诗：“公有水晶目，又有水晶心。能辨忠与奸，清白不染尘。”落款是“渭南众乡亲”。

寇准当即留下其中一只饼，并将其余的分给赴宴的乡亲们品尝。大家一面称赞此饼美味可口，一面感叹那首诗写出了寇准的美德。

后来，寇准的家厨按样品仿制出这道点心，寇准便将其命名为“水晶饼”。寇准一生大起大落数次，所到之处百姓均以“寇青天”称他。也许，许多人不知内中还有一个小秘密，那就是寇准家厨一直遵循大人的嘱咐，不时用心制作渭南老乡曾献给他的水晶点心，供全家食用。一为饱其口福，更主要的还是使他时时牢记“廉洁”二字。

从此，水晶饼美名远扬。如今在寇准的家乡渭南，水晶饼已经作为渭南的特产，成为招待客人、馈赠亲友的最佳礼品。

【古菜今做】

主料：澄面120克。

辅料：糯米粉40克，豆沙150克，开水160克。

调料：生抽15克，白糖40克。

做法：

——先将已过筛的粉类和白糖放盆内，加入生抽略拌，然后倒入开水在盆内拌匀。

——用手轻力搓至面团透明柔软，取出一小撮面团包着豆沙，然后将其压扁放入抹油的模内，取出。

——将水晶饼放在已涂油的蒸盘或碟上，大火蒸10分钟即成。

【营养功效】

澄粉富含蛋白质、碳水化合物、维生素和钙、铁、磷、钾、镁等矿物质，有养心益肾、健脾厚肠、除热止渴的功效。糯米富含B族维生素，能温暖脾胃，补益中气，对脾胃虚寒、食欲不佳、腹胀腹泻有一定缓解作用。水晶饼看起来晶莹透亮，吃起来甜润可口、酥软香绵，真是既好看又好吃。

三四、康王赵构避难时吃的农家女做的“龙凤金团”

【名菜典故】

相传北宋末年，入侵的金兵攻破东京，徽钦二帝被掳。唯一出逃的康王赵构被金兵穷追不舍。他仓皇逃到宁波农村，眼看金兵就要追上来了，急忙向一农家少女求救。正在晒谷的阿凤姑娘不知来人是谁，但因生性善良，便叫康王坐在场边。

阿凤顺手将谷箩倒扣在康王身上，然后手拿细竹竿，口中喊着赶小鸡的声音。大队金兵来到场边，并没有发现可疑之处，便匆匆越村而过。康王躲过了一场灭顶之灾。阿凤取下竹箩，但见康王满身糠皮，直笑个不停。康王看见面前的村姑既美丽又天真可爱，也不觉怔在那儿了。阿凤以为这人饿了，又不好意思向她要吃的，便好心地回家拿来两个“金团”，即普通的米粉饼子，递给了他。康王只顾逃命，也确实饿得眼冒金花，便顾不得客气，立即用手接过“金团”，深情地说：“多谢姑娘救命之恩。我乃康王，日后必有重报。”

后来赵构在临安（杭州）做了皇帝，果然派人前往宁波迎接阿凤姑娘进京一起享受荣华富贵。当地卖“金团”的师傅知道了这件事，便趁机妙手制作了许多印有龙飞凤舞图案、外滚金黄松花纹样的“金团”，特取名“龙凤金团”叫卖，并当众言明：“此饼康王陛下曾亲口尝过。”于是路人争相买来品尝，还将其作为馈赠亲友的礼品。如今，“龙凤金团”仍是男女老少都喜欢吃的四季美食，极有名气，宁波民间家家会做。

【古菜今做】

以制100只为例。

原料：粳米5250克，糯米3500克，红小豆1250克，瓜子仁200克，金橘饼150克，蜜饯红绿丝150克，糖桂花100克，白糖4100克，松花500克（约耗100克）。

做法：

——将红小豆拣去杂质，淘净，入锅煮约4小时捞起，沥干水，磨成细沙。将锅置小火上，加入白糖2500克及豆沙，边炒边翻，不使底焦，约1小时后，待水分炒干，豆沙滑韧时起锅，制成豆沙馅10斤。

——将豆沙馅搓成100份丸子状馅心。金橘饼、糖桂花、红绿丝均切成米粒大小，加入白糖1600克，与瓜子仁拌匀，即为盖糖，放在盆中，另用一盆盛放松花。

——将粳米、糯米淘净，一起倒入桶内，用清水浸胀（冬季浸24小时，春、秋季浸16小时，夏季浸8～10小时），捞起盛入箩内，用清水淋过后，带水磨成米浆，灌入布袋，扎紧袋口，挤净水分，取出放在铅丝筛上，下接木桶，将粉搅碎于桶内。将甑子放在大锅上，加入水（不宜过满），用旺火烧至水沸，把水磨粉移入甑中，加至与饭山平（饭山系蒸具，用竹子编成圆锥形，似南方农民戴的斗笠），蒸上汽，再逐步放入粉，待面上无生粉时，再蒸上2分钟，把甑子拿起，将熟粉倒入轧糕机，放入沸水2000克，反复轧3次（使粉软韧），盛入木盆。

——把轧好的熟粉放在操作板上，分成小块揉透，摘成剂子100个（每个重150克），揿成直径为3寸、中间厚边缘薄的皮子，裹入豆沙馅50克、盖糖20克，包成团子，滚粘上松花，再移到金团印板里揿成直径约3寸、厚6分的扁形团子，装入盘中即成。

三五、深受钦宗皇帝喜爱并为其命名的百姓慰问宗泽的“金华火腿”

【名菜典故】

宗泽（1060—1128），字汝霖，浙江义乌人，北宋名将，元祐年间进士。靖康元年（1126）任磁州知府，募集义勇，抗击金兵。宗泽是抗金名将，在多次抗金战争中威望日进，北方百姓称其为“宗爷爷”。他曾为收失地、败金兵，在家乡义乌和金华一带招募子弟兵。在宗泽的带领下，这些子弟兵在屡次的作战中英勇顽强，他们所到之处，金兵必败。

收复开封府之后，宋钦宗在大喜之下，特赐宗泽带领这些勇士回家乡探望父老乡亲。听说宗泽凯旋的消息，金华和义乌的百姓都赶来看望宗泽。他们杀猪宰羊，奉上自己酿制的上等金华美酒，肩挑人抬送到宗泽处，与将士们同饮共庆。接踵而来的百姓送来的犒劳品丰盛之极。面对如此之多的猪肉和美酒，宗泽非常感激，但也备感为难：金华离开封路途遥远，携此鲜肉去开封肉必腐无疑，可若不携带，又怎么对得起乡亲们的一片真情！宗泽左思右想后有了主意：他派人准备了数条大船，把猪肉等放入船舱中，又在肉上撒了大把的盐和香料，把猪肉腌上防腐，一路带回开封去了。到开封后，宗泽派人把腌猪肉煮好，分发犒劳将士。众将士吃罢，皆说这腌猪肉比鲜猪肉还香，长力气，以后打仗必定愈发威猛。

宋皇钦宗闻知将士在宗泽带领下越战越勇，捷报频传，龙颜大悦。他也特赴开封慰问宗泽和众抗金将士。宗泽派人把从金华和义乌带来的肉烹制成多种菜肴，宴请皇帝。钦宗看那一块块火红的散发着奇香的肉，好奇地尝了几口，感到味道极其鲜美，忙问宗泽，宗泽答这是从金华家乡带来的腌制猪腿肉。钦宗连声赞道："此肉色红似火，奇香扑鼻，鲜美可口，朕就称它作'金华火腿'吧！"

一传十，十传百，金华火腿之名就此传播开来。

【古菜今做】

火腿的吃法很多。据金华"清和园菜馆"一级厨师蒋宪平介绍，一般以清炖和蒸吃为佳，但因火腿的部位不同，做法也不尽相同。整只大腿可分"火爪""火蹄""腰峰"和"滴油"四个部分。"火爪"和"火蹄"宜于伴以鲜猪爪、鲜猪蹄，用文火清炖，此乃浙江名菜。"滴油"宜于烧汤吊味，伴以毛笋、冬笋者，叫"火督笋"；伴以冬瓜者，叫"火督冬瓜"；伴以豆腐者，叫"火督豆腐"，等等。其中以"火督笋"最有名气。"腰峰"宜于蒸吃，切成薄片，可制"薄片火腿""排南火腿"和"蜜汁火腿"等名菜，用于佐饭、进酒、品茗。诸名菜中，又以"薄片火腿"最受世人青睐。

“薄片火腿”，每盘二两八钱，切48片，排成拱桥形状。切片均匀，排列整齐，上面撒白糖、味精，淋黄酒后，放入蒸笼中蒸15分钟。白糖溶化，酒味入肉，色泽红润，十分鲜美。金华火腿的加工工序分整修、腌制、洗晒、整形、发酵、堆叠、分级等80多道工序，历时10个月。现在超市里一般都能买到正宗的金华火腿：

“薄片火腿”的制作方法如下：

原料：金华火腿1只，香菜叶、碱面各少许。

——把火腿先用碱水洗去污物，再用清水冲洗干净，斩去火爪和火蹄，皮朝上放入锅里，加水（水量以淹没火腿为度），用中火煮1.5小时，至千斤骨与筒骨脱开时捞出，晾10分钟左右。然后把表面污肥边肉片去，除去筋和骨，再翻过来（皮朝上）平放在盘里，用重物压实。

——食用时，将压过的火腿切去雄爿，四边修齐，切成5厘米宽、2厘米厚（瘦肉1.5厘米厚，肥膘0.5厘米厚）的块，再片成长5厘米、厚0.1厘米的薄片48片。取圆盘一个，先用8片火腿和修下来的碎火腿片垫底，再取16片贴放在两边，其余24片用刀托放在上面，呈拱桥形，两侧放上洗净的香菜叶即成。

另一种做法如下：

主料：金华火腿75克。

辅料：猪里脊250克，猪腰500克，萝卜250克。

调料：精盐25克，味精15克，绍酒75克，葱、姜各15克。

——将熟火腿及里脊肉切成厚块，猪腰撕去外皮，在两面直划三四刀，将萝卜削成核桃大小的圆球。

——将里脊肉、猪腰放入沸水锅内烫去血污，捞出洗净，连同火腿及葱姜放入炒锅，加满清水，置旺火烧沸后，移至小火炖2小时。

——将猪腰取出横切成片，再放入砂锅中，将萝卜放入沸水中烫一下，捞起放入砂锅，加精盐、味精、绍酒，炖至萝卜球熟即成。

【营养功效】

火腿含有丰富的蛋白质和适度的脂肪、10多种氨基酸、多种维生素和矿物质。其制作过程经冬历夏，肉经过发酵，各种营养成分更易被人体所吸收，具有养胃生津、益肾壮阳、固骨髓、健足力、愈创口等作用。

《本草纲目拾遗》说："久泻，陈火腿脚爪一个，白水煮一日，令极烂，连汤一顿食尽，即愈。多则三服。""腹痛，或三四日不止，笔苑仙丹火腿肉煎汤，入真川椒在内，撇去上面浮油，乘热饮汤，立愈。"如此说来，金华火腿不仅是珍贵的食品，还是高档的营养品和药品呢。

三六、南宋皇帝赵昺亲口命名的护国菜

【名菜典故】

"护国菜"是广东潮州名菜，为南宋皇帝赵昺亲口命名。公元1276年南宋灭亡后，宋臣文天祥等人拥立赵昺为帝，坚持抗元斗争。后来，宋军兵败，赵昺在元兵的追击下逃至潮州，寄宿在一座深山古庙中，饥寒交迫，疲惫不堪。庙中僧人听说他是宋朝皇帝，对他十分恭敬，想烧一顿饭给皇帝吃，但庙里已无米断炊。僧人们无可奈何，只得从自己种的番薯地里摘来一些嫩叶，洗净后煮成菜汤，送给赵昺充饥。赵昺正又饿又渴，见僧人送来一碗碧绿清香的菜汤，十分高兴，一口气吃了下去，觉得软滑鲜美，十分可口，于是赞不绝口。他想到庙中僧人在自己落难之际，在无米断炊的情况下还专门为他制作了这碗菜汤，十分难能可贵，于是就封此菜汤为"护国菜"。此事很快传遍潮州，人们纷纷按照庙里僧人的做法，用番薯嫩叶煮汤，并放进一些别的食材，果然味道鲜美。于是"护国菜"就在潮州一带流行起来。一些饭馆也将番薯嫩叶加上草菇、火腿，用鸡汤烧煮应市，这种"护国菜"色泽碧绿，清香鲜美，深受人们欢迎，成为潮州菜中的上品，并一直沿传至今。

【古菜今做】

主料：地瓜、嫩叶。

辅料：味精、盐、麻油、鸡油、湿粉。

做法：

——把地瓜、嫩叶飞水捞起，漂凉，用搅拌机搅成泥状。

——把菜泥入鼎炒，加入上汤，放入味精、盐，调好味后，用湿粉打芡，再调入麻油、鸡油推匀，装入碗中即成。

【名菜特色】

汤色碧绿，入口清香，鲜甜嫩滑。

三七、纪念包公的“包公鱼”

【名菜典故】

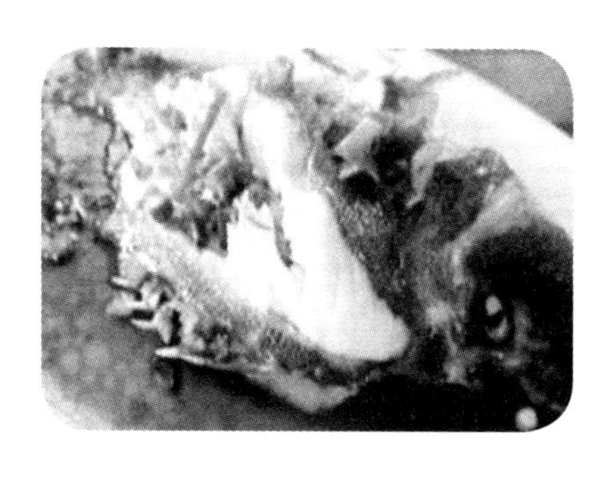

合肥市有一条古代挖掘的护城河，因为从著名的观光胜地“包公祠”旁经过，人称“包河”。许多年前，包河里出产一种鲫鱼，只因鱼背是黑色的，人们看到它，便联想到铁面无私的包青天包公大人，于是又送它一个“包公鱼”的美名。

1958年毛泽东主席到南方视察工作，在合肥市听取安徽省委领导同志的工作汇报，品尝了徽菜名厨梁玉刚师傅用包公鱼做的佳肴，只觉骨酥肉烂，片刻即化，味道确实不错，便连连称赞。

【古菜今做】

主料：鲫鱼（750克），莲藕（250克）。

调料：小葱（25克），酱油（100克），冰糖（30克），醋（20克），香油（50克），黄酒（100克），姜（25克）。

做法：

——选用新鲜的小鲫鱼（包河鲫鱼），体长7厘米左右为宜，去鳞、鳃，开膛去除内脏，洗净控干水分。

——加酱油75克、黄酒25克、葱段10克、姜片10克，腌渍30分钟左右。

——藕（包河藕）洗净横切成2毫米厚的大片。

——取炒锅一只，锅底铺一层剔净肉的猪肋骨，然后放一层藕片、姜片和葱段。

——再将小鲫鱼头朝锅边，一个挨一个地围成一圈摆放。

——将酱油175克、醋20克、黄酒75克、冰糖（碾末）放入碗中和匀。

——将调料和匀后加清水150毫升倒入锅中，用小火焖5小时左右，端下锅冷却。

——冷却后，覆扣入大盘，去葱、姜、藕片和骨头。

——食用时取藕片数片垫在盘底，将鱼一条条取出摆入盘中，淋上香油即成。

工艺关键：原制法是在锅内垫一层洗净的碎瓷片，而不用猪肋骨，是为防止糊锅，但猪骨也能起到防糊的作用，且味更好，所以做此变动；用小火焖时，锅内不应滚沸，防止鱼体碎烂。

菜品口感：色泽酱红，骨酥肉烂，入口即化，酥香两味，俱在其中。

【营养功效】

鲫鱼具有益气健脾、养胃、利尿消肿、清热解毒之功能，并有降低胆固醇的作用；用鲫鱼可治疗口疮、腹水、通乳等症；常食鲫鱼对于预防高血压、动脉硬化、冠心病等有一定益处，非常适合肥胖者食用。

在块茎类食物中，莲藕含铁量较高，故对缺铁性贫血的病人颇为适宜。莲藕的含糖量不算很高，又含有大量的维C和膳食纤维，对于患有肝病、便秘、糖尿病等一切有虚弱之症的人都十分有益。莲藕富含铁、钙等微量元素，植物蛋白、维生素以及淀粉含量也很丰富，有明显的益气补血、增强人体免疫力的作用。藕还可以消暑消热，是良好的祛暑食物。

【健康提示】

鲫鱼不宜和大蒜、砂糖、芥菜、沙参、蜂蜜、冬瓜、猪肝、鸡肉、野鸡肉、鹿肉，以及中药麦冬、厚朴一同食用；吃鱼前后忌喝茶。

三八、沈万三为朱元璋做的“万三蹄”

【名菜典故】

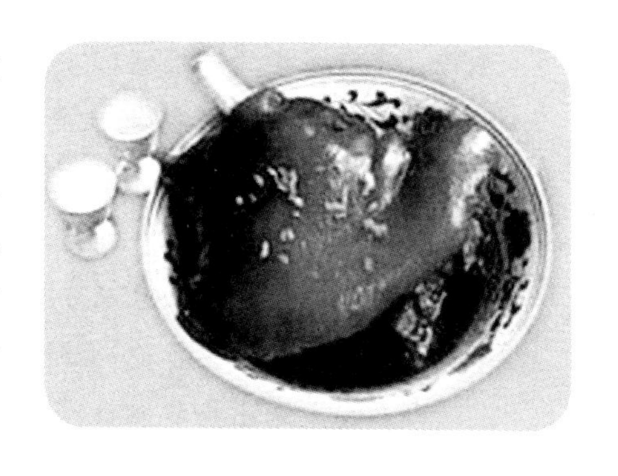

据说当年明太祖朱元璋平定天下，定都应天（今南京）的时候，因为连年征战，国库匮乏，连建一条像样的城墙都没钱，于是需要在民间集资，首当其冲的自然是当时江南首富沈万三。沈万三听后很爽快，一拍胸脯，答应承担南京三分之一的城墙，从洪武门到水西门一段的建设资金。有野史传说，沈万三负责的工程还提前了3天完成，于是，朱元璋表面予以表彰，可是心里很不舒服，但朱元璋不好当面发作。

后来，沈万三修筑姑苏的街道时采山石砌路，极其讲究。朱元璋听说后立刻借题发挥，说他擅自挖掘山脉，下旨处其死罪。

贤惠的马皇后谏道：“沈万三捐资筑城，于国家不为无功。虽有死罪，应将功抵赎。”朱元璋道：“沈为平民，富与国家相埒，恃财作着威福，为一方妖孽，历任是为蠹吏，怎可不与诛戮？”马皇后又争道：“妾只知民富乃国强，也正是国家之福。未闻有民富即为妖，须加以诛戮的。这样说来，天下只能有贫民，不许有富民了？”太祖被马皇后一驳，无可回答，于是下令将沈万三释放。

沈万三虽躲过死罪，却并没有逃过劫难。他很快又提出要“犒赏三军”，这回朱元璋终于大怒，说道：“匹夫犒天子军，乱民也，宜诛。”

这次，贤德的高皇后出来游说道：“妾闻法者，诛不法也，非以诛不祥。民富敌国，民自不祥，天将灾之，陛下何诛焉。”朱元璋听高皇后讲得在理，又免了沈万三一死，但死罪虽免，活罪难逃，把他发配到了云南。最后他长枷铁镣，西行万里，客死云南烟瘴之地。

沈万三去云南前，有一次朱元璋到沈家做客。好饭好菜端上来，其中有一道菜是红烧蹄髈。皇帝突然指着猪蹄问：“这是什么菜？”如果沈万三张口就答是“猪蹄”，必然犯了皇帝的讳，那必然难逃死罪。这时沈万三灵机一动，回答说：“这是‘万三蹄’，请皇上品尝。”才算是化解了这道生死攸关的考题。

【古菜今做】

主料：肥瘦适中的猪后腿1只。

调料：酱油30克，冰糖、桂皮、八角、花椒粒、砂仁、草果、山柰、小茴香等适量。

做法：

——猪后腿洗净入锅煮至七分熟。

——煮好以后在汤里再烫3分钟，然后捞出来。

——在肉皮上划出一些刀口，趁热抹上酱油，使最后有虎皮油亮效果。

——再放入油锅炸一会儿。两面都要炸，以便可以去掉过多油分，炸时可以盖上锅盖，以免油溅到人。

——另备一口锅。开火，放入油和刚刚炸过的猪蹄，再放入一些冰糖，然后倒入一些酱油，再放入一些香料。

——加水，开火，大火炖一会儿，然后转文火炖两小时以上。水要加多点，可考虑加一大壶开水。

——炖至收汁即可。

【营养功效】

猪后腿营养丰富，富含人体所必需的胶原蛋白，对改善皮肤弹性很有好处。近年在对人类衰老原因的研究中发现，人体中的胶原蛋白缺乏，是人体衰老的重要原因之一。胶原蛋白能防止皮肤干瘪起皱，增强皮肤弹性和韧性，对延缓衰老和促进儿童生长发育都具有特殊意义。俗话说“家有筵席，必有酥蹄”，做好的万三蹄皮色酱红，外形饱满，香气四溢，肉汁酥烂，入口即化，肉汁香浓，肥而不腻，滋味无穷。

三九、朱元璋犒赏三军的“虎皮毛豆腐”

【名菜典故】

据说，明太祖朱元璋幼年曾给财主做苦工，白天放牛，半夜与长工们一起推磨做豆腐。长工们同情他年纪小，不让他干重活，不料触怒了财主，将他赶走了。朱元璋只得同破庙里的小乞丐们一起过着乞讨生活。长工们可怜他，每天从财主家里偷得一些饭菜和鲜豆腐，藏在草垛里，到时候朱元璋便悄悄取走与伙伴们分食。一次，他们到十里外的庙会乞讨，回来后发现豆腐长了一层白毛。他们饥肠辘辘，只得将长满白毛的豆腐拿回庙里，用乞讨来的油煎而食之，不料香气四溢，味鲜无比。

元朝至正年间，朱元璋已是反元义军领袖，时为吴王。1357年，他率领十万大军由宁国至徽州府歙县，途中特命随军炊厨利用溪水做毛豆腐，犒赏三军，油煎毛豆腐遂在古老的歙州府流传下来。后来朱元璋做了皇帝，命御厨做油煎毛豆腐，为御膳房必备佳肴。

【古菜今做】

原料：毛豆腐10块（约500克），小葱末5克，姜末5克，酱油25克，精盐2克，白糖5克，味精0.5克，肉汤100克，菜籽油100克。

做法：将毛豆腐每块切成3小块。锅放在旺火上，放入菜籽油烧至七成热时，将毛豆腐放入煎至两面呈黄色，待表皮起皱时，加入葱末、姜末、味精、白糖、精盐、肉汤、酱油烩两分钟，颠翻几下，起锅装盘即成。

工艺关键：此菜外皮色黄，有条状虎皮花纹，芳香馥郁，鲜味独特。油煎时不可过火，否则易发生焦煳现象，影响菜品的色泽和口味。

四〇、朱元璋乞讨时吃的凤阳豆腐

【名菜典故】

朱元璋年幼时家里很穷，很小就为地主放牛，从来没吃过好东西。有一年，凤阳遭大灾，朱元璋的父母、兄嫂都因饥饿相继去世，他成了孤儿，便到家乡附近的皇觉寺出家，当了小和尚。灾年的寺庙，生活也很艰难。朱元璋入寺没几天，就被派出去化缘。

有一次，朱元璋已经几天没讨到吃的东西了，他强打着精神一步挨一步地向前挪动着虚弱的身子，希望能讨得一星半点吃的。好不容易移到一家饭庄前，刚要张口乞讨，身体却再也支撑不住了，一头栽倒在饭店的门口。饭店老板见一个穿着破袈裟的小和尚倒在门口，便赶快走出来将他扶起。再看看小和尚手里攥着的肮脏破碗，老板就知道是怎么回事了：这灾荒年头，有几个人能不挨饿呢！饭店老板是个善良的人，赶紧端来一碗水，慢慢地灌进了朱元璋的嘴里。随着喉结一阵上下滚动，朱元璋睁开了眼睛。老板起身端来了饭，并拿来本店的看家菜——瓤豆腐。朱元璋看见吃的，也顾不上念阿弥陀佛了，恨不得连碗都一口吞下去。一阵风卷残云，朱元璋把端来的东西吃得干干净净。这顿饭对朱元璋来说可谓是救命饭。朱元璋千恩万谢地离开饭店后，走在路上想：这瓤豆腐怎么这样好吃？天下大概没有什么比得上瓤豆腐了。

十几年后，朱元璋当上了明朝开国皇帝，自然能经常吃到山珍海味，但凤阳的瓤豆腐却令他始终难忘。不久，他把家乡做瓤豆腐的厨师接到宫廷的御膳房来，专门为自己做这道菜。瓤豆腐成为御膳后，名声也就越来越大了。

【古菜今做】

原料：嫩豆腐500克，肥瘦猪肉100克，虾仁25克，鸡蛋4个，肉汤150

克，熟猪油1000克。

做法：

——猪肉切末，虾仁剁碎加精盐，湿淀粉拌匀，和葱、姜、肉末煸至松散，烹入料酒、肉、清汤、味精、精盐炒匀后，用湿淀粉勾芡成馅。豆腐切成厚片。

——将馅分成12份，分别放在豆腐片上拌匀，再分别盖一片豆腐制成豆腐生坯。鸡蛋清搅成泡沫状，加干淀粉调匀成糊。油烧至五成热，将豆腐坯沾匀蛋泡糊，入锅逐个炸至变色捞起，油温升至七成热时，复炸至金黄色捞出。肉清汤中加入豆腐、精盐、白糖，以小火烧开加醋勾芡即可。

四一、奢香夫人为朱元璋祝寿献的“金酥”

【名菜典故】

传说明太祖朱元璋将威宁彝族首领奢香夫人收为义女。有一年明太祖做寿，奢香夫人为了表示孝心，特意吩咐厨师采用当地土产荞面拌糖，做成一种既精美别致又有地方特色的糕点。可是多次试验都没有成功，眼看寿期临近，奢香夫人心急如焚，到处颁布告示，如有人做成此种糕点愿出重金奖赏。有个叫丁成久的重庆人揭了告示。他反复琢磨，对照传统糕点，并各取所长，终于制成了一种非常精致的糕点取名“荞酥”。荞酥每块重8斤，上面刻有九条龙，九龙中间刻有一个“寿”字，象征九龙献寿，令奢香夫人非常满意。朱元璋品尝荞酥后大为赞赏，称其为“南方贵物”。从此荞酥身价百倍，一举成名。

后来荞酥历代相传，现在已不是8斤一块，而是一斤8块了。制作方法也很特殊，先筛出最细的荞面，按比例加红糖、鸡蛋、菜油做主料。馅料主要由小豆和芝麻、瓜条搭配而成。造型呈扁圆和扁方，并刻有清晰花纹。由于“荞酥”颜色金黄，香甜爽口，又被称为“金酥”，品种也增加到水晶、玫瑰、火腿等10多种。

【古菜今做】

原料：苦荞麦酌量，红糖、鸡蛋、小苏打、碱、白矾、红小豆、菜油、芝麻、玫瑰、瓜条各适量。

做法：

——先将适量红糖加水煮沸，熬成红糖水，停火后，放入菜油（为面粉重量的20%左右），再依次加入碱、小苏打和白矾水，搅匀后加入荞面、鸡蛋，将面团和好后从锅内取出，晾8～12小时作为面粉。

——将红小豆煮烂，煮成豆沙，加入红糖，煮至能成堆时，加入熟菜油出锅，即成馅料。

——将面团分若干剂子，擀成皮，包入馅心，在印模内成型，入炉烘烤，至皮酥黄即成。

四二、朱元璋喜爱的长寿菜“烧香菇”

【名菜典故】

相传明代建都于金陵（今南京）时，时逢大旱，灾情严重。明太祖朱元璋祈神求雨，带头吃素数月后，身体每况愈下。这时军师刘伯温特地从浙江老家龙泉托人带来了当地著名特产香菇，烹制成一道烧香菇献给朱元璋品尝。朱元璋未及下筷，就闻到阵阵清香，于是食欲大增，吃后感到此菜香味浓郁，酥软爽口，异常鲜美，连声称赞不已。刘伯温便向朱元璋讲述了香姑女逃难食菇遇救的故事。

后来，因朱元璋经常食用此菜，身体也愈发健康，便钦定此菜为宫廷“长寿菜”。

【古菜今做】

原料：水发香菇500克，冬笋50克，酱油20克，白糖、味精、植物油、香油、水淀粉、鲜汤适量。

做法：

——香菇去蒂，洗净；冬笋切成4厘米长薄片。

——炒锅上火，下油烧至五成热，放入香菇、冬笋片煸炒，加酱油、白糖、味精、鲜汤150克，旺火烧开，小火焖煮15分钟左右，湿淀粉勾芡，淋香油即成。

【营养功效】

香菇是食用菌中的上品，素有“蘑菇皇后”的美称。它含有30多种酶、18种氨基酸；而人体所必需的8种氨基酸，香菇就拥有7种之多。

香菇具有补脾胃、益气、降血压、降胆固醇、增强人体免疫力、抗病毒、抗癌等功效，对治疗糖尿病、肺结核、病毒性肝炎、神经炎、消化不良、便秘等亦有益处。

四三、侍女邀宠赵王朱高燧的“紫酥肉”

【名菜典故】

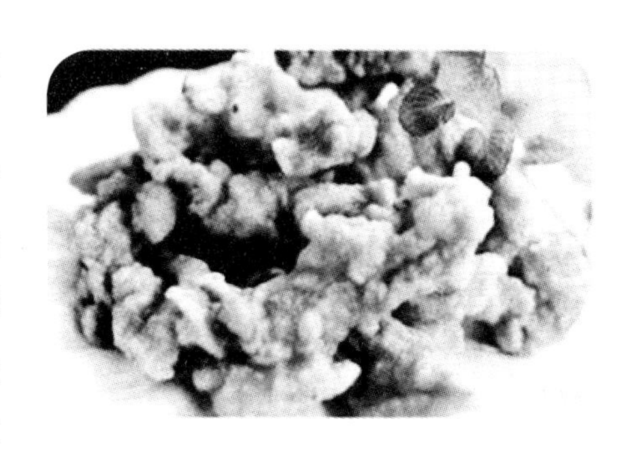

据传明成祖朱棣初封燕王，建文之年起兵“靖难”，4年后攻破南京，夺了皇权。在他登上龙椅之后，为了巩固来之不易的政权，便册封自己的第三个儿子朱高燧为赵王，驻地彰德，即今河南安阳。朱高燧不惜重金修建了豪宅赵王府，又广纳美女，过着奢华无度的日子。赵王府内虽然美女如云，但他最宠爱的却是一个出身低微的侍女。原来此女姿容艳丽，不用脂粉装扮却风韵过人，更有歌舞弹唱的特长。赵王专宠此女后，许多嫔妃愤愤不平，难免伺机发难，极力寻求进谗的机会。时间稍长，那侍女终于被赵王疏远了，但是这个侍女又是个极有心计之人，她冥思苦想，千方百计想要再获赵王欢心。

终于有一天，她无意间听到别人闲谈时说起赵王小时候最喜欢吃烤肉。于是她买通厨师，购进新鲜的猪肋条肉，要亲自下厨为赵王烹制美食。此女在厨师指点下，巧手又烧又煮，还别出心裁地加了紫酥佐味，上笼蒸透，再经油炸后果然色形味皆佳。厨师提议说配甜面酱、大葱可大大地提味，侍女依计而行后，将此佳肴亲手端上赵王餐桌。

一来赵王多日对饮食吊不起胃口，二来好久不曾和侍女相聚成欢，今日一见，竟勾起往日情愫，心情好转了。在侍女殷勤劝食下，赵王胃口大开，吃得特别有滋有味。赵王问起此美馔何名，侍女嫣然一笑，答曰“紫酥肉”，赵王兴味不减，说：“以后我每天都要吃你亲手制作的‘紫酥肉’，你高兴不高兴？”侍女受宠若惊，自然更加百般奉承了。果然，她重新得到主子的百般宠幸，恢复了往日的欢乐。

又过了好久，不知为何侍女悄然离开了赵王府。她到底是自己出走，还是被别人胁迫，谁也说不明白。只是为了此事，赵王烦闷不乐，任其他美女争相献媚，也提不起多少兴趣。于是一些知情的厨师试着仿照侍女的手艺烹制“紫酥肉”进献赵王。此招还真见效，赵王睹物思人，当他看到了“紫酥肉”，犹如看到了心爱的侍女一般，心情顿时变得开朗了许多。从此以后厨师每隔几天便奉上“紫酥肉”，赵王的精神也一天比一天振作起来。

后来厨师也离开了赵王府，“紫酥肉”随之传到了民间。

【古菜今做】

做法一：

原料：带皮硬肋猪肉750克，花椒5粒，八角1个，绍酒10克，味精10克，醋15克，甜面酱50克，精盐10克，葱片10克，姜片10克，葱段50克，花生油500克（约耗50克）。

——将硬肋猪肉切成6.6厘米宽的条，放在汤锅内以旺火煮透捞出，把皮上的鬃眼片净后放入盆中，用葱片、姜片、花椒、八角（掰碎）、精盐、绍酒、味精，加水适量，浸淹2小时，上笼用旺火蒸至八成熟取出，晾凉。

——炒锅放于旺火上，加花生油，烧至五成熟时，将肉皮朝下放入锅内，将锅移到微火上，10分钟后捞出，在皮上抹一层醋，下锅内炸制，反复3次，炸至肉透，皮呈柿黄色捞出。切成0.6厘米厚的片，皮朝下整齐码盘。上菜时外带葱段、甜面酱。

做法二：

主料：猪肋条肉（五花肉）500克。

辅料：青萝卜25克。

调料：花椒10克，酱油20克，大葱50克，花生油50克，姜10克，甜面酱25克，盐4克，料酒20克。

——将大葱白洗净，剥去外皮，一切为二，然后切长段。

——青萝卜洗净，亦切为与葱白同长的条。

——姜洗净，切片。

——甜面酱、葱段、萝卜条分别盛在2只小吃碟里。

——将带皮五花肉切成7厘米长、2.5厘米厚的长条。

——将五花肉条放入开水锅内煮至八成熟时捞出凉透，放入碗内。

——五花肉内加入精盐、料酒、酱油、葱段、姜片、花椒等，上笼蒸至熟烂时取出晾凉。

——炒勺内放入花生油，待油温升至七成热时移置微火上，将肉入勺炸制，呈紫红色时捞出。

——皮朝下放在砧板上，将上面一层用平刀片下，改成薄片，其余肉放入盘内，肉片摆于最上面，呈马鞍形即可。

——上桌时将双份的甜面酱碟、葱白碟、萝卜条碟对称地放在紫酥肉的周围，以肉蘸甜酱，佐大葱段、萝卜条而食。

工艺关键：

——五花肉在入味蒸制时，用中小火，蒸至极烂，时间在2小时以上。

——炸紫酥肉时，见肉条一变色即可。

——因有过油炸制的过程，需准备花生油1000克。

【健康提示】

服用人参、西洋参时不要同吃萝卜，以免药效相反，起不到补益作用。

四四、救永历皇帝的“腾冲饵块”又名“大救驾”

【名菜典故】

传说明朝末年李自成农民起义军攻陷了北京城，崇祯帝吊死在煤山。眼看江山易人，永历帝出逃，企图寻求一个立足之地重振山河。后来时局变化，吴三桂投降清军，击垮了李自成后，欲率军捉拿永历帝。永历帝艰难地逃到了云南，幸亏李定国率大西军誓死保驾，才得以苟延残喘。

为了抗击清军追剿，李定国将军派靳统武领兵护送永历帝避走滇西重镇腾冲，他却率大军与吴三桂清军决一死战。山区道路崎岖难行，永历帝一行整整奔走一整夜，快天明时已经走不动了，才进入腾冲地界，好在再往前走

就是一个小村庄。靳将军派人前去寻找食物。没过多长时间，老庄主急忙赶来叩见圣上，再三问安之后献上来一大盘当地吃食炒饵块。永历皇帝饥不择食，只管大口大口吞食，还连声夸赞："好吃，好吃！"待他吃饱了肚子，方才仔细询问此美食如何制作。老庄主诚惶诚恐地回禀之后，永历帝说："多亏你的炒饵块救了我的大驾，朕日后必有重赏于你。"

从此以后，"腾冲饵块"身价倍增，更以"大救驾"的美名而闻名于世。一段佳话长久地流传于民间，更为云南美食增添了许多传奇色彩。

【古菜今做】

原料：饵块420克，火腿60克，鲜番茄60克，鲜猪肉100克，葱白段、菠菜各50克，熟鸡蛋1个，猪油360克，水淀粉10克，肉汤250克，糟辣子30克，咸酱油20克，酸菜80克，精盐5克，味精2克。

做法：

——把饵块切菱形片；肉切薄片，放入精盐1克、水淀粉调匀码齐；火腿切成薄片，番茄切小块，酸菜洗净切成丝，菠菜洗净切成段。

——锅置火上，放入猪油20克烧热，加入饵块片，稍炒回软，入盘。锅置火上，注入猪油280克烧热，把猪肉片滑锅过油后倒入漏勺。

——锅置火上，放入猪油60克烧热，下葱段煸出香味，放入番茄、菠菜煸炒，放肉片、火腿片、鸡蛋，再放糟辣椒、味精、盐4克、酱油、汤50克，最后倒入饵块炒均匀装盘。把酸菜和肉汤煮成酸菜汤一碗，一起上桌。

四五、明朝皇太后喜爱的"荷月酥"

【名菜典故】

传说明朝的一位皇太后身患重病，不想吃，不想喝，无论御厨做什么美味佳肴，都提不起她的食欲。皇上只得传下圣旨，让各地进贡美味食品。

汉川县令接到圣旨，便找来糕点名师梅翁，让他制作贡品。梅翁冥思苦想，终于以白面、砂糖、金橘饼、桂花等为原料，制作出一种糕点，并特意注明，要以鲜豆浆加白糖泡食。

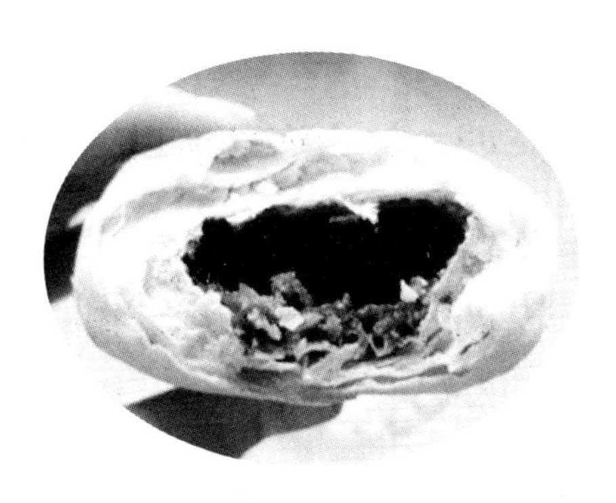

点心送到京城后，皇太后照着说明吃，只觉得这种点心香甜酥绵，味道极佳，于是食欲大增。皇太后问皇上："这点心有名吗?"皇上答不出，便拿起一块点心细细察看，只见点心正面的图案宛若待熟的莲蓬；四周酥皮翻起，如同茶花瓣，再看看样子，好似十五的圆月，顿时，皇上灵机一动，笑着对太后说："这叫'荷月酥'。"

从此以后，荷月酥就在汉川地区出了名，成为当地献给皇帝的贡品。

汉川荷月酥乃梅翁老祖独创。相传梅翁系汈汉湖人，三朝县官加封的孝子。有一年，其母病重，久卧不起，四处寻医也不见好转，就在他母亲弥留之际，梅翁尽最后的孝道，把上好的面粉用油起酥加甜馅做成荷月酥，用开水冲泡，每日侍喂母亲。说也奇怪，他母亲的身体渐渐恢复，后来竟能下床行走，康复如初。这件事感动了天帝，在他母亲百年归山之后，把梅翁召唤上天，修行深造。梅翁上天之前，把荷月酥的制作方法传授给了乡邻，以后，梅翁成为南方主管糕点的神仙。现在的老糕点师傅在教学带徒之时，还常常说梅翁是糕点老祖。

【名菜做法】

汉川荷月酥用料考究，采用上等面粉、猪油起酥两次，内馅用麻油、青梅、桂花、橘饼、白糖做成，呈圆形，空心，面凸起，周边还有匀称的皱褶，整体表面呈乳白色且十分细腻。

【营养功效】

荷月酥色、香、味俱佳，具有开胃理气之功效。由于其营养丰富，含有人体必需的蛋白质、脂肪、碳水化合物和VC、VB6、VB12及多种微量元素，很适合老年体弱者、病后康复者和幼儿食用。荷月酥深受人们喜爱，如用牛奶、豆浆冲泡而食，更有玉液琼浆之妙。

四六、为海瑞所做而皇太子喜爱的“干菜鸭子”

【名菜典故】

相传海瑞在严州青溪任知县时，皇帝传来旨意，皇太子将乘船来新安江欣赏久负盛名的水光山色，要海瑞立即组织百姓去给太子的龙船拉纤。海瑞心想，眼下正是农忙时节，若误了农时，百姓秋天只能喝西北风。他就把袍角一挽，带了自己的独生子和衙役赶到严州府城去接龙船了。严州的老百姓亲眼看到海瑞在新安江边拉着纤，肩膀磨出了血，脚底也被石头划破了，都禁不住热泪盈眶。大家变着法儿要为海瑞做一餐可口的午饭慰劳他。可正是春荒时节，百姓家里什么也没有，只有半坛度荒的干菜。看看江边还有两只刚开始换毛的鸭子，人们一咬牙把鸭子杀了，可是那毛怎么也拔不干净。眼见海瑞要走远了，再等下去就追不上了。可是毛不拔净海大人怎么吃得下去？一位聪明的农妇急中生智，在鸭子里塞了一把干菜，让海大人分不出哪里是未拔净的毛哪里是干菜。将鸭子蒸熟后，人们追赶了几里路，把鸭肉送到海大人面前请他品尝，海瑞一尝，只觉得十分可口。鸭香飘上龙船，皇太子垂涎三尺，急令龙船靠岸，夺下半只一吃，嘿，硬是比什么山珍海味都香呢。自此后，严州干菜鸭子就出了名。

【古菜今做】

原料：肥鸭一只（约重1250克），熟干菜30克，肥膘肉50克，湿淀粉15克，猪网油50克，熟猪油25克，姜25克，酱油15克，盐15克，料酒125克，白糖75克，花椒1克，湿淀粉15克。

做法：

——将鸭子宰杀洗净，从背部开膛取出内脏，拉去气管、食道，洗净沥干。

——肥膘内切丁，干菜切段。在鸭子的表面及内腔擦上酱油，置盘中。

——加绍酒25克和姜，撒上花椒，上笼蒸约半小时取出。

——除去花椒、姜，沥出汁水待用。炒锅置火上烧热，下猪油，把肥膘肉下锅炒至四成熟时，放入干菜，加白糖25克、绍酒25克及精盐和沥出的汤汁及水1000克，烧3分钟左右。

——捞出干菜，肥膘待用。炒锅内再放白糖50克，将鸭子下锅烧15分钟左右至汁水浓稠，出锅装盘，鸭腹向上，整理成型。

——把捞出的干菜、肥膘肉均匀地铺在鸭身上，加绍酒50克。盖上网油，再上笼屉蒸1.5小时左右，下笼去网油，将卤汁滗入炒锅中加料酒25克，用湿淀粉勾芡，均匀地浇在鸭身上即成。

四七、明代纪念温尚书的“白煨鱿鱼丝”

【名菜典故】

“白煨鱿鱼丝”是陕西省三原县著名的风味菜。它是为纪念明代万历年间的工部尚书温纯而创制的，至今已有五六百年的历史。

三原位于陕西省中部，泾河流经此处。由于明代后期水道疏于治理，泾河下游每年都有洪水泛滥。又因三原地势较低，所以每逢雨季便闹水灾，庄稼全被大水淹没，房屋也大片倒塌，可苦坏了当地百姓。万历年间，祖籍三原的工部尚书温纯，长期在京师做官。他听说老家水灾的讯息后，食不甘味，夜不能寐。这一年，温尚书回乡省亲，会见了许多父老乡亲，对他们饱受灾害之苦深表同情，便拿出自己多年的积蓄捐给地方。在治理河道的同时，又让地方官在南北两城间建筑一座石桥，起名为“龙桥”，以便利交通。

在温尚书的带领之下，地方官也做了不少有益于老百姓的好事。就在“龙桥”竣工的时候，温尚书特地从京师赶回老家，与父老乡亲一起庆贺。为了表达对温大人的感激之情，三原厨师精心烹制了多款菜肴。在盛大的庆贺宴会上，乡亲们频频向尚书敬酒。温纯也尽情与百姓同饮同乐。当地名厨特献精制鱼馔，请尚书大人品尝。温纯非常高兴，连声称绝，说是在京师地面上也不曾品尝到如此美味佳肴呢。当温尚书问菜肴名称时，厨师只说是用鱿鱼切丝制成，还不曾命名。温大人高兴地说："我看此馔就叫作'白煨鱿鱼丝'吧。"众人齐声赞同，于是"白煨鱿鱼丝"从此成为三原的一道名菜。这道菜后来传入古都西安，成为三秦名馔代表作之一，扬名中外。

【古菜今做】

原料：鱿鱼500克，水发木耳25克，水发香菇25克，花生油40克，香油10克，淀粉20克，葱、姜、蒜、精盐、味精、料酒各少许，花椒4粒。

做法：

——把鱿鱼去掉头、皮，洗净后切成1寸长的丝，投入放有4粒花椒的开水中汆一下捞出。

——将花生油倒入炒锅，烧到冒烟时投入姜末、葱花、蒜片、鱿鱼丝。翻炒数下后放木耳、香菇丝、精盐和料酒，拨匀后放少许开水和味精。汤开后淋入水淀粉勾芡，出锅后淋上香油即成。

四八、戚继光特制的"咸光饼"

【名菜典故】

嘉靖年间，倭寇骚扰我国东南一带，流窜无定，行踪飘忽，而江浙水网地带又不易发挥骑兵的驰骋作用。戚继光针对这些情况，加紧做急行军训练，戚家军追奔驱逐起倭寇来如疾风骤雨，似迅雷疾电。为了不失战机，戚继光特地创制了一种饼，并在饼中间穿一小孔，便于串起来挂在项上做干粮，这样就可以边吃边行军了。往往倭寇逃得精疲力竭刚打算歇一会儿吃点东西的时候，戚家军便以迅雷不及掩耳之势出现在敌人面前，把敌人一举歼灭。正是因为有了这种"方便"的干粮，省去了埋锅造饭和开桶吃饭的时间，才起到兵贵神速的效果。人们为了纪念戚继光，把这种饼叫作"戚光饼"，以后代代相传，渐渐把音叫别了，就叫成"咸光饼"了。

【古菜今做】

咸光饼（9份）

原料：中筋面粉520克，水260克，糖125克，盐5克，奶粉30克，酵母10克，奶油40克，白芝麻适量。

做法：

——先取配方中部分水将酵母溶化；糖、盐用其余的水溶化备用。

——将溶化后的酵母、糖、盐，与过筛后的中筋面粉、奶粉混合揉成团，再加入奶油揉成光滑不黏手的面团，盖上保鲜膜发酵30分钟，再分成每个80克左右的面团备用。

——将每个分割好的面团滚圆，静置松弛10分钟，整形成中空甜甜圈状后再松弛20分钟。

——在表面刷上过筛后的蛋水，沾上芝麻，入烤箱以上火200℃、下火160℃烤约15分钟即成。

四九、明代梁阁老推荐的“卤狍肉”

【名菜典故】

明代时，太子太保梁梦龙在京做官多年，平时最爱吃的就是狍子肉。等他告老还乡回正定县定居下来后，意外地发现他在家宴中吃到的故乡风味野兔子肉，与野狍子肉的口味极为相近，不由得大喜过望。他仔细观察，发现野狍子和野兔十分相像，不同之处只是个体大小。从此他每日都要吃上一只野兔子才觉满意。

正定城里人见到京城“阁老”回乡如此厚爱这一美味，便更加仔细地加工野兔肉食了。自古佳肴传美名，小小野兔肉竟使过往这里的京都贵戚和大官们个个都很满意，再加上梁阁老的极力推荐，正定野兔肉便改名为“卤狍肉”并广为传开。

【古菜今做】

原料：狍子肉750克，百合150克，鸡汤1050克，湿淀粉、酱油各10克，干辣椒、糖色各5克，精盐8克，味精、龙泉酒各2克，葱1根，姜1块，蒜25克，猪油100克。

做法：

——把狍子肉泡去血污，用刀切成3厘米见方的小块。辣椒擦干净，百合洗净，用力把葱姜拍松，蒜瓣稍拍。

——把狍子肉放入开水里稍烫，见外皮白时捞出控净水分。

——炒锅里放进猪油，烧至九成热时把狍肉下勺，炸至金黄色捞出。

——锅里留底油，烧至六成热下入葱姜蒜。把辣椒炸成黄色，添汤，倒进龙泉酒，待汤开时撇去浮沫，加入酱油、糖色、狍子肉，再开移至小火上，炖一个半小时后加入盐、味精，九成烂时加入百合。待百合烂后拣去葱、姜、辣椒，用大火将汁收浓，勾芡，浇麻油出锅即可。

五〇、明代尚书章懋进贡世宗皇帝的“蜜枣羹”

【名菜典故】

明代，浙江兰溪地方出了一个尚书章懋。他将精心挑选的家乡特产的大青枣带进京师献给世宗皇帝。世宗品尝后十分满意，连声说：“好枣，好枣，要能常吃就好了，但美中不足的是鲜枣不能久藏。”于是章尚书寄信回家，要求枣农为此想想办法。后来有位聪明的枣农将青枣切上数刀纹络，用枣花蜂蜜拌和，入锅煎煮，晾干后就成了蜜枣。章尚书如获珍宝，急忙进献皇帝。世宗打开盒子一看，见枣粒色泽如新，香气扑鼻，连吃几个，顿觉甜润肺腑。世宗赞不绝口，当即封兰溪蜜枣为“冕枣”，并传旨嘉赏了那位枣农。

“冕”，就是皇冠。兰溪蜜枣如皇冠般珍贵，从此美名传遍了京城内外，以至上到达官显贵，下至平民百姓，皆争先品尝为快。兰溪蜜枣一是因皇帝开了金口而身价百倍，二是由于制作精良、色香味形全优，而驰誉海内外。

【古菜今做】

原料：金丝蜜枣100克，金橘脯、蜜饯青梅、蜜饯红瓜、葡萄干、糖水樱桃、薏米仁、糖佛手、糖冬瓜条各5克，糖桂花1.5克，白糖125克，湿淀粉75克。

做法：

——薏米仁洗净，上笼用旺火蒸酥。蜜枣去核，切丁。金橘脯、青梅、红瓜、葡萄干、樱桃、佛手、冬瓜条均切成小丁。

——炒锅置旺火加开水500克，放白糖烧沸，去沫，用湿淀粉勾成薄羹。再将蜜枣、红瓜、金橘脯、青梅、葡萄干、樱桃、薏米仁、糖佛手、冬瓜丁等放入锅内搅匀，再沸时，盛入荷叶碗中，撒上糖桂花即成。

五一、康熙到苏州曹寅府亲口品尝并赐名的“八宝豆腐”

【名菜典故】

自从汉淮南王刘安创制豆腐，豆腐便成为与人们饮食生活息息相关的食品。历朝历代，上至皇帝下至百姓，无不喜爱享用。

据史载，康熙皇帝十分喜爱吃质地软滑、口味鲜美的清淡菜肴。有一次，康熙到南方巡视，暂住苏州曹寅（《红楼梦》作者曹雪芹的祖父）的织造府衙门里。为了伺候好皇上，曹寅派人从各地采购回来大量山珍海味，又吩咐名厨精心操持。然而，这些珍馐美馔却无一能对康熙皇帝的口味。这下可急坏了曹寅。

为了能让皇帝吃得高兴，曹寅多方苦寻，终于用重金从苏州“得月楼”酒家请来名厨张东宫。张东宫绞尽脑汁，使出浑身解数，最后用嫩豆腐及猪肉末、鸡肉末、虾仁末、火腿末、香菇末、蘑菇末、瓜子仁末、松子仁末等食材，做出一道色、香、味诱人的佳肴。这道菜鲜美可口，极合康熙口味。康熙认为此菜具有两大特点：一是用豆腐、香菇、鸡肉等养生佳品为原料，可使人延年益寿；二是豆腐烹调得法，鲜美细嫩，胜于燕窝。因为极为满意，康熙当即给这道菜赐名为“八宝豆腐”。返回京城时，他还传旨把张东宫带回北京，赏他五品顶戴，令他在御膳房工作。从此，这道八宝豆腐羹常上御膳桌，康熙久吃不厌，后来还把它作为宫廷珍品赏赐给告老还乡的大臣。御膳房专门印制了“八宝豆腐羹”的配方，受到赏赐的大臣，都要到御膳房去领取此配方。

【古菜今做】

主料：嫩豆腐300克。

辅料：虾仁、鸡肉、火腿、鲜蘑菇、香菇、瓜子、松子各40克。

调料：食用香精、味精、酱油、盐、浓鸡汤、猪油等各适量。

做法：

——把豆腐、火腿、虾仁、鸡肉等切成小丁。

——炒锅上火，待油热后，把各种食材炒熟后放入鸡汤，再加各种调料烩成羹状即成。

工艺关键：汤汁一沸，改小火烩制，切勿滚烧，才能令豆腐熟而光洁，鲜嫩入味。火候适当，推搅要连续上劲，使豆腐与猪油、八宝食材等充分搅匀，才能不焦且不粘锅。

【名菜特色】

这道菜至今还是名菜，要归功于康熙的“大力推广”，将“八宝豆腐”的用料及制法写成御方。康熙懂得养生之道，深谙饮食的重要性，所以一直到晚年身体也很健康。

【营养功效】

豆腐是食药兼备的佳品，在中医学中具有多方面的功效。此菜与八宝并用，味道奇鲜，汤汁醇香，令人垂涎。

五二、康熙命名的“宫门献鱼”

【名菜典故】

康熙九年（1670），清圣祖康熙南下私访民情，途经“宫门岭”，岭下

有一山洞，宽丈余，形如宫门，宏伟非凡。东边是一片山坡草地，西边有一池塘。一日，康熙微服来到池边一家小酒店，店家端上一条鱼。康熙品尝后，感到鲜美可口，问道："此鱼何名?"店家回答道："此鱼叫腹花鱼。"原来此鱼生长于池塘，专食鲜花嫩草，腹部有金黄色的花纹，故有此名。康熙一时性起，命店家拿笔墨纸砚来，挥毫写了"宫门献鱼"四个字，落款为"玄烨"。不久，江浙总督路过这里，见酒店里挂着题有"宫门献鱼"且署名为"玄烨"的牌匾，大吃一惊，忙问原委，并跪倒在地，以谢龙恩。店家此时才得知那牌匾是皇上所赐。从此凡路过此处的游客，都要品尝一番这道受到皇帝赏识的"宫门献鱼"。

【古菜今做】

主料：鳜鱼650克。

辅料：火腿75克，豌豆200克，牛肉（肥瘦）200克，虾米20克，冬笋25克，榨菜15克，淀粉（蚕豆）20克，鸡蛋清10克。

调料：花生油50克，黄酒40克，醋25克，酱油25克，白砂糖10克，盐4克，味精4克，辣椒（红、尖、干）15克，小葱10克，姜10克，大蒜10克。

做法：

——将鱼去鳃、鳍，刮去鳞，开膛去内脏洗净，控净水分，放在菜墩上，用刀把鱼切成头、中、尾三段。

——把头尾收在盘内，加黄酒、酱油，再把葱段、姜块用刀拍松，也和鱼放在一起，腌制一会儿。

——把鱼中间一段剔去骨刺，剥去皮，用刀把鱼肉修成宫门形，再片成1.5厘米厚的片。

——将淀粉和3个蛋清（约75克）调成糊。

——把鱼片放入蛋清糊中抓拌均匀，备用。

——把火腿切成3分长菱形小薄片。

——将青豌豆去掉皮。

——将鱼片挨片铺在大平盘上，把鱼片一片一片摊开，再把火腿片摆在鱼片上，摆成一朵小花，把青豌豆粒放在花心中。

——炒锅放火上，加宽油，烧至七成热时，将鱼的头尾下锅氽炸一下，见鱼皮略绷紧时捞出。

——锅内留少许底油，将切好的牛肉末加海米倒入，煸炒出香味时，下榨菜、冬笋丁、葱丁、姜末，炒几下，加入酱油、糖、醋、绍酒。

——将鱼放入锅内，加汤和鱼齐平，在旺火上烧开后，迁到小火上，慢炖40分钟，把鱼的头尾炖透后，用大火收汁。

——将鱼的头尾取出，摆放在大盘两端。

——另用炒锅放火上，加宽油，至五成热时，将鱼片逐片下锅，炸至鱼片漂浮在油面上，用漏勺捞起，码在鱼的头尾中间。

——炒勺放火上，加一手勺好鸡汤，再放入盐、黄酒、味精调好口味，用水淀粉拢米汤芡，淋入鸡油，炒好汁，浇淋在鱼片上即成。

工艺关键：焖鱼时酱油不可多加，因鱼已炸上色，多加则发黑；制米汤芡时，下湿淀粉后要推炒均匀，不然淀粉没化开易出现疙瘩；鱼摆入盘中，汁芡不宜多，否则易串味；因有过油炸制过程，故需准备花生油1000克。

五三、进贡康熙当上“莼官”的“太湖莼菜”

【名菜典故】

明朝万历年间，太湖莼菜已被列为“贡品”。为了保持莼菜的鲜嫩，地方官吏们想方设法用飞骑传送到京城，以满足御膳的需要。清康熙三十八年（1699），皇帝南巡到吴县。当地有个叫张志宏的人，特地准备了大缸莼菜，进献皇帝，同时奉上赞颂太湖莼菜的诗词20首。康熙收了莼菜，很高兴，命人带回北京畅春园留种繁殖。他对张志宏的诗也很欣赏，后来赐给他一顶乌纱帽。张志宏靠献莼菜当上了在著书馆效力的小官儿，人们戏称他为“莼官”。

莼菜，最早出自《诗经》记载。《诗》曰：“思乐泮水，薄采其茆。”

陆机考证后说：“茆与荇相似，江南人谓之莼菜。”《晋书》载陆机到洛阳拜访王济。王济设宴款待陆机，指着名贵大菜“羊酪”问：“先生来自吴中，那里有什么名贵的菜肴可与其媲美?”陆机答曰：“千里莼羹，未下盐豉。”这里的莼羹即指太湖特产。陆机说莼羹不加盐，吃起来比羊酪更佳。其实，莼羹加淡盐而食，同样鲜美无比。

【古菜今做】

原料：活鲤鱼500克，莼菜、猪肉汤各500克，熟火腿丝、绍酒各25克，精盐6.5克，味精、葱末各1克，熟鸡油10克。

做法：

——将鱼去鳞洗净，齐胸两侧下刀至脊骨平片至尾，再切去头和脊骨，成没刺净鱼片，洗净沥水，加绍酒15克、盐1.5克、葱末在碗内拌匀。

——莼菜洗净，放沸水锅中呈翠绿色捞出，入汤碗中。

——置锅于中火上，下猪肉汤和水250克，放鱼片、盐5克烧沸，除沫，再加绍酒10克、火腿丝、味精，倒入莼菜碗，淋上熟鸡油即成。

五四、乾隆躲雨躲出来的“鱼头豆腐”

【名菜典故】

乾隆微服出访到吴山，半山腰逢大雨，淋成落汤鸡。他饥寒交迫，便走进一独居人家，想找一些食品充饥。屋主王润兴是一个经营小吃的小贩，见来人如此模样，顿生同情心，可是家徒四壁，便把没卖出去的一个鱼头和一块豆腐加一些调味料放进一个破砂锅中，炖好给乾隆吃。饥饿的乾隆觉得这菜比宫殿中的山珍海味还好吃。

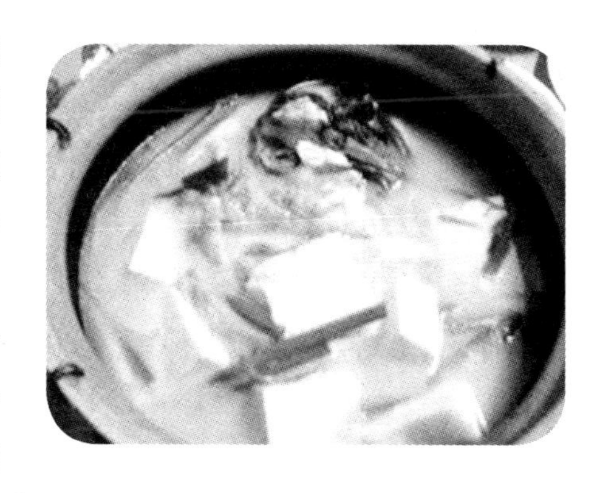

乾隆再次到吴山时，没忘记这位王小贩，又找到这间破屋子，对他说：“你手艺这么好，怎不开一个饭铺？”王润兴回答：“我自个儿都吃不饱，哪有钱开店？”乾隆当即赏赐他500两银子，还提笔写下“皇饭儿”三个大字，落款竟是“乾隆”二字。王润兴这才知道他遇上了当今皇帝，惊得长跪不起。从此，王润兴便把乾隆御笔“皇饭儿”挂在中堂，专营鱼头炖豆腐。“鱼头炖豆腐”在几代人的不断改进下，如今已是很有名气的菜肴了。

【古菜今做】

主料：鲜鲢鱼头1个。

辅料：豆腐2盒，水发冬笋75克。

调料：米酒5克，醋1克，姜2片，葱2段，白糖3克，胡椒粉5克，香菜少许，高汤或水500克，油15克。

做法：

——将鱼头洗净，从中间劈开，再剁成几大块。

——将豆腐切成厚片，笋洗净切片。

——大火烧热炒锅，下油烧热，将鱼头块入锅煎3分钟，表面略微焦后加入汤（或清水），大火烧开。

水开后放醋、米酒，煮沸后放入葱段、姜片和笋片，盖锅盖焖炖20分钟。

当汤烧至奶白色后调入盐和白糖，撒入胡椒粉和香菜段即可。

【营养功效】

豆腐含钙量较多，而鱼中含维生素D，两者合吃，借助鱼体内维生素D的作用，可促进人体对钙的吸收。此菜味道鲜美，汤汁醇香，豆腐滑嫩，鱼头鲜香，令人垂涎。

五五、乾隆下杭州喜爱的做错了的“龙井虾仁”

【名菜典故】

据说，有一次，乾隆身着便服，遨游西湖。当他来到龙井茶乡之时，正值清明时节，天上下起雨来，于是，他只得就近来到一位老太太家避雨。龙井人好客，老太太见有人躲雨，忙让座泡茶。哪知乾隆皇帝是一位品茗高手，对能饮到如此香馥味醇的龙井茶而喜出望外，便想要一点带

回去品尝，可又不好开口，更不愿暴露自己的身份，只得趁老太太不注意时，抓上一把，藏在便服内的龙袍袋里。雨过天晴后，他告别老太太，继续游山玩水去了。一直到日落西山，乾隆皇帝已觉口渴肠饥，便在西湖边的一家小酒肆内入座，随便点了几个菜，其中一个是炒虾仁。点好菜后，乾隆皇帝忽然想起带来的明前龙井茶，便想泡来解渴。于是他一边叫店小二，一边撩起便服取茶。这位店小二在接茶时，看见了乾隆皇帝的龙袍，不免吓了一跳，于是赶紧跑进厨房，告诉掌勺的店主。而店主这时正在烹炒虾仁，一听圣上驾到，惊奇中甚为紧张，忙中出错，无意将店小二拿进来的龙井当作葱段撒在刚炒好的虾仁之中。谁知当这盘菜被端到乾隆皇帝面前时，清香扑鼻，乾隆尝了一口，又觉鲜嫩可口。从此以后，这道慌忙中出错的菜，经过烹调高手的不断总结、完善，正式定名为龙井虾仁，成为浙江人民宴请中外贵宾的一道美馔佳肴。

【古菜今做】

原料：大河虾1000克，龙井新茶1克，鸡蛋清1只，绍酒1汤匙，生粉适量。

做法：

——将大河虾去壳挤出虾肉，用清水反复搅洗至虾仁雪白，滤干水后，盛入碟内，放盐和蛋清，用筷子搅拌至有黏性时，加入生粉、味精拌匀腌2小时。

——将龙井新茶用滚水50克泡开约1分钟，滗出茶叶30克，剩下的茶叶和茶汁备用。

——烧热锅，下油，至四成熟时，放入虾仁，并迅速用筷划散，至虾仁呈玉白色时，倒入漏勺滤去油。下葱煨锅，将虾仁倒入锅中，迅疾将茶叶连汁倒入，淋入绍酒，翻炒片刻即可。

五六、乾隆下扬州喜爱的“翠带凤尾虾”

【名菜典故】

据说，有一次乾隆皇帝下江南时，曾在扬州逗留了很长时间，但因吃腻了山珍海味而食欲大减，郁郁寡欢。身边随从十分着急，于是张榜寻找名厨。这时，来了一个不老不少，头顶马猴帽，腋下挟着围裙的人。管事人一看便怒，挥手驱赶道：“凭你这副穷相也敢来献艺，脏了龙案，你可吃罪不起。”那人答道：“人不可貌相，海水不可斗量。我先做个菜，请品尝一下如何？”这管事人便赶到上房禀报，不料乾隆听闻，十分感兴趣。一会儿，一盘红绿相间的菜便做好送上来。皇帝一尝，果然分外鲜美，令他胃口大开，啧啧称赞，并命御厨学会其做法。此菜便是翠带凤尾虾。

【古菜今做】

原料：虾（半斤），黄瓜（两根）。

做法：

——鲜虾去头、去腥线、去壳留尾，背部开刀，加入盐、料油、少许胡椒粉、淀粉腌制（虾去壳前最好在冰箱里冷冻一下，这样易去虾壳）。

——黄瓜削去皮，皮不要削净，削一条留一条，切成小段，用筷子在中间插孔。

——拿虾尾穿入黄瓜中。

——将虾下油锅炸至七成熟。

——锅内留少许底油，将虾再次下锅，加少许盐，用水淀粉勾芡，出锅装盘。

五七、乾隆下江南喜爱的“平桥豆腐”

【名菜典故】

传说乾隆皇帝下江南，路过山阳县平桥镇。当地有个大地主林百万，为了讨好皇帝，以加封受赏，便在自山阳县城至平桥镇的40多里路上，张灯结彩，地铺罗缎，把乾隆接到家里。皇上到家后，他一边泡仙鹤茶，一边令厨师用鲫鱼脑子加老母鸡原汁汤烩豆腐给皇上吃。

林百万满脸堆笑，亲自把鱼脑豆腐端上桌，顿时满屋鲜香扑鼻。乾隆边吃边品，感到十分可口，别有风味，非常满意，高兴地问林百万：“爱卿，这叫什么菜呀？林百万讨好地笑答道：“此菜叫鲫鱼脑烩豆腐。”

乾隆皇帝越吃越高兴，追问道：“这菜你家常吃吗?”林百万听后，随口笑道：“启奏万岁，这是下官家常便菜。”

乾隆皇帝听了一愣，心想：“我堂堂一国之主，也未顿顿吃鲫鱼脑烩豆腐这样的美菜。”便信口说道：“爱卿，像你这么大的家业，就是海枯石烂，也穷不了你林百万。”

贪心不足的林百万为进一步讨得赏赐加封，忙把儿子抱来请皇帝赐名。乾隆于是说道：“我赐他名叫林子完。”林百万未听清就扑通跪倒在地上，直磕响头，满口感恩道：“吾主万岁！万万岁！”

乾隆皇帝走后，独具一格别有风味的平桥豆腐便传开了。林百万的家业传到儿子林子完手里时，家产已经多得不得了。有一天吃饭，林子完得意地对伙计夸口说：“淮北谁比我富有，驴驮钥匙车装锁。”

伙计们见他这样得意忘形夸海口，其中一个脱口顶撞他道：“你家业再大，也经不起三场人命三把火。”

林子完火冒三丈，一甩碗，正砸在这个伙计的太阳穴上，一下子把这个伙计砸死了。伙计们气愤至极，不管三七二十一，把他拖到官府去打官司。由于林家太狂妄，官府也很记恨他家，加之有伙计们的压力，林家的官司打败了，前后花了不少银钱。

没过几天，林子完骑着毛驴去向乡民收租。那年因水旱虫灾，田里颗粒无收，佃户无法交租，双方争吵起来，林子完接连打死了两个佃户。穷兄弟们又把他拖到官府，在众人的压力下，林家的官司又打败了，又花掉了许多钱。这时林家家产已少了大半。之后，林家接连失了三把天火，把剩余的家产也烧个精光。

【古菜今做】

主料：豆腐300克。

辅料：海参（水浸）50克，虾米25克，鸡胸脯肉50克，蘑菇（鲜蘑）25克，干贝25克，青蒜15克。

调料：大葱15克，姜10克，料酒20克，盐10克，味精3克，淀粉（玉米）25克，香油15克。

做法：

——将整块豆腐放入冷水锅中煮至微沸，以去除豆腥黄浆水。捞出后片成雀舌形，放入热鸡汤中，反复套过两次。

——鸡脯肉、蘑菇、海参均切成豆腐大小的片。

——虾米洗净，用温水泡透。

——干贝洗净，去除老筋，入碗内。

——加葱姜、绍酒、水，上笼蒸透取出。

——炒锅上火烧热，放油，投入配料、高汤、干贝汁，烧沸。

——将豆腐捞入锅中，加精盐、绍酒、味精，沸后用水淀粉勾芡，淋入麻油盛入碗中。

——撒上青蒜末即成。

【健康提示】

海参不宜与甘草同服。

五八、乾隆下苏州喜爱的“松鼠鳜鱼”

【名菜典故】

乾隆下江南时，来到苏州微服私访。时值阳春三月，桃红柳绿，鸟语花香，人们纷纷到郊外踏青。乾隆随百姓一道观赏了几处春景后，又累又饿，看见前街上的松鹤楼饭馆，便踱进门去。恰好这天松鹤楼的老板给母亲做寿，里里外外正忙个不停。乾隆坐下许久，方见一个伙计过来。这位伙计见他身着布衣布鞋，鞋面上还沾了不少泥土，以为是乡里的农民，便懒洋洋地问道：“客官，吃点什么？”乾隆大大咧咧地吩咐：“只管拣那好吃的拿来。”伙计心想，瞧你那副打扮，还想吃好的，你给得起钱吗？心里这样想，手里便拣那最便宜的菜送过去。乾隆一见菜清汤寡水，少盐无味，便问：“贵店没有再好一点的菜吗？”伙计不耐烦了，说：“没有。”这时，乾隆忽见一个伙计手端一大盘喷香鲜艳的松鼠鳜鱼从厨房里出来。乾隆手指鳜鱼，要那伙计端过来。那伙计傲慢地说：“松鼠鳜鱼，你吃得起吗？”乾隆听后大怒，随手将那碗菜汤朝伙计脸上扔过去。

随着“哗啦”一声响，门外又进来一位平常打扮的长者。他扶乾隆坐下，小声嘀咕了几句。响声惊动了店主，他急忙来到桌边赔礼。这时那位长者从怀里掏出两锭银子，要店主迅速送上好酒好菜。店主看这两人虽然衣着平常，但气度不凡，出手也慷慨，料定小觑不得，于是，赶快将为他母亲做寿而精心烹制的松鼠鳜鱼、锅巴菜、鲃肺汤等菜肴端来，摆了满满一桌，并不断给乾隆赔不是。乾隆见那松鼠鳜鱼昂头翘尾，色泽鲜红光亮，入口鲜嫩酥香，并且微带甜酸，觉得皇宫里也做不出这么好的菜，于是连声夸好。

正在这时，不知苏州知府从哪儿听到消息，带着一队人马屏声静气地恭候在松鹤楼门口，准备迎驾归府。店里人这才知道这位客人是乾隆皇帝，真是又惊又怕。好在乾隆吃得很满意，早息了刚才的火气，临走时还向店主打听这松鼠鳜鱼的做法，并赏了店主一些银子。店主高兴异常，从此便打出了

“乾隆首创，苏菜独步”的牌子。后来乾隆第二次、第三次下江南时，总会光顾松鹤楼，并点名要吃松鼠鳜鱼。

【古菜今做】

原料：活鳜鱼（或黄石首鱼）1条（约750克），虾仁18克，熟笋12克，水发香菇12克，青豌豆15粒，熟猪油1000克（实耗250克），香油9克，料酒15克，精盐6克，绵白糖12克，香醋60克，番茄酱60克，蒜末1.5克，香菜段6克，干淀粉36克，猪肉清汤60克。

做法：

——将鱼齐胸鳍斜刀切下去，在头下巴处剖开，用刀轻轻拍成稍扁形，再沿鱼身脊两侧用刀从头至尾整平。

——劈鱼（尾不能劈开、劈断），去掉鱼头、脊，切去胸；把鱼叶子（指鱼身上的两片鱼肉）的鱼皮向下放在案板上，片去胸刺，在鱼叶子上均匀地用刀直划，再斜划至鱼皮处，使鱼肉呈菱形。

——把番茄酱、清汤、糖醋汁、料酒、精盐、水淀粉放入碗里，调成汁待用。将猪油放入锅里，烧至八成热时，提鱼尾，将鱼慢慢放入油锅，随即把鱼头也放油锅里炸，并不断用勺子舀热油向鱼尾上浇，使鱼叶子均匀受热，炸至淡黄色时捞出；在炸鱼的同时，另用炒锅上大火烧热，放熟猪油60克，油热下虾仁，熘熟后，倒入漏勺；原炒锅留少许油，油热放香菜段略爆后捞出，再下蒜末、笋、香菇、豌豆炒熟，烹入调味汁，加熟猪油（45克）、香油、虾仁炒后出锅，浇在鱼上即成。

五九、乾隆在孔府吃的“金钩银条”

【名菜典故】

据说清朝乾隆年间，有一次乾隆皇帝来曲阜，这可忙坏了孔府上上下下的人。皇帝来孔府，孔家自然免不了要以久负盛名的孔府家宴款待。宴会厅里，衍圣公陪着乾隆喝酒品菜；厨房里，大师傅们忙着炒菜。打下手择菜的人一时忙不过来，慌乱之中抓起豆芽挥刀切掉头、须，大师傅又手忙脚乱地将它扔进锅里，一看不对劲。可宴会厅里对上菜又催得紧，大师傅灵机一动，忙又倒进一些金钩（虾米），和着豆芽条炒好铲了出来。

上菜的人接过菜傻了眼，自己在孔府上了这么多年菜，从未见过这道菜，急忙问："这是什么菜？""叫它金钩银条吧!"大师傅顺口答道。

当菜送上宴席，乾隆皇帝用筷夹起就往嘴里送。而衍圣公一看就火了，在这种时候，竟上了这么一道乱七八糟的菜，马上厉声问道："这是什么菜？"上菜人一看苗头不对，吓出了一身冷汗，立即答道："这道菜叫金钩银条。"衍圣公一听气得正欲发作，却听乾隆皇帝说："好吃，好吃，菜好吃，名也取得好！"衍圣公见皇上叫好，也转怒为喜，一起和乾隆品起这道菜。事后，衍圣公将这道菜保留了下来，成为孔府家宴中的一个传统品种。

【古菜今做】

主料：绿豆芽250克。

辅料：金钩（虾米）40克。

调料：胡麻油40克，料酒10克，鸡油15克，盐4克，味精2克，大葱5克，姜5克。

做法：

——将绿豆芽掐去根洗净；葱、姜洗净切末备用。

——锅内放入花椒油烧热，下入葱、姜末煸香，再下入绿豆芽，用旺火炒，放入金钩、料酒、精盐、味精炒匀，淋入鸡油，出锅装盘即成。

六〇、乾隆御封的"天下第一菜"

【名菜典故】

据说，乾隆皇帝三下江南时，有一次轻车简从，微服私访，曾在苏州一家名不见经传的小饭铺用膳。店家把家常锅巴下油锅炸酥，再用虾仁、鸡丝、鸡汤熬制成浓汁，送上餐桌时趁热将浓汁浇在锅巴上，顿时吱吱声起，阵阵香味扑鼻而来。乾隆见此菜卤汁鲜红，锅巴

金黄，又香气袭人，忍不住马上夹了一块送到嘴里，觉得鲜香松脆，美味可口，便脱口而出："此菜可称天下第一。"乾隆皇帝此言一出，虾仁锅巴身价倍增，从此"天下第一菜"的美名流传到各地，进入了一些大饭店的佳肴名单，成为一道江南传统名菜。

【古菜今做】

原料：饭锅巴300克，大虾仁50克，熟鸡丝100克，鸡蛋清25克。番茄酱15克，盐1.5克，味精1.2克，淀粉20克，绍酒25克，白糖10克，白醋12克，芝麻油3克，鸡清汤500克，花生油500克，熟猪油250克。

做法：

——虾仁漂洗干净，沥水，加入精盐、味精、鸡蛋清、干淀粉，搅和上浆。

——锅置火上烧热，放熟猪油烧至四成热（约88℃）时，倒入虾仁划油至乳白色，倒出沥油。

——原锅置火上，舀入鸡清汤，放入鸡丝、绍酒、精盐、番茄酱、白糖烧沸，用水淀粉勾芡，再加白醋，淋入芝麻油，撒入虾仁。

——制卤同时，另取锅上火，放入花生油烧至七成热（约175℃），投入锅巴，用漏勺炒、翻，使其受热均匀，炸至松脆，捞入碗中，再将鸡虾卤汁装入另一碗中，两碗同时迅速上桌，当食者将卤汁浇在锅巴上即成。

【名菜特色】

色呈橘红，锅巴香松酥脆，鸡丝、虾仁鲜嫩，卤汁酸甜适口，堪称色、香、味、声齐佳。

六一、乾隆下南京命名的"全家福"

【名菜典故】

乾隆皇帝有一年到了南京，两江总督备下了丰盛的酒宴。乾隆看着眼前的菜肴皱着眉头不想吃，他说："你们江南就只有这些东西吗？"两江总督一听，立刻提醒厨师："是啊，皇上在宫中，什么佳肴没吃过呀？他来到江南，一定想换换口味，尝尝江南风味。"

厨师听了两江总督的话，心领神会，从事先备好的原料、煨料和配料中，抓出火腿、海参、鸡脯、鱼片、肚丝、玉兰片、笋丁、海米及干贝等，然后入锅烹制，又薄薄地勾上一点芡。于是，一大碗热气腾腾的大杂烩被端上了宴席。

乾隆皇帝连尝数口，只觉滋味鲜美，忙问厨师："这叫什么菜？"厨师灵机一动，忙说："海内的福分儿，让皇上占全了，所以我来了个全来到，这叫作全……"话还未说完，乾隆便大笑道："就叫它全家福吧！"从此，大小官员的宴席上，总是先上这道"全家福"。"全家福"这道菜逐渐传到大江南北，传到民间酒席上。

【古菜今做】

原料：水发海参50克，水发鱿鱼50克，虾仁50克，香菇50克，猪肉馅50克，酱油15克，料酒10克，姜10克，白糖4克，味精2克，盐、葱、水淀粉各适量。

做法：

——海参净膛，切抹刀片。鱿鱼两面剞麦穗刀。虾仁上浆挂糊。猪肉馅加入淀粉、盐、味精搅拌均匀后，炸成小丸子。

——海参、鱿鱼用开水焯透，虾仁用温油滑散捞出控油。

——锅留底油放葱、姜煸炒出香味，放料酒、酱油、白糖、盐、味精、汤，下入海参、鱿鱼、丸子、虾仁翻炒，投入香菇颠炒，水淀粉勾芡，淋香油即可。装盘时亦可将各种原料分别码放。

六二、乾隆喜爱的"游龙戏金钱"

【名菜典故】

据说乾隆第一次南巡时，有一天，他和贴身的随从只顾赶路，不料到了一个前不着村后不着店的地方。眼看太阳就要落山了，乾隆急令随从快快寻找落脚歇息之处。正在二人着急的时候，忽然发现路旁不远靠近小河处有一茅草农舍。他们便走了过去，只见茅屋门前的青石板上坐着一位老太婆，正在翘首向河面张望，乾隆便上前搭话：“老人家您好啊。”老太婆不搭理，不回头，目光也没有离开河面，他又问：“老人家，请问这是什么地方啊？”老太婆还是不搭理。随从性子急，正要发作，乾隆阻止了他，还是耐心地问：“老人家，我们两个是外地人，只顾赶路便错过了村庄客栈，想在您老家借宿一夜，不知能不能行个方便……”这时老太婆才回过头来瞧了瞧，见他们不像是坏人，对自己又谦恭有礼，便同意了。

老太婆把客人让进家里，这农舍十分简陋。他们正说话时，一位背着装着鱼虾的竹篓的白发老汉回来了。他忙不迭地说：“过路的客人，快请坐。可千万别嫌我们家穷。”他一面擦拭满脸的汗水，一面叫老太婆给客人沏茶，自己却提着鱼虾去了厨房，忙活起来。在这间小小的农舍里，疲乏已极的乾隆反倒备感温馨和舒适。

乾隆皇帝一整天未沾水米，肚子饿得咕咕直叫。等老汉端上热气腾腾的喷香鱼虾饭菜时，便不顾一切地大口吞咽起来，还不住地称赞着：“好香！好香！”农家二老站在一边，见客人喜欢吃自家简单的饭菜，十分高兴。

等到乾隆和随从吃饱喝足时，大家谈起了家常。乾隆对老夫妇再三道谢，又指着桌上的剩菜问：“老人家，这菜做得味美无比，但不知叫什么名呢？我们日后也好记住不忘呀！”老两口一下子被问住了。这道极其平常的农家菜，哪有什么名称呢。到底还是老汉机灵，见客人问得真切，便胡诌了一个名字说：“这菜还真有个好听的名字，叫‘游龙戏金钱’。”其实，老汉是指鱼和虾。

乾隆皇帝从江南回京后，还真的念念不忘那道叫“游龙戏金钱”的美味佳肴。他曾多次指派宫廷御膳厨师去南方学习，但御膳厨师做出来的菜，早已是大大地改进过的鳝鱼菜肴了。

如今的“游龙戏金钱”的大致做法是：将小鳝鱼烫熟，切成鱼肉丝待用。再将新鲜猪肉和虾肉斩成细蓉，加多种调味品和姜葱调成糊，再掺入火腿和香菇细末，放在平底油锅里煎成金钱大小的圆饼。这时，只需热锅爆炒鳝鱼丝，同时放入虾饼，两者拼在一起，再浇上汁便成了。显而易见，所谓“游龙戏金钱”中的龙，实指鳝鱼，金钱则指虾饼。这道菜肴的最妙之处是两色两味，造型美观，又好吃又好看，难怪乾隆皇帝会念念不忘此肴，在宫中也经常点这道美味鱼馔呢。

【古菜今做】

原料：小鳝鱼400克，鲜虾仁200克，肥膘肉、冬瓜各100克，熟火腿、白糖各10克，水发香菇2只，鸡蛋2个，干淀粉25克，绍酒15克，香醋、酱油各20克，味精、精盐各5克，白胡椒粉1克，葱、姜、蒜、香菜、胡椒面各少许，花椒20粒，猪油1000克，麻油40克。

做法：

——将小鳝鱼处理干净后放入开水锅里烫熟，取出划取鳝鱼肉。把肉撕成细条，用清水冲洗干净。挤出虾仁，放到淡盐水里漂洗干净，控净水分。把肥猪肉剁成泥，虾肉剁成细蓉，一起放进碗里，加入酒、盐、味精、淀粉、姜汁、胡椒面各少许，搅成糊状。

——把火腿切成小菱形片，香菇切成细条，冬瓜切成长4.5厘米、同筷子相仿的条，香菜切成三四厘米长的段，葱、姜、蒜切成丝。将酱油、白糖、盐、醋、酒、味精、淀粉稍加点汤调成碗汁。

——将平盘底抹上熟花生油，再将肉泥、虾蓉糊挤成山楂大小的丸子，放进盘里，稍微压平成圆饼，用火腿、香菇点缀成金钱状。

——把炒锅放到旺火上，加入猪油，烧到七成热时，炸熟鳝鱼丝，翻动几下随即捞出。锅底留油，爆炒葱姜蒜丝，即刻下冬瓜丝，煸炒至熟，倒进鳝丝，淋入碗汁，炒匀出锅，装在盘中间。再把炒锅放到火上，倒进香油，把花椒炸出香味，捞出花椒，把沸花椒油浇在盘里的鳝鱼丝上，撒上胡椒粉，放入香菜段，同时将虾饼用六成热的油炸透后捞出，摆在鳝丝四周，便可上桌。

六三、乾隆下天津御封的“官烧目鱼”

【名菜典故】

清代盛世，乾隆皇帝每次下江南都要途经天津。地方官为了邀宠，多次奏请皇上批准修建豪华的行宫。怎奈乾隆不准，这事就一直没有办成，因此地方官员便选城北的“万寿宫”作为接待之所。一来此处建筑宏伟富丽，有王者之气；二来不远处乃是天津名气很大的聚庆成饭庄，可供御膳之便。

正宗的天津菜以清光绪年间相继出现的“八大成”为代表。这是因为八大饭庄都带有一个“成”字；再就是庭院厅堂广阔幽静，有花园凉亭，有名人字画，饭庄中经营南北大菜、满汉全席及海参燕窝鱼翅宴，能体现出天津风味特色。“聚庆成”则是“八大成”中最早创办的一家，当年康熙皇帝登基时，便是聚庆成饭庄操办的满汉全席大宴，非常有名气。

这一年乾隆皇帝又来到了天津，便由“聚庆成”来办御膳。在丰美的肴馔之中，乾隆最为欣赏的便是“烧目鱼条”一款。皇上认为此菜的色、形、味、香均为上乘，其厨师手艺超过了京城御膳房高手。在享用美味之后，乾隆破例召见了“聚庆成”厨师，特赐他黄马褂和五品顶戴花翎，这一款“烧目鱼条”也由皇上金口封为“官烧目鱼”。从此“官烧目鱼”作为名馔广为流传，成了天津风味名菜的代表。

【古菜今做】

主料：鳎目鱼600克。

辅料：黄瓜10克，冬笋10克，木耳（水发）5克，鸡蛋50克，淀粉（玉米）65克。

调料：植物油80克，大葱5克，姜5克，醋50克，白砂糖50克，酱油5克，盐2克。

做法：

——将目鱼去皮、去刺洗净，切成长条放碗内。

——鱼条用鸡蛋液、淀粉浆好。

——鱼条过温油炸至呈金黄色放盘内。

——水发木耳、笋片分别用沸水焯一下，捞出待用。

——炒锅上火放油、姜葱丝炝锅。

——放酱油、精盐、醋、白糖、高汤、水淀粉炒汁，炒至汁浓稠。

——将黄瓜片、木耳、笋片放锅内搅匀，打明油浇在鱼上即成。

六四、乾隆下扬州时喜爱的文思和尚做的“文思豆腐”

【名菜典故】

相传清乾隆年间，扬州一古寺院内有一位文思和尚，善制豆腐菜肴，特别是他用嫩豆腐、金针菜、木耳等原料制成的豆腐汤，滋味异常鲜美，前往烧香拜佛的佛门居士都喜欢品尝此汤。此汤在扬州地区很有名气，因其为文思和尚所制而得名“文思豆腐”。据说当年乾隆皇帝品尝过此菜，故而此菜一度成了宫廷菜。不过，现在的“文思豆腐”做法与清代已有所不同。

【古菜今做】

原料：豆腐，鸡清汤，笋丝，香菇丝，盐，味精，火腿丝，菜丝，鸡油。

做法：将豆腐切成豆腐丝，入沸水锅中略焯去除豆腥气，使豆腐成丝条。炒锅内加清鸡汤，外加清汤，放豆腐丝、笋丝、香菇丝，烧沸后撇去浮沫，加盐、味精、火腿丝和菜丝，稍烩出锅倒入汤碗内，淋上鸡油即成。

六五、乾隆巡视上京时喜爱的三月“桃花白鱼鲜”

【名菜典故】

“三月桃花开江水，白鱼出水肥且鲜。”清代乾隆皇帝多次巡视上京，对松花江特产白鱼制作的鱼馔十分喜爱，每次都要点食，一饱口福为快。现在，“清蒸白鱼”是吉林特色菜。凡到江城一游的人，总会受到当地好客主人的热情款待，餐桌上自然少不得这道名菜。1963年国家领导人朱德和董必武畅游松花江和镜泊湖时，品尝了刚从水里捕捉的白鱼制作的美味菜肴后，不住地称赞。在我国居住了很长时间的柬埔寨国王西哈努克，也有幸品尝过吉林特色菜“清蒸白鱼”。他对风景美丽的松花江向往已久，在游兴极浓时，服务员不失时机地送上鲜活白鱼蒸制的美食，真让国王食欲大发，食后久久难忘。

【古菜今做】

原料：净白鱼1尾，猪肥膘肉、猪油各50克，味精1克，精盐5克，水发玉兰片、绍酒、火腿、油菜、水发冬菇各25克，葱段10克，姜块10克，鸡清汤300克。

做法：

——把白鱼刮鳞，去腮，除去内脏，用水洗干净。洗净后用开水稍烫，再用冷水冲凉，把黑皮刮干净，两面剞上斜刀口，摆在盘里。

——将猪肥膘肉切成长3厘米的木梳花刀片，玉兰片、火腿、油菜切成长薄片，冬菇一切两半，分别摆在鱼身上。放入精盐、味精、绍酒，加入葱、姜块，倒入鸡清汤、猪油。

——蒸锅上汽后，把鱼放入，蒸20分钟，待熟后取出葱、姜块，把原汤滗在勺里，将鱼拖入盘子里，汤调好味，浇在盘子里即成。

六六、乾隆去热河赐封的“如意菜”

【名菜典故】

清代乾隆皇帝每年秋季都会去关外的热河行宫住上一段时间，因为那里有一个大的皇家狩猎场。其时天高云淡，丰茂的野草渐变黄色，常有一群群野鹿及黄羊出没，最是打猎的好时候。乾隆狩猎既为兴趣所致，又是借此休养，消除长年在宫中理政带来的疲劳。每当这种时候，也正是地方官员得以觐见皇上献媚取宠的大好机会。热河官员们寻遍了当地名特土产去敬献。这些特产中犹以蕨菜制作的美味菜肴，皇上吃得最为过瘾，便询问来由。地方官员回禀，此乃山野之物，名叫蕨菜，其味佳美。乾隆认为“蕨菜”这个名称太俗气，当场封它一个“如意菜”的雅号。

原来东北三省有道家常菜，名叫“肉丝炒蕨菜”，后来在菜谱上易名为“肉丝炒如意菜”，也正因如此。

【古菜今做】

原料：腌蕨菜250克，里脊肉150克，胡萝卜150克，鸡蛋清2个，猪油400克，精盐2克，味精3克，干淀粉6克，姜、葱、蒜、香油各5克，料酒10克。

做法：

——把蕨菜老根去掉，切为长3厘米的段，用温水泡约3小时，以去除过多盐分。将里脊肉切为长8厘米的丝，用蛋清淀粉上浆，将胡萝卜在开水里烫熟过凉。

——炒锅里放进猪油，烧到四成热时，倒入肉丝，迅速滑散，至肉丝嫩熟后倒油控净。

——锅里放底油烧热，加葱姜丝，煸出香味后烹料酒，加胡萝卜煸炒，放进里脊肉丝、蒜丝、盐、味精煸炒，淋入香油即可出锅。

六七、乾隆游西湖时充饥吃的“猫耳朵”

【名菜典故】

据说有一天，乾隆打扮成客商和内侍来到西湖赏“柳浪闻莺”。两人雇了一只小船，老船家是个白胡子老头，把船摇得又平又稳，船家的小孙女也只有十一二岁年纪，怀里抱着个小花猫，好奇地上下打量外地来的客官。那日乾隆皇帝兴致极好，和小女孩闲聊了一会儿，便把目光投向湖上风景，三潭印月、雷峰宝塔、苏堤垂柳、平湖秋月……真是美如图画，让人心情无比舒畅。忽然船儿摇晃起来了，风儿一阵紧似一阵，太阳也被乌云遮住。船家知道要下雨了，忙安排客官进入舱内。小女孩则跑到船头，去帮爷爷撑船。雨一会儿就下起来了，祖孙俩吃力地将小船撑到桥洞下。这时，狂风骤雨已铺天盖地而来。舱里的乾隆衣衫单薄，冷得直打寒战。风雨一时难停，舱里的乾隆觉得又冷又饿，便叫内侍找船家弄碗热面充饥。船家一听便犯了难，说：“面粉船上倒有，只是不会擀面。”内侍说：“主人平日口味极高，您想法做好面，一定会有重赏的。”小女孩说：“爷爷，要不让我给客官做面疙瘩，保证好吃。”船家连忙摇头，说：“快别多嘴。咱平时吃的粗淡饭食，怎能待客？”内侍说：“反正是凑合一餐，我看只要调制得有滋有味，也能行。”小女孩走到后舱，便忙活开了。她先从盆里抓来一些活蹦乱跳的大虾，剪头去尾下了汤锅，又和好面，再用手指巧妙地将面团做成一个一个地捻成卷起来的薄面片儿……很快制成了一碗满当当的面疙瘩，再往面里撒上些葱姜、料酒和盐面，以及干虾子和胡椒粉，便端了出来。

乾隆正肚内闹饥荒，猛然嗅到一股扑面而来的鲜香。他急忙接过内侍捧上的面食，打量起来：卷曲的面片，不像面条却很美观；鲜红的虾籽映衬着乳白色的虾汤，恰似秀色可餐；还有胡椒粉和葱姜炸过的浓郁香味……这位皇上顾不得其他，径自美美地享用起来，只觉浑身变暖和了，还暗自为刚才瑟瑟发抖的狼狈相好笑呢。

这时，小女孩又抱着小花猫进舱来了。乾隆问：“小姑娘做的面真好吃，你是怎么做的？”小女孩憨憨地笑道：“面疙瘩汤呗，有什么稀罕！”乾隆故意问：“这面疙瘩汤也该有什么名称吧？”小女孩一时被问住了。面疙瘩汤本来没有什么名称，但看客官好奇，她便想了起来。忽然间，她的眼神正好落在小花猫耳朵上，便说道：“就叫‘猫耳朵’呀！”乾隆夸赞道：“这名称好听，叫‘猫耳朵’好。为了答谢你，让我送你一件小礼物吧。”说着，便解下随身所带的一块玉麒麟送给了她。

风雨终于过去，西湖又重现明媚秀色。船家重新撑船湖中，乾隆尽情观赏美景到日落时分才登岸离去。临别之时，内侍拉住老船家悄声说：“送您孙女玉麒麟的，就是当今圣上呀！”此时，乾隆已坐上早在西湖边上等候多时的官轿，在众人簇拥之下离去了。祖孙俩跪倒在地，望着圣上的身影不住地叩拜。

许多年过去了，西湖船家小女孩已成湖畔点心铺子的老板娘。夫妇俩在铺子门脸上挂出“御用名点猫耳朵”的醒目招牌招徕顾客，果然轰动了杭城内外，前来品尝“猫耳朵”的人络绎不绝。后来“知味观”成了独家经营“猫耳朵”的名店，打的也是这个醒目招牌。

【古菜今做】

原料：大馄饨皮1000克，青菜（或白菜）1000克，瘦猪肉馅700克，精盐25克，味精5克，料酒25克，花生油100克，葱花15克，姜末5克，虾米50克。

做法：

——将青菜（或白菜）洗净后，放入开水锅中烫一会儿捞出，用清水冲凉，挤去水分，剁碎，再挤干水分，装入盆中。

——猪肉馅中放入精盐、味精、料酒、葱花、姜末拌匀，再用清水调匀，搅拌上劲。倒入菜盆中，加进虾米，拌匀成馅。

——把大馄饨皮子放在左手掌中，馅心放在皮子中间，将皮子包成大馄饨，再捏成猫耳朵形状。如此做完所有面皮。

——平锅上火，放入花生油，遍布锅底，烧热后，将猫耳朵生坯整齐地码入锅中，煎2~3分钟。锅内放入适量清水，盖上锅盖，焖煎2~3分钟。揭开盖，再淋入些花生油，将平锅转着煎烙，至底部成焦黄色即成。吃时可蘸醋或辣椒油。

六八、乾隆下洋河镇时赞赏的“车轮饼”

【名菜典故】

清代的洋河镇是大江南北交通必由之路，经济贸易十分繁荣。镇上商店林立，其间有一家店铺为了招徕生意，特在大门两边贴上了一副对联：“善作南北面点，巧做淮南佳肴。”店主张师傅为人忠厚，手艺也不错，加上张大妈和女儿巧姑帮衬，平日生意十分红火。谁知就是这副对联，却差点儿惹出一场大祸来。

这一天，饭店门前来了两位衣衫华贵的客官，站在对联前品赏不走。张师傅急忙上前招呼，那为首的却不甚搭理，说：“你这对联口气太大，我看得给你砸了！”老实的张师傅顿时被吓住了，一时不知如何是好，倒是另一位贵人替他解了围，只听他说：“对联写得确是狂妄，只是小小饭店，一家人靠它生活……”那位生气的贵人还想发作，张师傅已满脸赔笑说：“小店不周之处，千万请您老海涵。”那位贵人这才换了口气：“也好，只是明日我要来此吃午饭，你要小心伺候！”张师傅再次赔笑说：“但请贵人吩咐，小店照办就是了。”贵人不急不忙地说：“就照我的车轮做饼，要金黄酥甜吱吱响，又好吃又好看。我吃得满意，定有重赏，吃不满意，连对联带小店全给砸了！”

两位贵人坐着豪华的马车走了。张师傅回店后一脸愁云，让张大妈和女儿巧姑大为吃惊。张师傅把刚才的事叙说一遍后，全家人都觉得这两位贵人确实招惹不起，只有按人家要求去尽心操办才能免祸消灾。其实，这也是忠信诚实人家应有的处世之道。他们要真的知道那两位贵人就是微服私访的乾隆皇帝和张玉书丞相，恐怕更不知如何是好了。

第二日，张家小店一整天不接待客人，全家只是思谋对策。到底巧姑头脑灵活，她说：“车轮饼做出来不难，要想吱吱响，就把我平日爱吃的冰糖球砸碎，放在饼上面就是了。”张师傅点头称是：“冰糖不能早放。它遇热是要化的，也就不会吱吱有声了。”巧姑忙说：“那就等饼熟了，再放上不迟。”张师傅说：“饼馅用切碎的生猪大油，遇热便鼓起来，不仅好看，而且吃着香酥可口。”张大妈说：“好，好。我这就去和面，和好面擀薄面皮，包成饼再油炸，不香不酥才怪呢。”巧姑又拉住妈妈说：“别忙。油用多了太腻，糖用多了又太甜，都不行。不如在糖里加核桃仁、瓜子仁和红绿丝，才又好吃又好看呢……”

一家三口精心制作不提。中午时分，乾隆皇帝和张玉书丞相来到了小店。当看到巧姑端上一盘酷似车轮的金黄酥饼时，乾隆顿时眉开眼笑起来。这两位贵人仔细地品尝“车轮饼”，还真的甜香酥脆，在口中咯吱吱作响，于是重赏了店家才离去。

临走时，丞相悄悄地告诉巧姑：“他是万岁爷呀！”日后，“洋河车轮饼”由于乾隆皇帝的赞赏而身价百倍，成为方圆百里之内的名点美食而流传至今，慕名前来一饱口福者从未间断过。

【古菜今做】

原料：上等白面粉500克，枣泥450克，黑芝麻100克，鸡蛋清25克，猪油1250克（约耗350克），食用黄色素适量。

做法：

——将食用黄色素加入清水溶成黄色水液。

——在200克上等白面粉中加入猪油80克，调制成油酥面团，再均分成6块；在300克上等白面粉中加入猪油45克、温水105克，和成水油面团揉匀揉透，揉至光滑，搓成长条，均分成7块。

——取1块水油面团加入黄色水液，揉成淡黄色面团，再均分成30个小团。

——将枣泥搓成相同大小的3厘米圆条。

——将水油面团逐块按扁，分别包入油酥面块，捏严按扁，再擀成长20厘米、宽13厘米的长方形，直叠3折，再擀成长20厘米、宽13厘米的长方形面皮，共6块。每两块1组，合紧贴实，四边切去0.7厘米宽的边皮后，制成长方形酥面皮。切下的边皮合并摁牢，擀成长23厘米、宽7厘米的薄面皮3张，分别在中间横放上枣泥条，卷成圆条后，各切成两段，共计6段，用湿布盖好，即为馅心条。

——长方形酥面皮逐块切成16条1厘米宽的长条，均抹上一层鸡蛋清，逐条顺刀口旁翻过来，分放两组，每组8条顺序排齐。合紧后略擀，上面再抹上一层鸡蛋清，放上1条馅心，由下往上齐缝卷成圆筒，搓成20厘米长，再切成5段，共计30段，每段两头抹上鸡蛋清，捏紧按平，竖起揿成扁圆形。再把黄色小面团蘸上鸡蛋清贴在饼的中间，再在饼边抹上鸡蛋清，滚上黑芝麻，即成车轮酥饼生坯。

——锅置火上，加入猪油1000克，烧至三成热时，下入生坯，炸至酥丝分开，饼坯上浮于油面，油温上升至五六成热时，离火炸熟，捞出沥油，装盘即成。

六九、乾隆命名的“都一处”美食——“翡翠烧卖”

【名菜典故】

有一天，身穿微服的乾隆皇帝去通州私访，回来天色已晚，大饭馆全关门了，只有个小饭铺还开着，他便带两个随从进来吃饭。小店中无他人，主人只送上热气腾腾的大盘烧卖，皇上倒也吃得分外香甜，而且边吃边与店主聊。他见这里的吃食鲜美，便问：“你们叫什么字号？”掌柜的说小小生意，根本没有起名儿。乾隆说：“今儿全京都的饭馆都关了门，只有你这一处还开着，不如就叫‘都一处’吧。”回宫之后，乾隆御笔一挥，亲手写好一块“都一处”的匾额令人送去。直到这时掌柜的才知道，那天晚上来吃饭的竟是皇上，赶紧把匾悬挂起来。从此他的生意愈发兴隆起来，“都一处”也就远近闻名了。

【古菜今做】

翡翠烧卖

原料：面粉1000克，菠菜1500克，冬笋100克，火腿肉100克，白糖150克，精盐15克，味精5克，大油100克，香油25克。

做法：

——菠菜择好洗净，放入开水锅中先焯一下，捞出放入清水中，再捞出挤净水分。先用刀将菠菜切碎，再剁烂成泥，挤干水分，放入盆中，再放进精盐、味精、白糖、大油拌匀。

——将冬笋洗净切成小片。将火腿肉洗净，切成薄片。将冬笋和肉片一起放入菠菜盆内，加入香油拌匀拌好，制成馅心。

——面粉倒入盆内，用开水拌和成雪花片状，再用清水拌和揉匀，揉至面团光滑。

——放在案板上，切成4块，搓成长条，揪成4个小剂，各重50克。

——将小剂按扁，用擀面杖擀成荷花叶边面皮，包上馅，捏成烧卖形状，上屉用急火蒸15分钟，出屉装盘即为青翠嫩绿的“翡翠烧卖”。

七〇、受到乾隆赞赏并让制作者当上御厨的“冬笋炒鸡”

【名菜典故】

《清朝野史大观》写到一位名叫张东官的苏州人，原为苏州织造府的官厨。有一次乾隆南巡时吃了他做的冬笋炒鸡，赞不绝口，当场赏了他一个银锞，后来还把他带入宫中，让他当了御厨，荣及九族。

【古菜今做】

主料：鸡肉250克，冬笋150克。

调料：鸡蛋清30克，黄酒10克，白砂糖5克，鸡精2克，姜5克，大葱5克，盐2克，味精1克，淀粉(豌豆)5克，花生油50克。

做法：

——将鸡肉洗净切成薄片，置碗内，加精盐、蛋清、味精、干芡粉、少许水拌匀上浆；姜切丝，葱切段。

——将冬笋洗净，切成与鸡片同大小的薄片待用。

——炒锅置于旺火上，倒入花生油，烧至四成热，下鸡片划散即倒入漏勺，沥干油。

——原锅留少许余油置于旺火上，下姜丝、葱段和笋片炒香，倒入绍酒，溅入些滚水，加白糖、鸡精、盐，随即放入鸡片翻匀，淋上些熟油和匀，装碟即成。

工艺关键：因有过油炸制过程，需准备花生油100克左右。

七一、乾隆赞赏的“四鼻鲤”

【名菜典故】

传说乾隆皇帝下江南时，一日，其乘坐的豪华龙船缓缓地驶进了微山湖，他立即被这里的湖光水色迷住了。就在皇上贪婪地呼吸着水波上的清新空气时，只见龙船四周鱼儿欢蹦乱跳。皇上心里高兴，非要御厨去抓几条活鱼来美口腹不可。

过了不大会儿，厨师们果然抓上了几条大鱼。乾隆仔细查看，却是四个鼻孔的鲤鱼，顿时十分惊诧。他叫厨师不忙做菜，快传渔民前来问原委。有个老渔翁应召而来，叩见皇上之后，说：“这鱼乃是微山湖名产‘四鼻鲤’。它特别像有四个鼻孔，正是当今四海升平、万民同乐之意。此鱼也是象征五谷丰登、天下太平的吉祥物。”乾隆听了非常高兴，派人重赏了老渔翁。御厨专门请教了渔翁烹饪注意事项，经过一番制作，便把“酱汁四鼻鲤”美馔端到了皇上面前的餐桌之上。乾隆品尝后，觉得鲜美异常，口味比海参鱼翅毫不逊色，便连声称妙。从此，微山县地方官受命，每年都向京进贡“四鼻鲤”，好让万岁爷尽情享用美味。“四鼻鲤”的大名也随即传遍了天南地北。

【古菜今做】

原料：重约750克的四鼻鲤1条，甜面酱125克，白糖125克，熟猪油125克，姜末25克，香油5克，酱油15克，清汤约200克，绍酒25克，味精少许。

做法：

——将活鲤鱼除去鳍、鳃和鱼鳞，开膛去净内脏，鱼身两侧每隔1厘米横切一刀，成斜一字形花刀。

——炒锅内放入清水，以旺火烧开。手提鱼尾将鱼放开水里烫两三秒钟，使刀口张开，去腥味。

——炒锅中放入熟猪油、白糖和甜面酱，以大火推炒。等不再有生酱味时，注入清汤，用手勺调匀。汤开后放味精、绍酒和酱油，再将烫过的鱼放入汤内。再烧开后，改微火煮约20分钟。等汤汁少1/3时，将炒锅移于旺火上烧开，然后快速将鱼捞出，放入鱼盘之中。

——留有汤汁的炒锅继续放于旺火上，并用手勺不停地搅动，至汤汁浓稠后淋入香油，再将汤汁浇到鱼盘中的鱼身上，撒上姜末即成。

——起炖至酥烂，除去葱姜、元茴、花椒包，加入味精即成。

七二、佃户送到孔府受乾隆赏识的烟熏豆腐

【名菜典故】

以前孔府有许多佃户，其中一个姓韩的豆腐户家住城东北书院村，他家祖祖辈辈给孔府送豆腐。韩家兄弟俩分家过日子，兄弟俩每天各给孔府送一块豆腐。有一年三伏连阴天，韩家老二做的豆腐没卖完，怕坏了，就把豆腐分成许多小块，放在秫秸帘子上分开晾着。谁知天阴柴湿，烧火冒烟大，不小心把帘子烧着了，帘子上的豆腐块连烧带烟熏，有的煳了，有的熏黄了。韩老二小本生意舍不得扔，把豆腐放在盐水里煮了煮，一吃味道挺不寻常，于是送了些到孔府让衍圣公品尝，衍圣公也觉得味道不错，让厨师在煮豆腐时放入桂皮、花椒、辣椒粉等，味道就更好了。从此，韩老二就专门给孔府送熏豆腐。

孔门豆腐

有一年乾隆来曲阜，孔府摆了桌豆腐宴招待皇帝，其中就有一道熏豆腐。皇帝很感兴趣，觉得十分可口，对熏豆腐大加赞赏，还给了做熏豆腐的韩老二一些奖赏。从此熏豆腐便成了曲阜特色风味名吃。

【古菜今做】

原料：果木熏豆腐，辣椒酱。

做法：参照典故办法。

风味特点：熏香味独特、辣香味醇。

七三、乾隆赞赏并御赐金牌的“平湖糟蛋”

【名菜典故】

传说，乾隆皇帝为寻找亲生父母，微服私访江南。一次，乾隆来到浙江海宁的陈阁府上，自称是已故陈老太爷在京为官的学生。陈氏晚辈见来者气宇轩昂，便热情款待。席间乾隆见饭桌上一碟无壳蛋，透过半透明的薄膜，隐约还能窥见乳白色的蛋清和凝固状的橘红色蛋黄。从未见过这道新奇菜肴的他好奇地尝了一口，顷刻间醇香之气溢满口中，清洌畅爽，与山珍海味比另有一番风味。乾隆皇帝甚是喜欢，不由得食欲大增，美美地饱餐了一顿。没隔多久，平湖县令接到一道圣旨，自此糟蛋被列入贡品，同时御授京牌。

【古菜今做】

原料：鸭蛋10克，香糟卤500克，醋400克 。

做法：

——选新鲜整齐的鸭蛋，洗净，放入小坛内。加上醋，封好坛口。约一个星期后，蛋壳变软，小心取出，用冷水洗去醋味，沥干。

——将小坛内的醋倒掉，洗净小坛，再将鸭蛋轻轻放入，倒入香糟卤，并将坛口密封。约一个星期后即可食用，随吃随蒸。

【名菜特色】

糟蛋呈乳白色，柔韧细嫩；蛋黄呈半凝固状，橘红色，绚丽悦目；气味浓香，沙甜爽口，回味绵绵。

七四、慈禧喜爱的“天福号酱肘子”

【名菜典故】

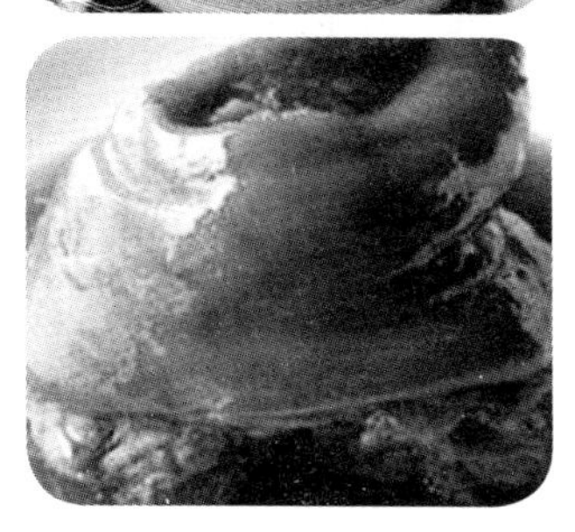

清乾隆三年（1738），山东掖县人刘凤翔带领孙子来京谋生，与一山西客商合伙在西单牌楼东拐角处开了一家酱肉铺，经营酱肘子、酱肉和酱肚等，但店堂狭小，无名无号，所以一直不景气。一天，刘凤翔到市场进货，见旧货摊上有一块旧匾，上书“天福号”三个大字，笔锋苍劲有力。刘凤翔认为这匾有上天赐福之意，于是买回悬挂于自家门楣之上。

一次，刘凤翔的后人刘抵明夜间守灶，不料睡着了，肘子煮过了火，他心里非常着急，只好将这锅煮烂的肘子反复加工整理，勉强出售。恰好，有一位刑部老爷买后当场品尝，称：“今天的肘子酱得好，又酥又嫩，不腻口，不塞牙，口味香绵。”不一会儿，又有一位宫内宦官来买肘子。宦官走后，刘抵明生怕大祸临头，然而却又一次福从天降，肘子很受宫里人欢迎。从此，刘抵明认真研究总结了一套独特的制作方法，并对选料加工越来越严格，酱肘子的品质也越来越好。

从此，达官贵人们都喜欢吃“天福号”的酱肘子，“天福号”也随之名声大振。据传慈禧太后尝过之后也很欣赏，并赐给“天福号”一块腰牌，令其每天定量送进宫中。

现在“天福号酱肘子”依然以其独特的风味，吸引着社会各界人士的青睐。著名书法家舒适送天福号对联一副——上联“天厨配佳肴熟肉异香扑鼻过客闻香下马”，下联“福案调珍馐酱肘殊味袭人宾朋知味停车”。

【古菜今做】

原料：猪肘子1000克，桂皮2.5克，大茴6克，花椒6克，姜4克，绍酒5克，粗盐40克，糖色10克。

做法一：

——将猪肘子多次冲洗制净；将肘子和大茴、桂皮、花椒、姜、盐、绍酒和糖色一起放进锅里，以旺火煮至猪肘出油；捞出来再次清洗干净。

——锅里肉汤撇沫、去杂质，过滤干净。

——再次放入猪肘子，旺火烧沸；转用中火，大约煮4小时；再转小火，约焖1小时，看锅内汤汁浓稠时，取出晾凉。

——将酱肘子改刀后装盘，便可上桌了。

做法二：

——将肘子收拾干净，放葱、姜、少许盐，在高压锅里煮到基本熟透。

——将骨头抽出。

——另起锅放葱、姜、蒜、花椒爆出香味，放冰糖、酱油、盐、香叶、肉蔻，将肘子放入，加入刚才煮肘子的汤，刚没过肘子就好。

——开锅后，以中火煮入味。

——等汤汁只剩一小饭碗左右的时候关火 。

——事先准备好一个结实的、小号的食品塑料袋，等肘子凉后，放到塑料袋里，将剩下的汤汁灌到肘子中间 。

——把肘子压紧在塑料袋里，直到不能再压为止，然后把袋口扎紧。这个步骤很关键。

——将肘子放入冰箱冷冻室，一段时间后取出即可切片食用。

七五、为慈禧做寿的“万字扣肉”

【名菜典故】

“万字扣肉”是清宫御膳房为慈禧太后做寿时必备的菜品。相传清宫历代皇帝、皇太后做寿时需要百菜陈列，菜名都要有吉祥寓意。遇到慈禧太后做寿就更加隆重，所列菜点有120多样，鸡、鸭、鱼、肉和各色山珍海味齐全，菜名要有“龙凤”“八宝”“万寿无疆”之类字眼，“万字扣肉”就是其中之一。

此菜是取用五花肉，经烧煮硬酥，加卤汁烧煮，再切成万字形，扣入碗内加调料蒸制而成。其肉刀口处呈现“万”字形花纹，味厚肉烂，异常适口。后来传到民间，有些地方也称此菜为“太后肉”。

【古菜今做】

主料：西蓝花50克，正方形猪五花肋条肉（选皮薄肉厚的）1块（约200克），笋30克。

调料：姜5克，葱5克，高汤50毫升，绍酒25毫升，酱油15毫升，白糖10克。

准备：西蓝花、笋洗净待用；猪五花条肉刮净皮上余毛，以温水洗净；姜去皮洗净切片；葱洗净打结以防煮散。

做法：

——锅中水烧开，放进肉块煮约5分钟去血水，捞出冲净晾干或用纸吸干水分。西蓝花洗净，焯熟，摆盘时用。

——用小刀由外及内，依方形绕圈向肉块中心切成薄厚一致的薄片，注意不可断刀，要连绵不断。

——取大碗，先铺上葱、姜块和笋，再将肉块皮朝下小心摆进碗内，最后将所有调料浇在上面，盖上碗盖。

——上火小火焖2小时左右，直到肉八成熟时，开盖，另取碗反扣进去，使得肉块翻身皮朝上，再盖盖，继续用小火焖至酥烂。

七六、慈禧喜爱的“抓炒里脊”

【名菜典故】

慈禧太后喜爱游山玩水，最喜欢看香山红叶。有一次她去香山，问及看山者是谁，有人就把看山老翁引来相见。慈禧念其祖辈看山有功，当下封他“香山山王”，并准其子王玉山进宫，当个听差的“火头军”。

王玉山有幸进宫，听差自然是尽心尽力。也该他时来运转，有一天，慈禧用晚饭，御膳房照例做了许多玉馔珍馐，一道一道进上之后，却不合老佛爷的胃口，一筷子也没动。上菜的听差回厨房，将此情形一讲，可吓坏了御厨们。正没主意时，王玉山走过来，自称有办法使老佛爷高兴，于是便拿出他的看家本领——做了一道“糖酥里脊”。

王玉山做的“糖酥里脊”果然受到慈禧的喜爱。她从没见过这样的菜，举起象牙筷子，夹起一块又一块送进嘴里，感到非常爽口，真是妙不可言，忙问上菜的听差菜名是什么。听差本来不知其名，心中发慌，忽然灵机一动，就根据刚才看到王玉山做菜时乱抓的手势，脱口答了一句：“禀老佛爷，这菜乃是‘香山山王’之子王玉山所烹，名曰‘抓炒里脊’。”老佛爷吃得高兴，立即传出口谕，封王玉山为“抓炒王”。圣谕传下来，非同小可，王玉山做梦也没想到因听差胡诌得官，“抓炒里脊”也从此名扬天下。

王玉山自从被提升为御厨后，对老佛爷感恩戴德，工作更加尽心尽力。他后来相继推出的“抓炒鱼片”“抓炒腰花”“抓炒大虾”和“抓炒里脊”一道被称为清代宫廷菜“四大抓炒”，也成了北京风味名菜中的代表作品。“抓炒王”的美名也一直在民间流传。

【古菜今做】

原料：瘦猪肉，味精适量，料酒2钱，白糖5钱，酱油2钱，醋3钱，玉米粉（湿）2两，熟猪油少许，花生油2两，葱少许，姜少许，盐少许。

做法：

——将猪肉切成1寸长的滚刀块，加入少许料酒、酱油、盐，抓一抓使其入味，然后用玉米粉糊裹匀。

——用旺火把油锅烧热。待油热时，将挂了玉米粉糊的肉片下锅，以微火炸，将粘在一起的分开，炸5分钟左右即成。

——用玉米粉、糖、醋、酱油、盐、味精、料酒、葱姜末兑好汁。在锅内放一点熟猪油，置于火上烧热，然后倒入兑好的汁，汁水炒黏时，将炸好的肉片倒入，翻炒两下，再淋上一点花生油即可。

七七、慈禧喜爱的茯苓饼

【名菜典故】

一次，慈禧太后因患病不思饮食，御膳房为了使她能进食，专门选配了茯苓、老干淀粉、松仁、蜂蜜、桂花等原料，在烤模上铸上花纹，精心烤制了薄如白纸的茯苓饼。刚烤好的茯苓饼香甜酥脆，入口即化，因慈禧吃了十分喜爱而身价百倍。从此，茯苓饼便作为宫廷糕点流传下来。

【古菜今做】

原料：面粉，淀粉，白糖，蜂蜜，桂花，松仁，桃仁，花生油。

做法：

——取面粉和淀粉加水调拌成稀糊状，模子置于火上。

——在模内刷上一层花生油，舀入稀糊，烤成很薄的半透明的饼皮取出待用。

——将白糖、蜂蜜、桂花、桃仁、松仁制成馅料。

——取馅料铺平在一张饼皮上（不要铺满），再将另一张饼皮压在馅上即成。

七八、慈禧喜爱的菊花火锅

【名菜典故】

中国的火锅历史悠久，到清朝时，各种涮肉火锅已成为宫廷冬令佳肴。嘉庆元年（1796），仁宗登基时，在盛大的宫廷宴会中，特地用了1550只火锅来宴请嘉宾，成为我国历史上最大的“火锅宴”。“菊花火锅”是慈禧太后喜欢的一种吃法。每当深秋菊花盛开的时候，她便命人采摘菊花，先把一二朵菊花的花瓣摘下，在温水内漂洗16分钟，取出后再放入已溶有稀矾的水内漂洗，沥干。当膳房装有滚开的鸡汤或肉汤的小火锅及肉片、鱼片、鸡片等生食端上餐桌后，先将少量肉片放入锅内烫煮五六分钟后，再投入洗净的菊花瓣，3分钟后即可边捞边吃。鲜鱼和鲜肉片放在鸡汤里，本来就很鲜，加上菊花的清香，更可口不凡。菊花本身有清肝明目的作用，再经鸡汤一滚就更加鲜美了。据说慈禧太后

每吃这道菜时，总是十分兴奋，往往会吃很多。清朝后期，随着宫廷官员到各地出巡，菊花火锅也盛行于民间。

【名菜特色】

以鲜鱼为主（有“四生”和“八生”之别）。火锅内兑入鸡汤滚沸，取白菊花瓣净洗，撕成丝撒入汤内。待菊花清香渗入汤内后，将生肉片、生鸡片等入锅烫熟，蘸汁食用，其滋味芬芳扑鼻，别具风味，被视为家庭火锅之上品。

七九、慈禧喜爱的“它似蜜”

【名菜典故】

“它似蜜”是清宫传统名菜，肉色棕红，鲜嫩香甜。据传，清御膳房厨师用羊的里脊肉、甜面酱和白糖烹制了一道又香又甜的菜肴，慈禧太后品尝后非常满意，便询问厨师说：“这叫什么菜？”厨师因刚试制，还来不及给菜定名，就随口说：“我给太后试做的这道甜菜，不知口味可好？”慈禧笑着回答说：“这菜甜而入味，它似蜜。”从此，“它似蜜”便传开了，一直流传至今，成为北方和各地清真菜馆的特色名菜。

【古菜今做】

主料：净羊里脊肉150克。

辅料：白糖40克，甜面酱5克，酱油10克，醋、料酒各3克，湿淀粉25克，姜汁、糖色各1克，香油60克，花生油500克。

做法：

——将羊里脊肉以斜刀切成长3厘米、宽2厘米的极薄片，用甜面酱、湿淀粉15克抓匀。

——姜汁、糖色、酱油、醋、料酒、白糖、湿淀粉10克调成芡汁。

——花生油烧至七成热，放入浆好的羊里脊片迅速拨散，待里脊片变成白色时捞出沥油。

——将炒锅置旺火上，放入香油烧热，倒入滑好的里脊片和调好的芡汁，快速翻炒使里脊片沾满芡汁，淋上香油即可。

【名菜特色】

此菜为清真风味，形似新杏脯，色红汁亮，肉质柔软，食之香甜如蜜，回味略酸。

八〇、慈禧喜爱的“御米”——玉米窝窝头

【名菜典故】

传说，八国联军进攻北京时，慈禧太后被逼无奈，携亲信们向西北方向逃去，途经郊区的西贯市村，天色已晚，便住下。慈禧一路疲于奔命，此刻已是饥肠辘辘，饿得直哼哼。正在这时，太监们不知从哪里弄来几个刚出锅的热腾腾的窝头，请慈禧吃。慈禧饥饿之中大口大口地吃起来，感觉从没吃过这么香甜的东西，便问太监：“这是用什么东西做的？”太监道：“是用棒子面做的。”慈禧听后，沉思片刻，说：“这样好吃的东西，以后不要叫棒子面了，就叫‘御米’吧。”后来，“御米”的叫法逐渐演变成今日的“玉米”。

八一、为慈禧太后六十大寿做的吉祥菜“百鸟朝凤”

【名菜典故】

据说，当年皇太后慈禧的寿宴设在大报恩寺里。为庆寿诞，宫里宫外满朝文武都忙活开了。尽管日子还早着呢，却出现了一桩奇事：有一天，素来静寂的大报恩寺上空飞来许多珍禽异鸟，一会儿凌空飞翔，一会儿盘旋于庙宇之间，还不时齐鸣，十分悦耳，充满了吉祥和热烈的气氛，引来过往的行人驻足观赏。这到底是怎么回事？其实，百鸟不会自己凑在一起飞翔，而是后宫主管挖空心思想讨主子欢心，派人不惜代价从民间搜求来许多珍贵名

鸟，事先又经过驯化，经一次次试飞后，才形成了如此奇特的景观。

这件事一传十，十传百，传到了光绪皇帝的耳中。他听闻后宫主管禀报寿宴准备情况时，对百鸟齐鸣之事产生了浓厚的兴趣。等主管把个中原委如实说明之后，皇帝十分满意，又问："能不能再设法做一道'百鸟朝凤'的寿菜，寿诞之日献上，岂不让老佛爷更高兴！"后宫主管不敢不遵旨行事，立即下去找御厨传达了御旨，并说："'百鸟朝凤'应是太后寿诞宴席的主菜，做好了有重赏，做不好可是掉脑袋的事儿。到时候，我也替你们求不了情。"一时间，御膳房的御厨们七嘴八舌地议论开了。其中一位富有经验的大厨师说："我看'百鸟朝凤'的凤凰好办，只要选用一只鲜嫩的母鸡，便能做成逼真的造型。关键是'百鸟'如何制作。"另一位厨师说："我看用鸽子蛋做小鸟身躯甚佳，盘里装再多也不碍事。"他的话还没说完，又一位厨师抢着说："我看用蒸熟的火腿制作小鸟的翅膀就行。"还有人出主意："用凤尾虾做成小鸟也不错，味道岂不更加鲜美？"

多次讨论之后，后宫主管便决定立即试制"百鸟朝凤"，他还亲临御膳房观看。经过一番精心准备后，只见一位御厨拿来了一只鲜嫩的母鸡，开膛破肚取出了内脏，将胸骨用力拍平，把鸡翅别起来放入汤锅煨煮。另一位厨师取来10余只小酒盅，盅里全抹上精炼过的猪油，再用香菇条和火腿条摆成小鸟翅膀，随后在每只酒盅里打入一只新鲜的鸽子蛋后，上笼蒸了几分钟。没过多久，母鸡煮好了，从酒盅里也扣出来一只只形象逼真、栩栩如生的"小鸟"。再经过一番精心摆盘和装点，只见一只雍容华贵的凤凰高昂着头，目不旁视地稳坐食盘中央。它的四周围满了振翅欲飞的玲珑小鸟。整道菜的造型尽善尽美，十分好看。后宫主管非常满意，便立即将试制情况禀报给光绪皇帝。皇帝大喜，为能给母后献上一份独特的寿菜而分外高兴。

寿诞之日到了。大报恩寺里珍禽雅集，百鸟争鸣。五彩缤纷的飞鸟舞动着美丽的翅膀飞上飞下，鸣出动人的乐音。慈禧太后大喜过望，也比往昔更精神，在欢快的《百鸟朝凤》乐曲中，文武百官向太后一一拜寿献礼，直逗得她眉开眼笑。寿宴开始了，后宫主管亲手捧上鲜香四溢的美馔"百鸟朝凤”，端端正正地摆在诸多佳肴正中。看着珍馔，听着光绪皇帝向她做的介绍，皇太后不住地点头赞许。席间她谈笑风生，并对平生头一次品尝到的“百鸟朝凤”赞不绝口。她把制作此馔的御厨大大地夸赞了一通，还让皇帝一定要多赏他们金银。此后，“百鸟朝凤”便成了清宫御膳中不可或缺的一道大菜。

【古菜今做】

原料：1000克的嫩母鸡1只，鸽子蛋10只，菜心10棵，熟火腿、绍酒各50克，蟹黄、猪油各100克，水发香菇、鸭肫各5只，精盐、白糖各10克，味精5克，姜3片，葱半根，淀粉15克，胡椒粉少许。

做法：

——先将活鸡宰杀、煺毛、除去内脏后，放在砧板上，把鸡胸向下，用刀把鸡背骨拍平，将鸡胸的龙骨也拍平，别起鸡翅膀，盘好鸡腿，使鸡成为卧趴状，放到开水锅里稍烫，捞出用清水洗净。用半张荷叶垫进砂锅底，把鸡和洗好的鸭肫放进砂锅，加入绍酒、葱段、姜片，然后倒入清水（以没过鸡为好），用中火烧开后，转小火煨煮2小时。

——炒锅置火上烧热，加入猪油50克，烧到五六成热时，放进蟹黄，煸出香味后将蟹黄油倒进砂锅，撒上盐和胡椒粉，继续用小火煨。

——拿出10只小酒盅，把每只酒盅里都抹上一层猪油，盅内用香菇条和火腿条摆成小鸟的翅膀和尾形，再将每盅里打进一只鸽子蛋，浇上一滴盐水，放笼里蒸约5分钟取出，趁热扣出鸽子蛋即成小鸟形，摆放到大汤盘周围。把砂锅里的鸡取出，背朝上放到盘中央，把鸭肫摆放在鸽子蛋的空隙处。将汤汁倒入锅里烧开，放进味精，用湿淀粉勾芡，淋在鸡和鸽子蛋上便可食用。

八二、“前清御用”酱羊肉

【名菜典故】

相传清代乾隆年间，北京牛街的回族人马庆瑞在前荷包巷支起了“羊肉床子”，每到宫廷祭祀庆典时，便有机会进京应差“祭羊”。一来二去使他有机会见识到御膳房名

师制作的御用五香酱羊肉的绝妙，从此他日夜琢磨，想将这秘诀学到手。

乾隆四十年（1775），马庆瑞在大前门外的户部街开设了一间清真肉食店。为了祝愿自家生意能像回族人过“斋月”似的兴盛，他特意挂上了一块“月盛斋”的吉祥牌匾。马老板生财有道。他的第一招便是走门路，花重金买来皇宫御厨制作酱羊肉和烧羊肉的秘方，经过一番消化和改进，“月盛斋”制作的肉食一上市便顾客盈门，很快就博得了广大食客的普遍称赞。马老板的第二招则是服务热情，送货上门，主动推销。光户部街上便有户部、吏部、工部、礼部和兵部几家大衙门，那里清一色的当朝权贵显爵。能吃上送到嘴边的美味，大官们岂有不喜欢的？就是送个顺水人情，也够扩大马家清真肉食的影响力了。马老板还有第三招，狠抓肉食高质量。他家的酱羊肉只选用西口大羊的后腰窝和前腿制作，还用特制的三伏老酱和浓香味醇的百年老汤，所以“月盛斋”五香酱羊肉味美适口，令人百吃不厌，回头客特别多。

光绪年间，为了给慈禧太后庆祝寿诞，宫里专门用“月盛斋”的酱羊肉、烧羊肉和酱羊杂碎特设一桌寿菜。内宫总管李莲英对马庆瑞的第四代传人马德成说：“月盛斋的酱羊肉，老佛爷算吃可了心了。”后来，大凡进京公干的外省官员，想给上司请安或进献点礼品的，最佳选择之一便是提上几个“月盛斋”酱羊匣子。“月盛斋”的名字叫响了京城，文人雅士也多有前往凑趣的。清代著名文士朱一清的著述中便有极妙的赞词：“户部门口羊肉肆，五香酱羊肉名满天下。”这一来，“月盛斋”的美名传扬得更远了。直到现在，“月盛斋”堂中仍高挂着一块写着“前清御用”的匾额。

【古菜今做】

原料：上等鲜嫩羊肉1000克，黄酱适量；丁香6克，砂仁6克，肉桂5克，陈皮5克，豆蔻3克，共计25克；八角（即大料）12克，花椒8克，共计20克；冰糖50克，葱段75克，姜片50克。

做法：

——选用内蒙古产的上等绵羊，取前腿腱子、胸口、腰窝、脖、颈等处的鲜嫩肉料，洗净后剔除筋腹，切块。

——锅内放入清水，把黄酱倒入调开，用旺火烧开，加入葱段、鲜姜片、精盐、冰糖，稍煮一会儿，用纱布过滤，去渣待用。

——按部位将羊肉依次码入锅内，使老肉在下，嫩肉在上。

——锅内倒入酱汤，用大火烧开。将药料和香料分装于布口袋中，扎紧袋口，放入锅中。开锅后煮1小时，再加入“陈年老汤”，盖上锅盖，焖煮6~7小时。揭开锅盖，将肉分层捞出，用锅中原汤冲去肉上的葱、姜，即为成品。如需存放一两天，把羊肉一块块捞出后，将浮油刷在肉上，当油凝固后可起到自然密封的作用。如需存放五六天，可入冰箱冷冻。

八三、慈禧喜爱的“八宝饭”

【名菜典故】

据说慈禧太后很爱吃八宝饭。清宫御膳房有位肖代师傅擅长做此馔，很讨她的喜欢。别人看了眼红，不知暗中费了多少心机，总想把八宝饭做得比肖代更高明，可是一个个都落空了。同行是冤家，肖代免不了被人暗算。慈禧太后耳边吹进了不少流言，说肖代的餐具不够卫生，用料搭配不合常情，背后对太后不敬……最后，肖代终于失宠，被逐出清宫，流落江湖。

肖代身怀绝技，怎甘沦落？他在江陵地方巧遇荆州聚珍园餐馆主人。二人相见如故，聚珍园主人替肖师傅大鸣不平，诚心相邀，并愿以重金相酬。于是肖代决心在荆州地面重新闯出一条路。他潜心设计，精心制作，不久“荆州八宝饭”便声誉鹊起，远近知名人物无不争相前来品尝曾在御膳房效过力的名厨的手艺。据说有一位朝廷命官，从辽宁一路巡访，来到了荆州。地方官设宴相请，席间，他极力称赞“荆州八宝饭”，并赋诗一句：“辽沈无双味，江陵第一园。”当聚珍园主人和肖代师傅一起出来相见时，京官才恍然大悟，原来是过去早就听说过的御厨肖大师，自然是艺高无双了。

【古菜今做】

原料（以1份计算）：糯米500克，蜜枣片10克，桂圆肉片、红绿瓜细条各10克，瓜子肉5克，糖莲心、青梅片各10克，白糖150克，板油丁25克，豆沙150克，猪油50克。

做法：

——糯米用水淘洗干净，放在容器中加冷水浸2～3小时捞出，放入笼屉中摊开，盖严屉盖，用旺火蒸20分钟左右出笼。

——把饭倒入容器内，加入白糖150克、猪油50克搅匀。

——取大碗1只，先在碗内壁上涂一层熟猪油，放入桂圆肉、蜜枣、红绿瓜、瓜子肉、糖莲心及青梅，摆成各种鲜艳美观的形状。然后取一部分糯米饭摊成碗形，中间放入拌匀的板油豆沙，摊开，再取余下的部分糯米饭盖牢，待用。

——将碗放入笼屉中用旺火蒸透，蒸至油、糖、饭融合在一起时出笼，第二天再上笼蒸透。经过3次反复蒸制，饭呈红色时，覆在盆中，拿掉扣碗即可食用，也可浇上糖卤食用。

八四、慈禧喜爱的“豌豆黄”和“芸豆卷”

【名菜典故】

据说，有一天慈禧太后用过饭在静心斋乘凉。正在打盹之时，忽然宫墙外打锣吆喝之声传来，慈禧被吵醒了，便派人去看看是怎么回事。当差的回来禀报，说是卖豌豆黄、芸豆卷的。慈禧一听说是新鲜吃食，立即下令把小贩叫进来。小贩见过太后便诚惶诚恐地叩头认罪，并取出最好的豌豆黄、芸豆卷各一盘，敬献到太后面前。慈禧一样只尝了一枚，便觉味道鲜美，于是叫小贩留在宫中御膳房点心局，专做这两样冷点。

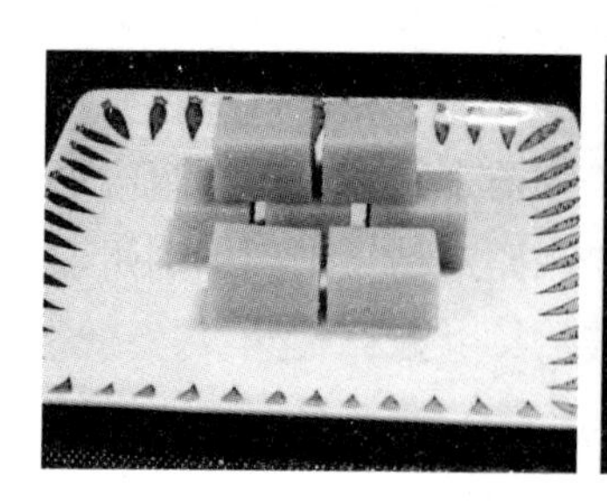

其实，豌豆黄的原料就是白豌豆，将其入锅煮烂成泥，经火煸炒、冰冻等多道工序才做成豌豆黄。这种黄色无馅的方块状点心，色鲜明、味香甜，清凉爽口，令人百吃不腻。芸豆卷是用芸豆面做皮，卷上各色各样的馅做成的。制作过程中，芸豆经过水泡、去皮、煮炒及蒸等工序，便去掉了豆腥味。此后豆泥还要用特别的马尾细箩筛过，所以做好后极其细腻。雪白的面皮儿卷着层层不同颜色的馅儿，吃在嘴里不腻，咽到肚里不胀，怪不得会令慈禧太后倍加喜爱呢。

【古菜今做】

豌豆黄

原料（制20枚）：白豌豆500克，白糖350克，碱面10克。

做法：

——将豌豆磨碎，簸去皮，洗净。用铝锅或铜锅（忌用铁锅）放在旺火上，倒入凉水1500克烧开，放入碎豆和碱面。待水再开，改用小火煮2小时（初开需将浮沫撇净，以保颜色美观，不宜用勺搅动以免豆沙沉底煳锅）。当碎豆煮成稀粥状后，下入白糖搅匀，将锅端下。取瓷盆一只，上面翻扣一个马尾箩，逐次将碎豆煮成的稀粥舀在箩上，以竹板刮擦，通过箩形成小细丝，落在瓷盆中成豆泥。

——将豆泥倒入锅里，在旺火上以木板炒搅，勿使锅煳。要注意火候，不可太嫩（水分过多），否则凝固后就切不成块；炒得太老（水分过少）凝固后又会裂纹。所以需随时用木板捞起观察，如豆泥往下流得很慢，流下后形成一堆，逐渐与锅中的豆泥融合，即可起锅。

——将炒好的豆泥倒入白铁模子里摊平，用干净白纸盖上，以防凝固后表皮裂口，并保持清洁。然后，放于通风处晾五六小时，放入冰箱内凝固后即为豌豆黄。吃时，在案板上切成小块，放入盘中即可。

芸豆卷

原料（制20块）：白芸豆500克，白糖250克，糖桂花5克，芝麻仁100克，碱面、明矾各少许。

做法：

——将芸豆磨成豆瓣，簸去皮，放盆里，用开水泡一夜（最少泡半天），将磨掉的豆皮泡涨。然后，加些温水（忌用冷水，以免豆心发硬煮不透），与盆里的凉开水调匀，两手搓搅豆瓣，使豆皮脱壳而浮在水面上，随即用笊篱捞出。如此反复进行，直到将豆皮去净。

——将磨碎的豆瓣放入开水锅里，加入碱和明矾。煮时多加水，以免豆瓣煮得太稠；若滤不干水，做出的豆泥太稀，还会有生熟不匀的现象。煮1小时后，用手指将豆瓣搓捻一下，如一搓捻即成粉，就算煮好了。捞出用布包好，上笼屉蒸15分钟取出，仍用布包着，不使其变凉。

——在瓷盆上面翻扣一个马尾箩，逐次舀些豆瓣倒在箩上，用竹板刮擦成泥，通过箩形成小细丝，落到瓷盆中，不要搅和。晾凉后放入冰箱中保存，以防吸潮。用时倒在湿布上，隔着布揉成泥。如细丝太湿，可用干布。若因久放，细丝偏干，可掺凉开水少许。

——将芝麻仁筛去杂质，在微火上焙黄擀碎，加白糖拌匀。卷芸豆卷时，再加入糖水泡过的糖桂花。

——取湿布1块，一半铺在石板上，一半垂下。将和好的豆泥取出100克搓成圆条，放在湿布中间。用小刀先将豆泥条压成片，再抹成长方形薄片，然后切去四周不齐的地方，往上面铺满芝麻馅，将垂在石板下的一半湿布撩起盖在馅上，垫着布把馅轻轻压实，以免卷的时候粘上芝麻，影响外观。

——卷时，左手将盖在馅上的布揭开，向前方拉紧，使豆泥片的后边沿（即向怀里的一边）随布略微抬起。右手四指顺着抬起的豆泥片的边沿，隔着布向下略压，使豆泥片的边沿成一小卷边。整个边压完后，左手放开拉着的布，仍盖在豆泥片上，双手将小卷边捏实。然后隔着布向前推卷，将一半的豆泥片卷成一个大卷边，捏实后，轻轻撤出卷进去的湿布。接着，将布带着豆泥片调换方向，照上法将另一半豆泥片也卷成个大卷边，使两个大卷边并列在一起，再用布将内侧的大卷边提拉起来，压在外侧的卷上，隔着布轻轻地略压，使之略微粘起来，成为一个圆柱形的长条，即为芸豆卷。最后将布拉起，使卷慢慢地滚到石板上，切去两端不齐的边，再切成小段即成。

八五、慈禧喜爱的“泡泡糕”

【名菜典故】

许德盛早年曾在清宫御膳房供差，专为慈禧太后做甜食点心，深得其欢心。1900年八国联军打进了北京城，慈禧太后一行慌忙出逃。许德盛本来要随驾向西安进发的，可他受了风寒之症，想跟慈禧一行赶路也办不到了。发了几天的高烧后，许德盛硬撑着走到侯马地界，就再也不行了。流落异地的人怎好度日？等他能起身，行动自如的时候，便自己找了个地方做起饮食买卖，才勉强生活下来。直到民国初年，许德盛年事已高，手脚不太听使唤

了，便想将手艺传给一个靠得住的徒弟。一来二去，老人看中了卖大碗面的屈志明。几年下来，屈志明跟师傅学会了制作“泡泡糕”的绝活，果然在当地出名了。“太后御膳泡泡糕”从此在晋南地区落户、开花、结果，并跻身山西省名食之列。后来这种美食传到了西安，改名“泡儿油糕”，一直受到国内外美食家们的称赞。

【古菜今做】

原料：面粉500克，熟面粉50克，猪板油150克，核桃仁25克，猪油1000克（耗350克），白糖250克，冰糖25克，糖玫瑰50克，香油少许，芝麻仁15克。

做法：

——猪板油撕去膜，切成豆粒大小的丁，放入开水锅内稍烫捞出。冰糖砸碎，核桃仁切末连同板油丁一起放盆内，加白糖、熟面粉、糖玫瑰、芝麻、香油、水（少许）拌匀，轻搓成馅。

——锅内放清水400克，烧开后加猪油，沸后倒入面粉（不要倒散），用筷子穿扎数孔煮烫，盖上锅盖小火煮约10分钟，再揉5分钟，使油面呈雪白色，随后分成30个面剂。

——将拌好的馅分成30份。

——剩余猪油倒入锅内，烧至五成热时，在面剂中包入馅心，收口捏成饼状，投入油锅炸制，待生坯起泡后再炸片刻即成。

八六、清朝“贡菜”

【名菜典故】

义门是淮北平原上的一个小集镇，地处安徽涡阳与亳州交界处，涡河横贯其间，两岸壤沃田肥，这里哺育了华夏独一无二的珍贵食品——贡菜（当地称“苔干”）。

1862年冬天，被太平天国封为“征北主将”的张乐行及部下，被清军困在义门达两个月之久。次年农历二月初五晚上，由于叛徒李家英的出卖，寨

子被破，张乐行被俘后遭杀害。清军剿捻大臣僧格林沁镇压张军后，查知捻军在没有粮食的情况下，仍坚持作战的奥秘是以苔干充饥。僧格林沁回到朝廷后，就把义门苔干作为战利品献给皇帝。从此，苔干就成了皇宫的“贡菜”。

【古菜今做】

——选择蕾大而不抽花的大芥菜，去其外瓣，切成4片，略晒去一些水分之后，用刀横切成条或粒状，在烈日下晒至半干，放进木桶，逐层敷盐，压上大石头，经过一夜之后，将其苦涩汁水沥出，再稍晾干，即可进行腌制。腌制时将芥菜放入木桶或瓷盆中，边揉边加上食盐、白糖、黄酒，不断揉搓，再放入香豉或南姜末，即可入瓮密封，让其慢慢渗透腐熟，经过一两个月即可食用。

——还有一种叫酥贡的，也用以上方法制作，但不必长期腌制，两三天即可取食。其特点是表翠酥脆。配料的比例因各地各人喜爱而异，有的在酥贡的配料中加辣椒，有的加芝麻。

【营养功效】

贡菜含有丰富的蛋白质、果胶和多种氨基酸、维生素，以及人体必需的钙、铁、锌、胡萝卜素、钾、钠、磷等多种微量元素及碳水化合物，特别是维生素E含量较高，对人体健康有一定益处，故有“天然保健品，植物营养素”之美称。

八七、为刘墉特做的“荷叶粉蒸肉”

【名菜典故】

传说清乾嘉年间的东阁大学士、太子少保刘墉，听说苏州黄天荡的荷花特别好看，便特意到苏州观赏。地方官员们百般逢迎，弄来一条大船，四周插上柳条、鲜花装饰，船上还配备了弦管竹笙乐队，供他享乐。

游船开到黄天荡，只见一片荷海，一眼望不到边。白里泛红的荷花、绿缎似的荷叶格外高雅清香，莲蓬随风摇摆、菱盘水面漂移，使人心旷神怡。刘墉看得眼花缭乱，赞不绝口。

本来，船上已备好丰盛的饭菜，然而，刘墉玩得开心，触景生情，便提出："今日之菜，要有荷塘月色。"他这么一说，可难坏了几个厨师，这该怎么弄呢？

几人一合计，倒也做出了荷叶粉蒸肉和菱角豆腐羹这两道佳肴。

为了把豆腐羹做得像莲蓬的样子，厨师将豆腐、肉末、虾仁、干贝加上调料打成糊，放进一只小碗里，表面嵌上一粒粒青豆代替莲心。待熟后取下倒出，便成莲蓬状，故取名莲蓬豆腐。荷叶粉蒸肉，则是用清香新鲜的荷叶裹着精选的肉块清蒸而成，味道当然也是绝佳。

刘墉吃了这两道菜，不住地点头赞赏说："苏州厨师真会动脑子，既做出了色香味，又符合了时令和本地特色。"于是莲蓬豆腐、荷叶粉蒸肉就出了名。

【古菜今做】

荷叶粉蒸肉

原料：猪肋条肉600克，酱油75毫升，粳米100克，鲜荷叶2张，籼米100克，姜丝30克，葱丝30克，桂皮1克，山柰1克，丁香1克，八角1克，绍酒40毫升，甜面酱75克，白糖15克。

做法：

——将粳米和籼米淘洗干净，沥干晒爆。把八角、山柰、丁香、桂花同米一起放入锅内，用小火炒拌至呈黄色，冷却后磨成粉。

——刮净肉皮上的细毛，洗净，切成长约6.5厘米的均匀长方块10块，每块肉中间各剞一刀。

——将肉块盛入陶罐，加入甜面酱、酱油、白糖、绍酒、葱丝、姜丝，拌和后静置约1小时，使卤汁渗入肉内。

——在肉中加入米粉搅匀，使每块肉的表层和中间的刀口处都沾上米粉。

——荷叶用沸水烫一下，每张一切成四，放入肉块包成小方块，上笼用温火蒸2小时即成。

另一种做法：用大碗或盆一只，底上放鲜荷叶一张，将拌好粉的肉排放在上面，覆盖一张荷叶，上笼用旺火蒸2小时至酥熟，再用小张鲜荷叶将肉块分别包好，吃前再上笼用文火焖蒸30分钟即成。此法使荷叶保持鲜绿，肉质更加清香有味。

八八、为刘墉特做的“莲蓬豆腐”

【名菜典故】

同上。

【古菜今做】

原料：豆腐500克，水发冬菇70克，冬笋50克，鲜豌豆50克，精盐20克，味精20克，料酒20克，姜末20克，干淀粉75克，水淀粉10克，素清汤300克，香油80克。

做法：

——将豆腐制成豆腐蓉，放入大碗内，加精盐10克、味精10克、料酒10克、干淀粉70克，用筷子搅拌均匀。

——豌豆下热水锅中煮开，捞出过凉水控净。

——将水发冬菇、冬笋洗净加工剁成蓉状。

——炒锅置火上，加入香油50克，烧热下入姜末10克，煸炒后把备好的蓉料加入锅内，加入精盐5克、味精5克、料酒，煸炒入味，制成馅料。

——取12个小汤匙，抹上香油，将豆腐蓉入勺铺一层底，中间加入馅料，再加一层豆腐蓉料，做好后形似莲花瓣。另取一小碟用香油涂抹后，底部放一层豆腐蓉，上加一层馅料，再盖上一层豆腐蓉，把豌豆逐个镶在豆腐蓉上。

——将莲蓬豆腐上屉用中火蒸透，取出摆放在盘中。炒锅上火加入香油，油热后加入姜末，炒出香味，冲入素清汤，加入精盐、味精调味后加水淀粉，将汁勾浓，浇在莲蓬豆腐上即成。

八九、清代四川总督丁宝桢要求做出的“宫保鸡丁”

【名菜典故】

丁宝桢是贵州平远人，咸丰三年（1853）进士，曾任山东按察使，后任四川总督。贵州平远素以擅制炒鸡丁而著称，而丁宝桢本人很喜欢吃用鸡肉和辣椒等爆炒的菜肴。他在山东任职时，就经常命家厨制作“酱爆鸡丁”等菜肴。当上四川总督后，他又特别爱吃用天府花生、嫩鸡肉、辣椒制作的炒鸡。每遇设宴请客，他必要厨师上此菜。即使回贵州家乡省亲时，当亲朋为他接风洗尘，他总是说：“各位不必破费，只上炒鸡即可。”并吩咐加上花生、辣椒同炒。久而久之，丁宝桢爱吃花生辣椒炒鸡丁的嗜好广为人知。因丁宝桢官职是总督，当时总督被尊称为“宫保”，加上他在山东任按察使时，因剿捻有功，曾被清廷加授“太子少保”之衔，故人们便把他爱吃的这道菜称为“宫保鸡丁”。

【古菜今做】

原料：净鸡胸肉150克，炸花生米50克，精炼油50克，花椒，干辣椒各少许，料酒15克，酱油20克，糖15克，姜、蒜片各5克，葱20克，味精2克，调水淀粉和汤适量。

做法：

——鸡胸肉切成小块，油炸花生米去皮。

——起油锅，放入辣椒段爆香再放入鸡肉块炒熟。

——倒入花生米，翻炒几下即可。

九〇、康有为应对的“兰桂鱼”

【名菜典故】

清朝末年，康有为主张变法的折子呈到光绪皇帝手里，皇帝非常赏识，动了变法之心。但变法不是小事，皇帝不清楚康有为的为人，于是有心考察考察。一日，光绪帝宣康有为上殿议事后，赐御膳，要在席间看看他的应变能力。同进御膳的有光绪的师傅翁同龢，光绪知道他学富五车，便以桌上的御膳为题，令二人作“物对”。

所谓“物对”，就是指一物，让人依其形意，对出诗文。光绪指一小鼎盛装的烹肉让翁同龢对，翁同龢略一思索，便对出“钟鼎禄臣当为天下之忧”的句子。光绪大喜，转头指一用柳篮呈上的鳜鱼，让康有为对。

康有为淡淡一笑，脱口说出下联：“兰桂余力敢作社稷之重。”

光绪听得哈哈大笑起来，故作不明，说二人的对子中没有所指的物事。翁同龢急忙说自己有，“钟鼎禄”即“钟鼎肉”，康有为也说自己有，“兰桂鱼”即篮子装的鳜鱼。光绪一时大喜，说：“知我者，二卿家也。”于是下定启用康有为进行变法的决心。康有为这一联对子，后来传为朝野佳句，而“兰桂鱼”也成为坊间颇受欢迎的美食。

【古菜今做】

红烧鳜鱼

用料：鳜鱼1条（1.5—2斤的最好），蒜头2头（整头蒜），姜片5~6片，小香葱3根，小红辣椒10个左右（分两段切，数量依个人口味而定），辣豆豉1大匙，豆瓣酱2大匙，盐少许，鸡精1小匙，料酒1匙，清水2碗，纯瘦肉馅1两，植物油适量。

做法：

——将处理好的鳜鱼控干水，最好准备一条干净餐布或者厨房专用纸巾将鱼表面的水分吸干。

——油入锅烧热，把准备好的鱼入锅，煎至两面都呈黄色，将鱼装盘待用。

——将肉馅放入锅中炒至变色，放少许料酒（白兰地更佳），接着加入豆瓣酱、辣豆豉和肉馅炒匀，再放入姜片和整粒的蒜，小炒1分钟。随后把煎好的鱼放进去，加两碗水，放入小红辣椒，放一点点盐和鸡精粉，盖上锅盖，改中小火烧至汤快收干时，捞起鱼装盘。

——汤汁留在锅里，加入切好的小香葱，翻炒两下关火。

——将汤汁淋到鱼上即成。

九一、源于明代的清代宫廷菜北京烤鸭

【名菜典故】

公元1368年，朱元璋称帝，建都南京。宫廷御厨用鸭烹制菜肴，并且改变原来水煮、红烧、清蒸的制法，采用炭火烘烤，使鸭子酥香味美，肥而不腻，名为“烤鸭”。

朱元璋死后，他的第四子燕王朱棣用武力夺取了其侄子建文帝的帝位，并将都城迁到北京。这样，烤鸭技术也随着被带到北京，并得到进一步发展。宫廷烤鸭取北京玉泉山所产的填鸭烤制，皮薄肉嫩，滋味更佳。因而，到了清朝，烤鸭便成为乾隆皇帝、慈禧太后以及王公大臣们所喜爱的宫廷菜，从此，正式被命名为“北京烤填鸭”。

【古菜今做】

原料：填鸭1只，精盐2克，饴糖水35克。

做法：

鸭的处理

——清洗：将屠宰清洗后的鸭灌满清水，右手拇指伸入刀口，用手撑托起鸭背，头朝下，使水从鸭颈口流出。如此反复清洗，直到洗净为止。

——挂钩：将鸭挂起，便于烫皮、打糖、晾皮和烤制。

——烫皮：用100℃的开水在鸭皮上浇烫，使毛孔紧缩，表皮层蛋白质凝固，皮下气体最大限度地膨胀，皮肤绷起，油亮光滑，便于烤制。烫法为左

手提握钩环，使鸭脯向外，右手舀一勺开水，先洗烫体侧刀口，使水由肩而下，封住刀口防止跑气，再均匀地烫遍全身。

——打糖：往鸭身上浇洒糖水，使烤鸭呈枣红色，并可增加烤鸭的酥脆性。糖水系用饴糖50克掺清水450克稀释而成。打糖前先使烤鸭周身沾满糖水，再用浇的方法打两次糖。

——沥净膛内的血水，再将鸭挂在通风处晾干。如果当时不烤，可将鸭放入冷库内保存，在入炉烤制前，再打一次糖，以增加皮色的美观度，并弥补第一次打糖不匀的缺陷。如在夏季进行第二次打糖时，糖水内要多加饴糖5克。

——晾皮：这是为了把鸭皮内外的水分晾干，并使皮与皮下结缔组织紧密连起来，使皮层加厚，烤出的鸭皮才酥脆，同时能保持原形，在烤制时胸脯不致跑气下陷。晾皮必须选在阴凉通风处，不能放在阳光下晾晒，以防表皮流油，影响品质。

烤制过程

——灌水：在烤鸭入炉之前，先在其肛门处塞入长8厘米的高粱秆1节，即“堵塞”，恰好卡在括约肌处，防止灌入的开水外流。而后从体侧刀口处灌入八成满的开水，这可使鸭子入炉后内煮外烤，熟得快，并且可以补充鸭肉在烧制时流失的水分，令鸭肉外脆里嫩。

——烤制：鸭进炉后，先烤鸭的右背侧即刀口一面，使热气先从刀口进入膛内，把水烤沸。烤6~7分钟，当鸭皮呈橘黄色时，转向左背侧烤3~4分钟，也呈橘黄色时，再烤左体侧3~4分钟，并撩左裆30秒钟；烤右体侧3~4分钟，并撩右裆30秒钟；鸭背烤4~5分钟。然后，再按上述顺序循环地烤，一直到鸭子全部上色成熟为止。

——片鸭：鸭烤好出炉后，先拔掉高粱秆，放出腹内的开水，再片鸭。其顺序是：先割下鸭头，使鸭脯朝上，从鸭脯前胸突出的前端向颈部斜片一刀，再在右胸侧片三四刀，左胸侧片三四刀，切开锁骨向前掀起。片完翅膀肉后，将翅膀骨拉起来，向里别在鸭颈上。片完鸭腿肉后，将腿骨拉起来，别在膀下腑窝中，片到鸭臀部为止。右边片完后，再按以上顺序片左边。1只2000克的烤鸭，可片出约90片肉。最后将鸭嘴剁掉，从头中间竖切一刀，把鸭头分成两半，再将鸭尾尖片下，并将附在鸭胸骨上的左右两条里脊肉撕下，一起放入盘中上席。

九二、清代嘉庆皇帝喜爱的“道口烧鸡”

【名菜典故】

清朝嘉庆年间，有一次皇帝出游路过道口时，忽闻一阵异香扑鼻，顿感精神倍增。他问左右：“何物发此香？”左右答道：“道口烧鸡。”知县见状忙将烧鸡献上，皇帝吃后称赞“道口烧鸡”为“色、香、味三绝”，并将它列为清廷御用贡品。“道口烧鸡”因此名扬天下。

【古菜今做】

原料：鸡100只，食盐2000~3000克，砂仁15克，豆蔻15克，丁香3克，草果30克，陈皮30克，肉桂90克，良姜90克，白芷90克。

做法：

——须用生长半年以上、两年之内的嫩雏鸡和肥母鸡，重量在1～1.25千克，健康无病，病、死、残之鸡一律不用。

——先用利刃从鸡肋骨、椎骨中间处切断、按折，选一段高粱秆放入鸡腹内，撑开鸡身；再在鸡下腹脯尖处割一小圆洞，将鸡腿交叉插入洞内；两翅交叉插入腔内，使整鸡呈两头尖的半圆形。将鸡洗净后悬挂，晾干表皮水分。

——把晾好的白条鸡均匀地涂上蜂蜜水（水和蜂蜜的比例为6:4），然后入150～160℃的热油锅内翻炸约半分钟，炸至柿红色即可。

——将鸡按大小顺序摆于锅内，加上煮鸡老汤，兑入盐水，放入药料袋，上用竹箅压住鸡身，使汤浸到最上层鸡身的一半，先用大火将汤煮沸，加入约12克硝，改小火焖煮3～5小时（时间依季节、鸡龄而定），即可出锅。

——捞鸡时先备好专用工具，手、眼配合好，一只手用叉子夹住鸡颈，另一只手用双筷端住鸡腹内秫秸，迅速离锅放好，以保持鸡型完整。

九三、徐尚书传下来的宫廷菜谱“太守豆腐”

【名菜典故】

清康熙年间，皇上嫌肚里油水过多，每隔一日食一次豆腐。有一回，很受皇上宠信的尚书徐健庵入朝奏本，康熙皇帝便邀其一起品尝美味豆腐菜。

徐健庵受宠若惊，食后难忘豆腐御膳的美味。可是皇帝的恩赐终归千载难得一遇，不知何时才能再享口福。徐尚书怎么也无法了断对豆腐美味的念想，苦思之余，他不惜拿出一千两纹银，悄悄托人进宫，向御膳房厨师买来豆腐菜肴的菜单及配方、烹制工艺。此后徐尚书还指派自己的得意门生反复按御厨方法试制，终于掌握了要领。他不仅自家食用，还用来招待当朝文武大臣。如此一来，自然笼络了人心，换来众多称赞和拥戴，多少有利于巩固他的政治地位。

徐健庵既得皇上赏识，又得同僚吹捧，果然权重一时，得意非凡。怎想后来朋党争权愈演愈烈，徐尚书也有时运不济之时，难免有失宠的一天。徐健庵解职后，回到了江苏老家，御膳豆腐菜随之带回。先是老徐门生王楼村熟知该肴制作之道，后来又传给了王楼村的孙子王太守，久而久之，民间皆称该肴为“太守豆腐”。

据《随园食单》记载，“王太守八宝豆腐”的烹制方法如下：将嫩豆腐切至粉碎，加香蕈屑、蘑菇屑、松子仁屑、瓜子仁屑、鸡屑、火腿屑，同入浓鸡汁中炒滚起锅。用腐脑亦可，用瓢不用箸。

【古菜今做】

原料：嫩豆腐1块300克，熟鸡肉30克，熟火腿25克，猪肉末、油酥松仁末、水发香菇、蘑菇末、虾米末各15克，瓜子仁末2.5克，鸡汤150克，盐、味精、熟鸡油、酒各少许，熟猪油、湿淀粉各50克。

做法：

——豆腐用清水过净，去掉边，切成小方块，放在碗里。虾米末加酒稍浸。把鸡肉、火腿分别切成末。

——炒锅置火上烧热，用油滑锅后，放入猪油，把鸡汤和豆腐丁一块倒入锅里，用勺搅和，加入虾米、盐烧开，放进猪肉末、鸡肉末、香菇末、瓜子仁米、松仁米，以小火稍烩后，再用旺火收紧汤汁，加入味精，用湿淀粉勾芡，出锅装汤碗里，撒上热火腿末，浇上熟鸡油少许即成。

九四、“朱青天”告别台湾宴的“元宝肉”

【名菜典故】

“元宝肉”是湖北省最有代表性的美馔。它的成名还得从朱才哲出任台湾府宜兰县官的经历说起。朱才哲正直廉洁，为宜兰百姓办了不少好事。他在台湾供职32个年头，直到当上了台湾道台。72岁时，他才离台返归故乡湖北监利。就在朱才哲离台之时，却有人以欲加之罪，中伤诬陷于他。

同治二年（1863），新任台湾道台到任。他听说朱大人在民间口碑极佳，十分疑惑。他是一生只信奉“三年清知府，十万雪花银”的奸官，每到一任，极尽搜刮民脂民膏之事，全不以为耻反以为荣，便认为朱才哲也只不过表面上道貌岸然，骨子里绝对不可能是什么“清官”。

这一天，正是朱大人全家登船返乡之期。众官员列队送行，新任道台也来凑热闹。本来他只是走个过场，哪知海边民众聚集，人山人海，扶老携幼，但见垂泪送别的不计其数，这让新道台很不是滋味，但又不好发作。正在这时，道台大人看见朱大人的船上整齐地排放着30只大木箱，便故意问：“朱大人在台多年，积攒的私房银子想必不少。这些大箱子也够沉的啊！”朱才哲笑道：“大人是否怀疑箱内皆为金银财宝？”道台大人讽讥地说：“若非金银，还会是石子不成？”朱才哲顿时气上心头，正色道：“睽睽众目之下，大人不可戏言！”道台沉下脸来，说：“但可开箱一验。如若不是金银，某情愿开一箱赔两箱之宝。”朱才哲道：“君无戏言！”道台坚持说：“但请开箱吧，我就不信内中清白。来人开箱！”一时间，岸边噪动起来，人们纷纷为朱大人不平，也有少许不知情的人，还在为朱大人担了一份心，捏着一把汗呢。在朱才哲指点下，家人一一打开箱盖后，里面竟全是鹅卵石！一箱接一箱开验，全无二致。那道台大人只得堆上笑容，向朱才哲赔罪，道：“朱大人果然两袖清风，人称‘朱青天’绝无虚言，在下算是心服口服了。”

朱才哲大煞了奸官的威风，让民众人心大快，嘲讽和讥笑声此起彼伏，好不热闹。过后，道台大人又问船载卵石为何用意。朱才哲说：“大海行船，有风浪惊险，会使船不稳。今以石下沉船舱，我自然不再怕海上兴风作浪了。再说下官一生清白，只有带些卵石回乡的本事，他日也可相赠弟子学生，权作读写文章时镇纸之用。”道台连称：“朱公高见，佩服，佩服。只是那赔元宝的事——”朱才哲不等他开言，便接道：“赔元宝的事就不必再提了。下官若要大人兑现诺言，还只怕元宝仍出自台湾百姓的民脂民膏，那岂不玷辱在下清白？”最后朱才哲令家厨献上了湖北家乡肉肴，款待了道台大人。那肉肴以鸡蛋和肉烧制，却冠以“元宝肉”的美名，实为反腐倡廉之意。

从这时起，“元宝肉”的故事便在台湾流传了下来，“元宝肉”也成了台湾城乡宴席上的名肴。这道菜入口滑润烂糯，油而不腻，稍带有干咸菜的独特香味。

【古菜今做】

原料：带皮猪五花肉500克，鸡清汤500克，去壳熟鸡蛋12个，酱油、白糖、湿淀粉各25克，葱花、黄酒、姜末、味精各5克，盐2克，八角1颗，桂皮1小片，植物油1000克。

做法：

——将五花肉切成长、宽各2厘米的方块，在开水中烫2分钟捞出，用凉水漂一下沥干。

——炒锅置旺火上，下植物油烧七成热时投入熟鸡蛋，炸到虎皮色时捞出沥油，然后用竹签在鸡蛋上戳些小眼以便入味。

——将姜末入油锅中稍煸，再将肉块放入煸，烹入黄酒、酱油、白糖、盐、八角、桂皮、鸡汤，待烧沸后移小火上烧30分钟，再放进炸好的鸡蛋、味精。烧到卤汁浓稠时捡去八角、桂皮，用湿淀粉勾芡，撒上葱段装盘即成。

九五、彭尚书宴请当朝重臣的“玉麟香腰”

【名菜典故】

清末兵部尚书彭玉麟祖籍湖南衡阳，爵位显赫，生活奢华，却时常想念湖南家乡菜。所以家厨对此也很留意，每隔数日便烹制几款湘菜，讨大人欢心。有一天彭尚书想宴请一位当朝重臣，因此人很受皇帝器重，所以接待不可等闲视之。彭尚书找来家厨说明此意，厨师自然心领神会，表示一定将家宴办得富有特色。彭尚书说将湘菜创新更佳。家厨想了想，说：“若将大人家乡菜中的鱼丸、锅烧丸、炸芋艿、黄雀肉和腰花等全汇集一碗，依次叠成七层，做成下面大上面小的玲珑宝塔形状，一定十分美观。而且此馔寓有祝福贵宾官运亨通、步步登高之意。不知大人以为如何？”彭大人立即表示赞赏，吩咐家厨一定要做好此菜。

时隔多日，彭尚书府上一派欢乐气氛，尊贵的客人一一到来。盛大的宴席早已准备停当，宾主携手入座，面对丰满的菜馔，个个兴奋不已。酒过三巡，彭大人向当朝重臣专门介绍其中一款特色菜馔，说：“此菜乃老夫家乡特色风味。衡阳地方有猪腰入菜习俗，且美名曰‘香腰’，此馔名为‘七层塔’，又曰‘宝塔香腰’，今日定要请诸位品评品评。”说罢恭请动箸，众宾客边吃边谈，赞美之声不绝于耳。其间一位善辩之士提议：“深感彭大人今日盛情相邀，又献绝美佳馔于席。为答谢大人美意，我提议将‘宝塔香腰’易名为‘玉麟香腰’，好为日后留下永久的纪念，不知诸位尊意如何？”在座嘉宾一致拥护，都说改用尚书大人名字命名，是再妙不过了。一番议论将宴会更推向了高潮。

后来“玉麟香腰”在京师盛行一时，在湖南衡阳地方更广为流传，至今民间举办红白喜事时，此馔仍是宴席的“头碗”。

【古菜今做】

原料：猪腰100克，猪肥瘦肉各200克，猪肥膘肉100克，带皮猪五花肉250克，净鳜鱼肉100克，芋艿500克，荸荠300克，水发玉兰片50克，水发香菇25克，面粉100克，干淀粉50克，湿淀粉20克，鸡蛋5个，绍酒75克，八角粉1克，葱段15克，姜片10克，酱油25克，味精1.5克，胡椒粉0.5克，精盐7.5克，肉清汤300克，芝麻油1克，熟猪油1000克。

做法：

——生芋艿去皮，切成0.5厘米厚的菱形片，用绍酒25克、精盐1克拌匀，腌10分钟，沥去水，放入六成热的油锅里，炸呈金黄色时捞出，放在大碗里垫底。

——五花肉洗净，切成7厘米长、1厘米厚的片，盛入碗内，用酱油5克、绍酒25克、精盐少许腌2分钟，上笼蒸熟，连同原汁倒入大碗内，将五花肉排列在芋艿上。

——荸荠洗净去皮，切成末。肥膘肉50克剁成肉泥，加入荸荠末、八角粉0.5克、精盐1克、面粉50克调匀，挤成直径1.5厘米的荸荠丸，放入七成热的油锅里炸至金黄色捞出，在碗内五花肉上面摆成一圈。

——将肥瘦肉300克洗净，全切成三角形片；用绍酒25克、八角粉0.5克、精盐1.5克调匀，腌10分钟，打1个鸡蛋，加面粉50克、干淀粉50克、清水少许，调匀，使肉块挂糊；将肉块逐块放入六成热的油锅内，炸熟并呈金黄色时捞出，一块块靠紧，砌在荸荠丸上面。

——碗内磕一个鸡蛋，放精盐0.5克、干淀粉0.5克、清水少许搅匀。炒锅内刷15克油，用小火烧热，倒入蛋液，摊成荷叶鸡蛋皮。另取肥瘦肉100克剁成泥，加精盐0.5克、干淀粉4.5克、鸡蛋1个和清水少许调匀。将蛋皮铺开，倒上肉泥，用刀抹平，卷成蛋卷，装入瓷盘，上笼蒸熟取出，斜切成14片，齐砌在黄色肉块上面。

——将鱼肉、肥膘肉50克分别剁成细泥，同放一碗内，放入鸡蛋清2个、精盐0.5克、葱姜汁调匀，用刀刮成6厘米长的橄榄形鱼丸14个，装入瓷盘，上笼蒸熟取出，整齐地摆在蛋卷上。炒锅放火上，下熟猪油50克烧热，倒入肉清汤，加酱油15克、精盐0.5克、味精1克烧开，倒入大汤碗，上笼用旺火蒸1小时取出。

——猪腰切开去腰臊，直剞斜刀，切成均等长片；玉兰片与香菇切成长薄片。炒锅放猪油250克，烧至七成热时，将腰花用湿淀粉、精盐少许拌匀，下锅走油，倒出沥油。锅内留油30克，下玉兰片、香菇稍煸，放入腰花同炒，将少许精盐、酱油、味精、葱段、胡椒粉、芝麻油、湿淀粉调匀，下入锅内，颠翻几下。起锅倒入大碗里蒸好的菜上即成。

九六、清代布政使喜爱的“油淋庄鸡”

【名菜典故】

清朝光绪年间在长沙任职的湖南布政使庄赓良是江苏武进人氏，从小生长在官宦之家，早就见识过不少南北大菜，是一个美食家。自他在湖南任职后，先后吃遍了长沙各种美味佳馔，各大餐馆也都以拿手好菜招待他。

有一天，庄大人来到豫湘阁，把店里的名厨肖麓松叫来，想让他亲手制作一款新鲜口味的菜肴。肖师傅是厨师老手，一向构思奇巧，以厨艺严谨著称。他一边细品庄大人的心思，一边留意厨下各种制菜原料。忽然看到一位同行正在烹制红爆鱼唇和油淋鸡，他心里一动，想到如果将两款传统菜馔的特色集于一身不是更好吗？于是肖师傅将已经用多种调味品煨好的鸡取出来，巧妙地进行油淋加工，装盘后端到了庄大人面前的餐桌上。庄赓良看到盘中整鸡保持了完好的造型，且油润美观，十分赞赏。操筷取食时，肉烂喷香，连入口的鸡骨都酥碎了，他越吃越觉过瘾。肖师傅在一边看着，知道庄大人满意，心里也十分高兴。

此后，庄大人在长沙官场不时提起豫湘阁的油鸡如何好吃，便有慕名者纷纷前往见识此馔，慢慢地，油淋鸡出了名。肖麓松师傅忘不了是在庄大人提示之下才创出此品，所以对外介绍品名时称之为“油淋庄鸡”。

【古菜今做】

原料：肥嫩母鸡1只，湘潭原汁酱油50克，绍酒50克，葱25克，精盐7.5克，白糖5克，冰糖10克，花椒1.5克，菜油1500克，姜25克。

做法：

——葱、姜去皮，用刀拍松，加入精盐、花椒1克拌匀，涂抹在鸡身内外，盛放在瓦钵里腌约1小时后，除去葱姜。

——取1只大瓦钵，用竹箅子垫底，把鸡放入。再下花椒0.5克、酱油、绍酒、冰糖和清水，置旺火上烧开，移到小火上煨2小时至软烂，取出沥干。

——炒锅放旺火上，加入茶油，烧至八成热，将煨好的整鸡用铁钩子钩住鸡翅，手拿钩柄，将鸡悬置于油面之上，用手勺舀沸油淋在鸡身上，先淋鸡胸、鸡腿，再淋鸡背、鸡头。肉多的部位要反复多淋几勺油，待外皮起酥，呈深红色为止。

——把鸡放在砧板上，除去胸骨、脊骨和腿、翅的粗骨；剁去脚爪，把鸡头、鸡颈从中劈开，再将鸡颈用刀切成5厘米长的段；鸡肉切成5厘米长、3厘米宽的条。然后，将鸡肉拼成整鸡形状，放在盘里，淋香油45克。

——炒锅放火上，放入精盐50克炒干水分后，拌入花椒粉。葱50克切成小段，拌进芝麻油3克、精盐3克，与椒盐粉、油炸花生米、甜面酱汁四种佐料分别摆放在盘子四角，以备蘸食。

九七、与和珅的不解之缘——“杨村糕干”

【名菜典故】

民间传说乾隆宠臣和坤之父乃是一位风流公子，虽出身显贵名门，却极爱拈花惹草。有一次他出游江南，途经杨村，在庙堂进香时，看中了一个俊俏的小尼姑。有道是“千里姻缘一线牵”，二人一见钟情，很快成就了好事。临别之际，这个公子哥儿给小尼姑留下翡翠镯和白绫作为信物后便匆匆而去。不久，小尼姑生下一名男婴，因触犯庙规被师太轰出佛门。可她想找多情公子，又谈何容易？茫茫云天，何处为家？她既感前途茫然，又觉万般羞愧，便在白绫上写上孩儿生辰和父名之后置于大道一旁，投河自尽了。

且说附近有一位老和尚，偶然闻听婴啼，寻见弃儿，好心地捡回庙里，每天外出买回“杨村糕干”喂养他。男婴由此保住了性命，靠吃“杨村糕干”长大了。孩子10岁时，老和尚领他进京，手拿白绫和翡翠镯，找到了王侯之家。王爷高兴地收下孩子，取名和，并重谢了老和尚。按说，无人不乐富贵，可是和偏偏不喜山珍海味，只闹着要吃“杨村糕干”，王爷只好派人专程去买。这孩子虽是吃“杨村糕干”长大，却聪颖非凡，学识广博。后来和做了官，成了乾隆皇帝身边的亲信重臣。乾隆下江南时，和随行，又路过杨村，特承“杨村糕干”请圣上品尝。乾隆吃后大加赞赏，亲笔留下“妇孺盛品”的御墨手迹。此后，历代文人雅士风闻，争相品尝，使这道小吃竟成为名点并且流传至今。

【古菜今做】

原料：天津小站稻米4千克，江米1千克，红小豆500克，红糖2500克，玫瑰250克，青梅、瓜条各100克，熟芝麻仁75克，松子仁、瓜子仁、桃仁、蜜橘皮、青丝、红丝各50克。

做法：

——将小站稻米和江米洗净，用清水泡胀，控去水分，上石磨磨成潮湿的米粉。

——将红小豆洗净、晾干，磨成干面，与红糖、玫瑰酱、熟芝麻仁和剁碎的青丝、红丝搓匀成豆沙馅。另将松子仁、瓜子仁、桃仁、蜜橘皮、青丝、红丝切成碎块。

——将铺好屉布的箅子放在案上，上面再摆上厚约3.3厘米的长方形木模，然后将潮米粉均匀地撒入，撒至米粉占木模厚度的1/3时，把豆沙馅均匀地撒上，撒至木模只剩1/3厚度时，将潮米粉再撒入。撒好后，用木刮板把米粉刮至与模子齐平，再用小铁抹子抹出光面，用刻有细直纹的木板按压出直纹，撒上切好的多种小料，再用刀将糕干生坯切成40块。

——拿去木模，将糕干生坯上蒸锅蒸约10分钟。见糕干没有生面、豆沙馅裂开时即熟。

九八、嘉庆皇帝喜吃的“子火烧”

【名菜典故】

据说嘉庆皇帝去清东陵祭祀祖先时，必登盘山游览。当地官员总是将蓟州城里庆堂号的子饽饽进献给皇帝食用。这种小巧玲珑的美食犹如算盘珠大小，乳黄喷香，酥松绵软，口感极佳，深得嘉庆皇帝的喜欢。嘉庆皇帝总共去东陵10多次，几乎每次都要吃子饽饽。制作子饽饽的商号见皇帝喜欢，便将其易名为“子火烧”。

【古菜今做】

原料：精面粉，香油，花生仁，瓜子仁，绵白糖，花椒盐，果脯蜜饯、山楂等果料。

做法：

——将精面粉与香油按1:20.5的比例和成筋性面团，放至柔软，如油酥面团。

——用香油将精面粉和成软硬适宜的面团，再将皮料和酥料以1:2的比例进行包酥和破酥（分块），使制品层次分明。

——将花生仁、瓜子仁（包括各种果料）切碎，与绵白糖、花椒、盐等搅拌均匀。

——包馅成型，大小要均匀，与算盘珠差不多。

——将制好的生坯等距离码放在炉盘上，放入烤炉。用170℃以下的温度烤15～20分钟，烤至淡黄色即可出炉。

——冷却后包装入箱。

九九、乾隆年间常胜将军出征常带的“小红头”

【名菜典故】

清朝乾隆年间，名将吴筱轩经常奉旨出征，每次都打大胜仗，班师回朝后很受皇帝恩宠。据说吴将军行军作战时总不忘携带家乡风味美食，更离不开随军而行的家厨。那位家厨做得一手好菜，更有绝活“油糖烧卖”，是将军三餐后缺少不得的点心。吴将军不仅个人喜食，还常与部将、军士共享。也许正是因为将军体恤部下和平易近人，众将士才心悦诚服地为他卖命，作战时大都勇往直前，连战皆捷。

后来吴筱轩的家厨年老返乡，回到庐江老家，为了不让手中绝活失传，便和家人在庐江城内开设了一家专售“油糖烧卖”的店铺。由于他家的烧卖甜软香酥，很快风靡了庐江全城。不久这件事传到了县太爷耳中，他便令人买些回来品尝，果然口味极佳。他灵机一动，趁进京述职之机，捎上几篓进献给皇帝。此后，“庐江小红头”身价倍增，登上了大雅之堂，后来又成了名点。

【古菜今做】

原料：高筋面粉2500克，净花生仁50克，酵面150克，青梅25克，猪板油1100克，精盐15克，绵白糖2150克，碱10克，橘饼75克，糖桂花75克，食用红色素少许。

做法：

——取面粉1350克，放在案板上，加入酵面和清水800克，拌匀，盖上湿布，待面发酵后，加入碱揻揉均匀，做成大馍，入笼蒸熟，晾凉，撕去外皮切碎，搓成碎屑。将猪板油撕去皮膜，切碎，和大馍屑一起，用绞肉机绞一次。另将花生仁、橘饼、青梅制成碎屑，和糖桂花一起加入大馍屑中，拌匀成馅心。

——将余下的面粉加入适量温热水和精盐，拌和均匀，搓成长条，切成每个重24克的面剂。先将面剂逐个按扁，再擀成直径6厘米左右、皱边的圆形面皮。

——取面皮一张，包入馅心8.5克，收口捏成石榴形，高约1寸，如此一一做好，入笼用旺火蒸7分钟左右，取下。在食用红色素中兑少许水，在面点顶端各点上一红点，即成，也可将蒸好的小红头轻轻地翻倒在案板上，冷却后用小竹篾篓包装出售。若把冷的小红头以小火油煎或油炸（用素油较好）后食用，味更美。

一〇〇、贿赂同治皇帝的黄石“港饼”

【名菜典故】

据说在清代嘉庆年间，离黄石不远的大冶县内，有位名叫刘合意的糕点名师，手艺很好。他经营糕点多年，生意也还可以，但做的都是当地的几种传统点心，因此，他很想制作出一种新的产品，一鸣惊人。经过仔细研究，他改进了当地的一种麻饼的制法，使之变得松酥可口，甜度适中，具有浓郁的天然麻香，颇受人们的欢迎。他还根据民间的风俗，在饼上加上了红色的“吉祥”二字，取了一个好口彩，更加博得人们的喜爱，在当地被作为婚嫁时必备的礼品。这种经过改进的麻饼，声誉渐增，刘合意师傅当然十分高兴。

名点不能没有像样的名称，于是，他请教了一位教书先生，最后将其定名为“合意饼”。这“合意饼”自然含义丰富：合自己的意，合老百姓的意，且与刘师傅自己的名字相同。自此以后，刘合意师傅的生意越来越兴旺发达。

到了清代同治年间，大冶县发生了一起官司，又给合意饼增添了一段趣闻。据说是大冶县殷祖地区的木排商人殷华驾木排行至长江黄石一带，撞翻了一只外地盐船，双方为此打起了官司。几经波折，地方上无法结案，官司最后一直打到北京城。木排商很精明，想到上京都去打官司，若献上有地方特色的礼品，也许会添几分打赢官司的把握。临上京前，作为被告的木排商特地订做了一批优质的大冶“合意饼”。进京之后，他便把合意饼献有关文武官员，还托关系专门进献了一份给皇帝，并写诗一首作为状头：

“排来如山倒，行船似燕飞。鸣金三下响，如何燕不飞？”

皇帝一看状头，觉得有些道理，又品尝了大冶麻饼，更是龙颜大悦，就让木排商打赢了这场官司。那个帮木排商进献饼子的京城官吏后来对木排商说："你献给皇上的麻饼，皇上品尝后十分满意，故判你胜诉，看来还是你的如意算盘打得好，你的如意麻饼送得好。"木排商自然高兴，连连称是。就这样，"如意饼"也在京城独享盛名。

【古菜今做】

（按50千克成品计）

皮料：特制粉12.5千克，饴糖7.25千克，碳酸钠250克，水1.5～2千克。

酥料：特制粉3.5千克，植物油1千克，炼猪油1.5千克。

馅料：熟标准粉3.5千克，白砂糖6千克，绵白糖4千克，植物油4.5千克，芝麻屑4.5千克，冰糖2千克，橘饼1.5千克，桂花1千克。

贴面料：白芝麻3.75千克。

做法：

——将特制粉过筛，放在案板上摊成圆圈，倒入饴糖、水、碳酸钠调成软硬适度的面团。分块静置回饧，使之缓劲，包酥前经拉白后再分成小剂。

——将特制粉过筛，加猪油混合擦制。擦酥时间不宜太长，以免生筋、泻油，一般一块5千克左右的油酥擦约20分钟。擦好后，分块切剂。

——熟标准粉过筛，摊成圆圈，将果料、冰糖破成豌豆大的小粒，将各种小料置于其中，加油搅拌均匀，再与熟标准粉擦均匀，软硬适宜即可。馅要头天擦好，让原料充分胀润，便于捏馅。

——皮酥包好后，压扁，擀成长片，搓成卷再折三折，然后擀成圆形，包馅，捶成圆饼。以五六个饼坯为一沓，在周边滚上淀粉，防止加入芝麻仁时饼边粘上芝麻。表面刷上水，放上麻机给两面上麻，要求麻不掉，不花。

——入炉烤制，炉底温度100℃，面火150～200℃。麻饼在烤制中要翻两次面，使两面麻色一致。出炉冷却后包装。

质量标准：

形态：正圆形，两面平整，上麻均匀，周边光滑。

色泽：两面呈深黄色，周边为乳白色。

组织：皮厚薄均匀，馅紧密，不空腔。

口味：松酥甜润，有浓郁芝麻香味。

一〇一、孔府为清朝廷献的贡菜——“一卵孵双凤”

【名菜典故】

孔府传人孔令贻在世的时候，已经是清朝末年。按例，孔府应该给朝廷献贡菜。因为是贡菜，必须款款吉祥。但这一次，他有些为难了，不知如何让两宫皇太后都喜欢。当时东宫娘娘慈安和西宫娘娘慈禧都是得罪不得的，弄不好，会有杀身之祸。孔令贻想了半天，最后想出一道菜，也就是“一卵孵双凤”：此菜寓意巧妙，“一卵”暗喻清帝，“双凤”示意两宫，堪称一道创举。

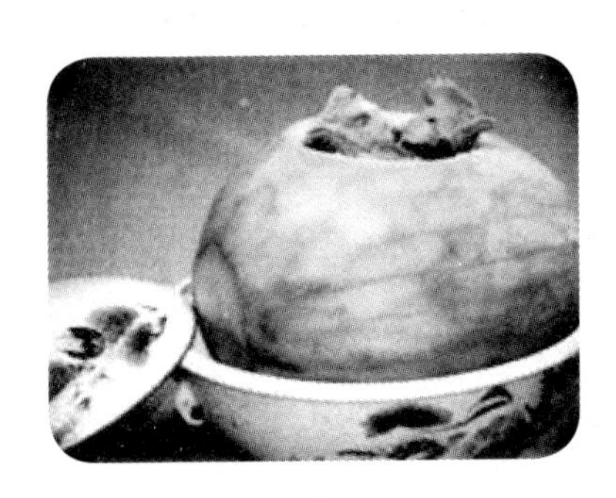

所谓“一卵孵双凤”，是以西瓜作为“大卵”，内藏（“孵”）两雏鸡谓之双凤，寓意典雅，夏令时宜。

【古菜今做】

原料：西瓜1个（重3500～4000克），雏鸡2只（共重1000克左右），冬菇、盐笋、口蘑各25克，干贝50克，精盐2.5克，绍酒3克。

做法：

——西瓜用清水洗净，洁布揩干，切去上盖（留用），将瓜体表面刮去1/4的瓜皮，挖出3/4的瓜瓤。

——雏鸡宰杀治净，用刀背砸断大骨和腿骨并剔除，剁去嘴、爪，盘好放入瓜壳内。将干贝加酒蒸酥，也放入瓜内。

——将冬菇、盐笋、口蘑切成薄片，放入瓜内，加入调好的精盐和绍酒，盖上瓜盖，并用竹签别上，放在大瓷盆中，上笼蒸约50分钟，至瓜酥烂取出。把西瓜轻轻放在银汤盘中，再将蒸过的原汤倒在汤盘内即成。

工艺关键：

——雏鸡必须选用培育2个月左右的仔母鸡。将鸡宰杀后，先入开水锅中略焯，再用清水洗净，去除血水污物。

——西瓜要圆而大。

——要掌握好火候，不可蒸得过烂。也可以先将其他配料煮熟，再倒入西瓜内，这样只需蒸30分钟即可。

一〇二、孔府接待皇帝、达官贵人及文人的“八仙过海闹罗汉”

【名菜典故】

“八仙过海闹罗汉”是孔府喜庆寿宴时的第一道名菜。从汉初到清末，历代许多皇帝都亲临曲阜孔府祭祀孔子，其中乾隆皇帝就去过7次。至于达官贵人、文人雅士前往孔府拜祭者更为众多，因而孔府设宴招待十分频繁，“孔宴”闻名四海。“八仙过海闹罗汉”选料齐全，制作精细，口味丰富，盛器别致，取用鱼翅、海参、鲍鱼、鱼骨（明骨）、鱼肚、虾、鸡、芦笋、火腿等为主要原料，其中以鸡作为“罗汉”，其余八种料为“八仙”，故名为“八仙过海闹罗汉”。此菜一上席随即开锣唱戏，宾客们一面品尝美味，一面听戏，十分热闹。

【古菜今做】

主料：鸡胸脯肉300克，鱼翅（干）50克，海参（水浸）50克，鲍鱼干50克，鱼肚50克，青虾100克，火腿100克，白鱼 250克。

辅料：芦笋50克，生菜50克。

调料：黄酒50克，盐5克，姜5克，味精3克，猪油（炼制）30克。

做法：

——取鸡脯肉150克斩成鸡泥，将其中一部分镶在碗底上，做成罗汉钱状，其余鸡脯肉切成长条。

——将白鱼宰杀治净，片取净肉250克，切成条，用刀划开夹入鱼骨。

——将活青虾做成虾环。

——将水发鱼翅与剩下的鸡泥做成菊花形。

——将水发海参做成蝴蝶形。

——将鲍鱼切成片。

——将鱼肚切成片。

——芦笋发好后选取8根。

——将上述食物用精盐、味精、黄酒调好口味，上笼蒸熟取出，分别放入瓷罐，分八方摆在容器中。

——中间放罗汉鸡，上面撒火腿片、姜片及氽好的生菜叶。

——将烧开的鸡汤和少许熟猪油浇上即成。

一〇三、源于上古的清宫名菜——“脆皮烤乳猪”

【名菜典故】

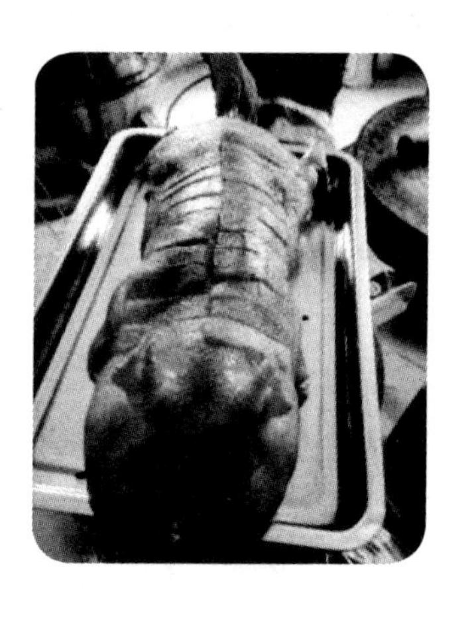

传说上古时有个猎猪能手，平时以猎取野猪为生。他的妻子为他生了个儿子，取名火帝。儿子稍长大后，父母每日上山猎猪，他在家饲养仔猪。有一天，火帝偶然拾得几块火石，便在圈猪的茅棚附近敲打玩耍，忽然火花四溅，茅棚着火，引起一场大火。火帝到底是个不知事的孩子，平时也没有见过什么好玩的，见茅棚起火，不但一点儿也不担心害怕，反而感到很开心。他惊奇地听柴草的噼啪声和仔猪的嚎叫声音，待那些猪叫声停止了，这场由火帝引起的火灾也自行熄灭了。在被烧过的废墟中，一股从未闻过的香味飘散开来，是什么东西这么香？火帝捡开杂物，循味探寻。他找来找去，惊奇地发现，这诱人的香味发自已被烤熟的仔猪。那诱人的色泽，馋人的香气，早已令火帝垂涎三尺。他情不自禁地用手去提猪腿，却被猪皮表面吱吱作响的油猛烫一下，忙用舌头去舔被烫疼的指头，却意外地尝到了香美的滋味。

火帝的父母狩猎回来，见猪棚化为灰烬，仔猪全被烧死，正要向火帝问个究竟时，只见火帝向父亲呈献上一道美味菜肴——一只烧烤得焦红油亮、异香扑鼻的乳猪。父亲不但没有责备儿子，反而高兴得跳了起来，儿子发明了吃猪肉的新方法！传说，人类最早得知动物烧熟更加美味可口便是从此时开始的。

经代代相传，烤乳猪的方法早已逐步改进，且烹饪技法十分精细，使这道佳肴成为驰名世界的中国名菜之一。

这个传说，源于18世纪英国大学者查理·兰姆《谈谈烧猪》一文。南北朝时，贾思勰已把烤乳猪作为一项重要的烹饪技术成果记载在《齐民要术》中。

清朝康熙年间，烤乳猪是宫廷名菜，也是“满汉全席”中的一道主要菜肴。随着“满汉全席”的盛行，烤乳猪曾传遍大江南北。如今在广州，烤乳猪在餐饮业中久盛不衰，深受食客青睐。

【古菜今做】

原料：小乳猪1只（3000克），精盐200克，白糖100克，八角粉5克，五香粉10克，南乳25克，芝麻酱25克，白糖50克，蒜5克，生粉25克，汾酒7克，糖水适量。

做法：

——将净光乳猪从内腔劈开，使猪身呈平板状，然后斩断第三、第四条肋骨，取出这个部位的全部排骨和两边扇骨，挖出猪脑，在两旁牙关各斩一刀。

——取125克香料匀涂猪内腔，腌30分钟即用铁钩挂起，滴干水分后取下，将除香料及糖水外的全部调料拌和，匀抹内腔，腌20分钟后叉上，用沸水遍淋猪身使皮绷紧、肉变硬。

——将烫好的猪体头朝上放，用排笔扫刷糖水，用木条在内腔撑起猪身，前后腿也各用一条木条横撑开，扎好猪手。

——点燃炭火，拨作前后两堆，将猪头和臀部烤成嫣红色后，用针扎眼排气，然后将猪身遍刷植物油，将炉炭拨成长条形通烤猪身，同时转动叉位使火候均匀，至猪通身呈大红色即可。上席时一般用红绸盖之，厨师当众揭开片皮。

一〇四、乾隆与刘墉微服私访到诸暨称赞的“西施豆腐”

【名菜典故】

西施豆腐为浙江诸暨的传统风味名菜，无论是起屋造宅、逢年过节，还是婚嫁、寿诞、喜庆、丧宴，每每成为席上头道菜肴。相传，乾隆皇帝游江

南时，与宠臣刘墉一起微服私访来到诸暨，两人尽心游玩，信步来到苎萝山脚一小村，只见农舍已炊烟袅袅，方觉肚中饥饿。两人便在一农家用餐，享用西施豆腐后，不禁击桌连声称妙，闻其菜名，脱口而赞："好一个西施豆腐！"

西施豆腐雪白细嫩，配料讲究，加清汤而烩，汤宽汁厚、滑润鲜嫩、色泽艳丽。西施豆腐是一种羹汤，以豆腐为主要原料制作，在诸暨一带比较流行，而且历史悠久。诸暨是西施的故乡，因此人们在这道美食前冠以西施的名字，当地人也称其为荤豆腐。

【古菜今做】

做法一

取质量上乘的豆腐适量，切成小块或丁粒。豆腐以清水煮开，去原水以除豆腥，再加鸡汤适量，同时将香菇、火腿、嫩笋、虾米等配料切成丁，放入锅中一起煮沸后，再加适当调料并勾芡，最后佐以蛋黄汁和青葱即成。制作西施豆腐，原料质量是关键，其次是勾芡，太稀成汤，太稠则会失去其独特的味道。

做法二

主料：白玉盒豆腐

辅料：火腿末，虾仁，肉末，青豆，枸杞，草菇米，鸡蛋，姜末，葱花，高汤。

调料：盐，鸡精，胡椒粉，色拉油，水淀粉。

做法：

——将白玉豆腐切成小方丁备用，虾仁加盐、料酒、鸡蛋上浆。

——坐锅点火倒少许油，油热后倒入姜末略炒一下，倒入肉末炒熟，倒适量高汤烧开，放入草菇米、火腿末，加盐、鸡精、胡椒粉调味，用水淀粉勾芡后放入腌制好的虾仁、青豆、豆腐、枸杞，煮熟后撒上葱花即可出锅。

第二章

美女与美食

美女美食，自古相连。美女做美食，美女品美食，美食中有美女故事，美食因美女而成名。

美食因为美女而更显其美，美女因为其美可谓秀色可餐。

收录入本章中的美食，有的或同时与帝王将相有关，本章只注明，则不再重复。

一〇五、西施投海后长出的贝类“西施舌”

【名菜典故】

公元前494年，吴王夫差再夫椒（今江苏省吴县西南）击败越国，越王勾践退守会稽山（今浙江省绍兴南），受吴军围攻，被迫向吴国求和，勾践入吴为人质。

勾践获得释放后，针对吴王淫而好色的弱点，与范蠡设计，“得诸暨罗山卖薪女西施、郑旦”，准备送于吴王。在国难当头之际，西施忍辱负重，以身许国，与郑旦一起被越王勾践献给吴王夫差，成为吴王最宠爱的妃子，把吴王迷惑得众叛亲离，无心于国事，为勾践的东山再起起了掩护作用。

吴王终被勾践所灭，扑朔迷离的是西施的下落。一种说法是越国被灭之后，西施随范蠡驾扁舟，泛舟五湖，远离尘世，不知所终，留给后人一个美丽的爱情故事。另一种说法是，勾践灭吴后，勾践的夫人害怕勾践迷上西施，于是命人将石头绑在西施的身上，将其投入海中。

传说西施被投入海中的第二天早上，渔民出海打鱼，发现了一种“似蛏而小，似蛤而长”的贝类。西施罹难之前海里没有这种像人舌的贝类，所以大家都说它是西施化成的，称其为“西施舌”。它肉质软嫩，无论氽、炒、拌、炖，其鲜美的味道都令人难忘。沿海一带的居民将其小炒，于是一道美味绝伦的“小炒西施舌”就诞生了。

清朝著名诗人张焘是西施舌的追捧者，他在《津门杂记》中录诗一首咏西施舌：

灯火楼台一望开，放杯那惜倒金田。
朝来饱啖西施舌，不负津门鼓棹来。

【古菜今做】

主料：净西施舌500克。

辅料：净冬笋15克，芥菜叶柄20克，水发香菇15克，葱白10克。

调料：白酱油15克，白糖5克，绍酒10克，味精5克，湿淀粉10克，鸡汤50克，芝麻油5克，熟猪油40克。

做法：

——将西施舌肉用刀尖片成连接的两片，去沙，洗净，芥菜叶柄洗净，切成边长0.6厘米的菱角形片；每个香菇切成3片；冬笋切成0.6厘米长、0.4厘米宽的薄片；葱白切为马蹄片。将味精、白酱油、绍酒、鸡汤、湿淀粉拌匀，调成卤汁。

——将西施舌肉放入六成热的水锅中氽一下，捞起沥干。起旺火，炒锅内放25克熟猪油烧热，放入冬笋片、葱片、芥菜片，点炒几下，装进盘中垫底。

——调中火，下熟猪油15克烧热，倒入卤汁烧制浓稠，放进氽好的西施舌肉，颠炒几下，迅速起锅装在冬笋等料上，淋上少许芝麻油即成。

工艺关键：贝类在烹饪前最好用盐水浸泡，让它吐净体内的泥沙。

【营养功效】

西施舌是蛤蜊的一个品种，其肉质鲜美无比，被称为“天下第一鲜”“百味之冠”，江苏民间还有“吃了蛤蜊肉，百味都失灵”之说。其营养特点是含有高蛋白、高微量元素、高钙，低脂。中医还认为，蛤蜊肉有滋阴明目、软坚、化痰之功效。

一〇六、昭君挥泪别离时桃花成鱼做成的“鸡汤桃花鱼”

【名菜典故】

传说，汉代美人王昭君出塞前，曾回乡探望父老乡亲。离别时正是桃花盛开的时节，花瓣纷纷落于昭君头上，父老乡亲含泪相送。昭君挥泪弹起琵琶，撒落在河里的桃花顿时变成了美丽的桃花鱼。此后，每逢桃花盛开时，桃花鱼也就出现了。后来，人们便用这桃花鱼做出了美味的鸡汤桃花鱼。

【古菜今做】

原料：鸡脯肉100克，黄钻鱼肉100克，桃花鱼150克，鸡汤500克，豌豆苗适量，熟猪油10克，鸡蛋4个，葱、姜汁、料酒、精盐、淀粉各适量。

做法：

——将桃花鱼宰杀洗净，用葱、姜汁、料酒、精盐腌渍片刻。

——将鸡脯肉和黄钻鱼肉剔去皮、筋，合剁成蓉，分别装在两个碗里并都用葱、姜汁、味精、淀粉搅匀，再在这两个碗中分别放入蛋清、蛋黄，搅成白、黄两色泥糊。

——炒锅置旺火上，下鸡汤烧热，将两色泥糊分别挤在展开的桃花鱼上，边挤边往汤里放鱼，鸡汤要加点清水，一直保持小开状态。等桃花鱼漂浮在汤面上时，下入豌豆苗，淋入熟猪油即成。

一〇七、昭君初嫁北方时最喜爱吃的“昭君皮子”

【名菜典故】

传说，昭君初嫁北方时，从富饶的鱼米之乡到荒凉的塞外，犹如桃花鱼到了陆地，水土不服，吃不惯当地的食品，常常饿肚子。单于十分着急，命厨师一定要烹制出昭君爱吃的食品来。于是就有了这道至今流传的昭君美食。

厨师将面团放在清水中，将面筋分离出来，只余淀粉，又把呈糊状的淀粉摊在镔铁盘子里刷热，使淀粉变成油黄发亮的薄片，再切成条状，拌上酸辣可口的调料，制成点心。结果这道点心极受王昭君的喜爱，后来人们便称其为“昭君皮子”。王安石《明妃曲》云：“汉恩自浅胡恩深，人生乐在相知心。”

【古菜今做】

主料：面粉适量。

辅料：黄瓜丝适量。

调料：酱油、香醋、蒜汁、盐、芝麻油、香菜、辣椒油各适量，碱少许。

做法：

——将面粉用凉水和成硬面团，然后再在清水中揉搓，这样可以使面粉中的蛋白质和淀粉分离。分离出来的蛋白质俗称“面筋”，将面筋蒸熟，切成薄片待用。

——洗出的淀粉溶于水中，待其沉淀在盆底后，把上面的清水倒掉，加入少许碱，调成稀糊，舀入平底盆中，上笼蒸几分钟即熟。

——吃时，只需将做好的一张张酿皮子切成条状，配上面筋，加入适量酱油、香醋、蒜汁、盐、芝麻油、香菜、黄瓜丝、辣椒油调拌即可。

【营养功效】

凉皮以浸泡发酵的工艺制作。研究结果表明，随着发酵的进行，面粉中总糖和游离脂肪酸含量呈上升趋势，而蛋白质、脂肪和灰分的含量明显减少，对减肥有一定效果。这道菜色泽晶莹黄亮，半透明如玉，青黄红白交织，色彩鲜亮诱人。入口细腻润滑，酸辣筋道，柔嫩可口，是一种大众化的清凉面食，至今仍是绝好的风味小吃。

一〇八、昭君初嫁北方时厨师专做的“昭君鸭”

【名菜典故】

昭君初到北方，为满足其口味，厨师还想出另一个方法：将粉条和油面筋泡在一起，用鸭汤煮，由此又诞生了一道美食，很合昭君胃口。于是，后来的人们便用粉条、面筋与肥鸭烹调成汤菜，称之为“昭君鸭”，一直流传至今。

【古菜今做】

主料：净鸭1只（约1000克）。

辅料：面筋100克，粉条30克。

调料：葱5克，姜10克，盐8克，料酒10克，鸡精5克，清汤750克。

做法：

——将鸭子去除内脏洗净，割去鸭臊，斩去脚，剖开背脊，去脊骨，敲断鸭颈骨，下开水锅中焯一下捞起，洗净血秽。然后将其头颈甩向背部，嵌入肚中，腹朝下装在碗内，放入葱、姜、盐、料酒和适量的水，上笼蒸烂待用。

——将锅放于炉上，放入清汤和鸭肉原汤，加入盐、鸡精，烧沸后撇去浮沫，把面筋和鸭子下锅，用小火煮熟，将粉条放入鸭锅内，稍煮片刻，即可上桌。

【营养功效】

鸭肉中的脂肪含量适中，约为7.5%，比鸡肉高，比猪肉低，并比较均匀地分布于全身组织中，所以口感颇佳。鸭肉鲜嫩酥软，鸭汤汁白香浓。

一〇九、王允害董卓做成的“貂蝉汤圆”

【名菜典故】

传说貂蝉降生于人世后，三年间当地的桃花杏花刚开即凋；貂蝉午夜拜月，连月里的嫦娥都自愧不如，匆匆隐入云中。因此貂蝉被列入中国古代四大美女。

东汉末年董卓专权，擅自废立皇帝，搞得民不聊生，世人怨声载道。司徒王允收貂蝉为义女，利用貂蝉施“连环计”，先将貂蝉许配给吕布，然后又送给董卓做妾，离间吕布与董卓之间的关系，终于利用吕布除掉了董卓。

吕布是如何除掉董卓的呢？有一传说是说王允请人在给董卓吃的普通汤圆中加了生姜和辣椒。董卓吃了这种洁白诱人、麻辣爽口、醇香宜人的汤圆后，头脑发胀，大汗淋漓，不觉自醉，被吕布乘隙杀了。

因为是由貂蝉陪着董卓吃下的汤圆，所以这种汤圆被称为“貂蝉汤圆”。

一一〇、讥讽董卓的“貂蝉豆腐”

【名菜典故】

传说过去周口店神庙街，有一位名叫邢文明的渔民，以捕捞鱼虾为生。他在捕鱼的时候，常常捕到一些泥鳅，较大的泥鳅被卖掉，剩下小的无人问津，他只好带回家里自己烹食。有一次，他为了换换口味，索性把小泥鳅放在水盆里吐净了泥后直接入锅，并与从街上买回豆腐和葱、姜等一起煮。

待煮好后揭盖看时，发现小泥鳅都钻进豆腐中去了，只是尾巴留于外，十分别致有趣，此法很快便在当地民间传开。这道菜名为“泥鳅钻豆腐”，又名“貂蝉豆腐”，将泥鳅比作奸猾的董卓，在热汤中急得无处藏身，钻入豆腐中，结果还是逃脱不了被烹煮的命运。好似王允献貂蝉，巧施美人计一样。

貂蝉豆腐是民间的传统风味菜，具有浓郁的乡土气息，许多地方都有，以河南周口地区民间制作的最为出名。

【古菜今做】

主料：泥鳅150克。

配料：豆腐1盒。

调料：蚝油25克，酱油25克，白糖6克，胡椒粉2克，葱花5克，生姜末5克，香菜25克，黄酒20克，精制植物油300克，湿淀粉10克，鲜汤250克。

做法：

——先将豆腐切为方丁，放入沸水锅中，熄火浸3分钟备用。

——泥鳅宰杀后剪去头、尾，剖腹去肠，用沸水冲一下，再用丝瓜巾或布抹去鱼身黏液，洗净，放入碗中，加黄酒5克、酱油拌一拌待用。起油锅烧至七成热，将泥鳅投入油锅，炸成金黄色，倒入漏勺沥油。

——原锅留少许油，下葱花、生姜末煸香，放入豆腐、泥鳅，再放入剩下的黄酒，加鲜汤，滚烧至豆腐起孔，放入蚝油、白糖、酱油、味精烧滚，淋湿淀粉勾薄芡，盛入放好香菜的热煲中，撒上胡椒粉，盖上煲盖即成。

【名菜特色】

此菜味道鲜美，汤汁醇香，泥鳅、豆腐、汤汁均鲜香味美，令人垂涎。

【营养功效】

泥鳅性味甘平，入脾、肝、肾三经，具有补中益气、强精补血的功效，并含有不饱和脂肪酸，有益于人体。

一一一、唐玄宗为讨杨玉环欢心所做的“贵妃鸡”

【名菜典故】

传说，一日，唐玄宗约杨贵妃到百花亭赏花饮酒，到了约定的时间，玄宗仍然没有来。原本满心欢喜的杨贵妃便开始闷闷不乐，独自饮酒，不觉沉醉。待玄宗来到百花亭时，已是皓月当空，杨玉环急忙起身迎驾。玄宗要继续饮酒赏月，命贵妃起舞助兴。此时的贵妃面似桃花，带着朦胧的醉意，在明镜似的月光下翩翩起舞，妩媚动人，无与伦比，这就是流传了千百年的“贵妃醉酒”。

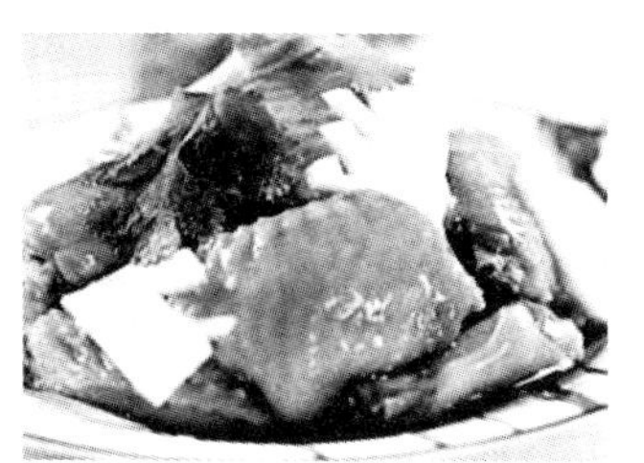

唐明皇与杨玉环都有了醉意，杨美人借机撒起娇来，醉眼迷离地说：“我要飞上天！”这一说不打紧，疼爱美人的玄宗忙命御膳房烹制“飞上天”这道菜。

这可难为了御膳房的厨子们：从来就没有听说过“飞上天”这道菜是什么样，何谈做呢？但要做不来，可是有杀头之罪的。情急之下，有位苏州籍的厨子想到鸡翅含有飞翔之意，且肉较嫩，建议拿它来做。

众厨子忙找来几只童子鸡，斩下翅膀，与香菇、青菜、嫩笋焖烧，再配以青椒，加足调料，待鸡烧好，整个厨房早已香味四溢。宫人将菜端到贵妃面前，这位美人顿时被香浓色亮的烧鸡翅唤起了食欲，尝后连声赞叹，问及菜名，答是“飞上天”。谁知杨贵妃吃了一次还想着下一次，每次进餐都点这道菜，厨子们干脆就叫它“贵妃鸡”了。

【古菜今做】

主料：鸡翅膀10只，猪筒子骨200克。

辅料：水发香菇20克，鲜冬笋20克，京葱20克。

调料：姜5克，绍酒20克，红葡萄酒20克，酱油115克，白糖5克，鸡清汤450克，熟猪油30克。

做法：

——将鸡翅洗净后，用绍酒、酱油各少许拌匀，放在六七成热的油锅内炸至外皮金黄，倒入漏勺内沥油。

——原锅放熟猪油烧热，放入京葱、姜块煸香，加入猪筒子骨，煸至变色，将鸡翅膀倒入，放入绍酒、酱油、白糖及鸡清汤，烧滚，移至文火上焖烧20分钟。

——待鸡翅酥熟，改用旺火，将水发香菇和切成厚片的笋一起下锅，沸煮到汤汁稠浓，捞出猪筒子骨和姜块，烹入红葡萄酒，倒入盖碗内即成。

【名菜特色】

鸡翅膀中含有丰富的骨胶原蛋白，具有强化血管、肌肉、肌腱的功能。另外，鸡翅膀本身还含有大量胶原蛋白，对美容有益。鸡翅肉本身嫩滑无比，由于加入了红葡萄酒，便又沾染了些许异国风味，更是清香四溢。

一一二、贵妃封妃前在道观喜爱的干香豆腐

【名菜典故】

杨贵妃在封为贵妃前曾在道观内修行，号为太真。道观内的素食干炒豆腐最为杨贵妃喜爱，被封为贵妃后也常吃，后来干炒豆腐就被称为贵妃豆腐，也被叫作干香豆腐。

【古菜今做】

主料：豆腐500克。

调料：大葱15克，色拉油15克，盐2克，味精1克。

做法：

——豆腐用清水洗净沥水，用纱布挤成碎末；葱切成碎末。

——在炒锅内放入色拉油烧热，放入豆腐翻炒，炒至豆腐无生味时，放入精盐、味精，待豆腐表皮变成黄色，并鼓起小颗粒时，放入葱末，翻炒均匀即可。

一一三、治好宋光宗赵惇宠爱的黄贵妃病的冰糖葫芦

【名菜典故】

传说南宋绍熙年间，宋光宗赵惇最宠爱的黄贵妃病了。她面黄肌瘦，不思饮食。御医用了许多贵重药品，皆不见什么效果。皇帝见爱妃日益憔悴，也整日愁眉不展，最后无奈只好张榜求医。一位江湖郎中揭榜进宫，为黄贵妃诊脉后说："只要用冰糖与红果（即山楂）煎熬，每顿饭前吃五至十枚，不出半月病准见好。"开始大家还将信将疑，好在这种吃法合贵妃口味，贵妃按此办法服后，如期病愈了。皇帝自然大喜，展开了愁眉。

后来这种做法传到民间，老百姓又把它串起来卖，就成了冰糖葫芦。

一一四、唐琬面对陆游母亲的为难做出的"三不粘"

【名菜典故】

唐琬是我国历史上著名的才女，是南宋著名诗人陆游的表妹，自幼聪慧，并与陆游喜结良缘，琴瑟甚和。

传说陆游母亲六十大寿这天，陆家宾客盈门，摆了九桌席，十分热闹。陆母想为难唐琬，叫她在客人面前出丑，于是在吃饭时忽然当众提出，今天想吃一道菜：说蛋也有蛋，说面也有面，吃不出蛋，咬不着面；是火烧，用油炸；看着焦黄，入口松软；瞧着有盐，尝尝怪甜；不粘勺子不粘盘；不用咬就能咽。真够刁难儿媳的！唐琬该怎么办呢？

唐琬心里明白，婆婆又在为难她。她二话没说，走进厨房，在面盆里打了几个鸡蛋，再将鸡蛋黄加入淀粉、白糖、清水，用筷子搅匀，过细箩。炒锅中放入熟猪油，置于中火上烧热，倒入调好的蛋黄液，迅速搅动。待蛋黄

液成糊状时，一边往锅中徐徐加入熟猪油，一边用勺子不停地搅拌，蛋黄糕变得柔软有劲，色泽黄亮，不粘炒锅，一会儿工夫就做好了！

唐琬将热腾腾、香喷喷的食物盛在一个盆子里，撒上点细盐，恭恭敬敬地送上餐桌。客人们一看，符合要求；一尝，口感酥软，甜咸适宜。这道菜一不粘盘，二不粘勺，三不粘牙，清爽利口，因此大家给它起名“三不粘”。“三不粘”很快流传开来，成为传统名食。

【古菜今做】

主料：鸡蛋黄150克。

辅料：白糖100克，化猪油150克，绿豆粉50克，桂花10克。

调料：香油适量。

做法：

——把鸡蛋黄放入碗中，加入白糖，然后用清水把绿豆粉泡湿成粉汁，和桂花一起倒入鸡蛋黄碗中，搅均匀待用。

——将炒锅刷洗干净置于火上，放入猪油化开，待烧至四成热时，把调好的蛋黄淀粉浆倒入，边炒边用勺不停地搅拌，并不断地朝锅旁淋猪油，以防止粘锅。如此不停地炒10来分钟，视蛋黄淀粉浆由稀变稠，猪油与蛋黄融为一体时，淋入香油（此时已不粘锅，不粘勺子），出锅入盘即成。

【名菜特色】

蛋黄中含的钙、磷、铁均比蛋清要多，而绿豆营养丰富，是夏日解暑佳品。这道“三不粘”因其色之美、质之纯、味之美，而成为餐饮妙品。

一一五、梁红玉开发的“蒲儿菜”

【名菜典故】

蒲儿菜又有“抗金菜”的美名，它与抗金名将、民族英雄韩世忠和梁红玉夫妇有关。传说南宋建炎五年（1131），金兀术率数十万大军南下，意欲一举摧垮南宋政权，一统中国。金兵十万兵临淮安城下，此时南宋名将韩世忠和夫人梁红玉正屯兵驻守镇江（京口）。这里正是两国争夺的重要地域。为了有效地遏制金兵攻势，梁红玉夫人亲临淮安，率领水陆精兵抗击金兀术。一连几场恶战，宋兵斗志旺盛，金兀术损兵折将。一天深夜，

金兀术急调数万金兵将淮安县城围了个水泄不通，发誓非要活捉梁红玉不可。好一个抗金女英雄梁红玉，她身披战袍，屹立城楼，鼓动全体将士誓与淮安共存亡。她的表率作用极大地鼓舞了宋军士气，淮安城里父老乡亲全力支援，有人的出人，有粮的出粮，军民同心同德，将金兵攻势一次又一次瓦解了。

随着围城日子一久，淮安城里的粮食已所剩无几。梁红玉知道朝廷调拨的军粮是远水不解近忧，只有发动军民想办法解决。这时，淮安老百姓又送来一些饭菜，为首的老人说："只要我们还有一口粮，就不能让将士们挨饿！"梁红玉说："感谢父老盛情。只要有我梁红玉在，金兀术别想进得了淮安。但是城内口粮总有吃光之日，我们必须另想办法才是上策。"老人说："可以到柴蒲荡里挖蒲草根吃，过去饥荒年景，吃那东西还是能抵一阵子的。"梁红玉立即吩咐一部分军士跟随老人去挖蒲根，回来经过加工后，分给将士们吃。有了食物就有了体力，将士们对打败金兵也更有信心了。就这样一连几个月地坚守城池，南宋军民靠吃蒲根终于击破了金兵攻陷淮安城的计划。在金兵死伤无数的不利形势之下，金兀术决定退兵了。

淮安军民为取得了重大的军事胜利而欢呼，韩世忠元帅也奉皇上之命前来淮安慰问褒奖得胜军民。韩元帅问："你们是如何应付无粮困难的？"有人回答："我们是吃抗金菜、牙根粮坚持下来的。"韩世忠不解地问："什么是抗金菜、牙根粮？"梁红玉夫人笑道："抗金菜就是蒲根上取下的蒲儿菜，牙根粮就是父老乡亲们从牙缝里省下来的一点儿粮食。"韩元帅感慨地说："淮安军民真是好样的。只是这蒲儿菜到底如何？"梁红玉夫人笑道："快让人送上一些给元帅品尝品尝……"话音未落，就有乡亲献上一盘煮熟的蒲儿菜，韩世忠尝了尝，连说："好吃，好吃。"

从那时候起，蒲儿菜就成了淮安百姓公认的美食，只是在制作工艺上日臻精细，并且可以烹制成多种色味俱佳的风味菜。

【古菜今做】

原料：净蒲菜1000克，鸡清汤1250克，水发虾米50克，精盐20克，味精0.5克，姜片10克，熟猪油100克，葱段10克，水淀粉10克。

做法：

——把蒲菜清洗干净，切成10厘米长的段。锅里倒入鸡清汤750克，以大火烧开，放入蒲菜段烫至六成热时，取出用清水洗净。

——把锅放旺火上烧热，放入熟猪油，烧到六成热时，加入蒲菜略煸，倒入鸡清汤250克、精盐、味精，烧到熟软时起锅。

——将葱段、姜片放入扣碗里，将虾米、蒲菜整齐地摆在碗中，舀入鸡清汤250克，上笼蒸8分钟取出，再把汤汁滗入锅里。蒲菜扣入盘中，去掉葱姜。

——把锅里的原汤烧开，用水淀粉勾芡，浇在蒲菜上即成。

一一六、梁红玉传令制作的点心

【名菜典故】

“点心”一词由来已久。传说南宋梁红玉击鼓退金兵之时，见到战士们日夜血战沙场，英勇杀敌，屡建战功，甚为感动，随即传令让人烘制民间喜爱的美味糕饼，派人送往前线，慰劳将士，以表“点点心意”。自此之后，“点心”一词便传开了。

其实，“点心”一词的出现比这个民间传说要早得多。例如，宋人吴曾撰的《能改斋漫录》中有如下一段描述：“世俗例以早晨小食为点心，自唐时已有此语。按，唐郑傪为江淮留后，家人备夫人晨馔，夫人顾其弟曰：‘治妆未毕，我未及餐，尔且可点心。’”吴曾与梁红玉系同一时代的人，而其书成于南宋高宗绍兴二十四年（1154）至二十七年（1157）间，所载唐郑傪一事有根有据，应当足信。这样，“点心”一词的出现，就比民间传说的要早200多年。

一一七、董小宛研制的“虎皮肉”

【名菜典故】

董小宛是明末清初人，“秦淮八艳”之一，初居金陵（今江苏南京），后迁居苏州。她天资巧慧，容貌娟妍，能歌善舞，亦工诗画，在青楼妓院的人海之中，撞上了“复社”的名士——冒辟疆公子，董小宛的苦难人生便彻底转变了。

明亡后小宛随冒家逃难，此后与冒辟疆同甘共苦直至去世。冒辟疆家是如皋城里的文化世家、名门望族，冒辟疆本人也一表人才，风流倜傥。董小宛从良之后，从妓女摇身一变成了“冒夫人”。

传说，董小宛厨艺了得，更是醉心于研究食谱，就像清朝大才子袁枚一样，把解馋的经验编纂成一部香满天下的《随园食单》。小宛可是有心人，既总结理论，也玩真格的，听说哪儿有新鲜风味，必定跑去讨教。现在人们常吃的“虎皮肉”，又叫“走油肉”，传说就出自她之手，因此这道菜还有一个鲜为人知的名字叫“董肉”。

【古菜今做】

原料：带皮五花猪肉1千克，腌雪里蕻梗50克。植物油1千克（实耗约100克），料酒20克，白糖150克，盐50克，酱油20克，葱20克，姜20克，大料2枚。

做法：

——将肉在火上烤黄，放在温水中泡软，刮去黄焦皮及脏物，擦干。而后在皮上划成虎纹花刀，再以清水洗净待用。

——把姜拍疏，葱切3厘米长段。把腌雪里蕻梗除去根梢，切成2厘米长段以后，用凉水洗净，稍干后用油炸焦待用。

——在锅里放些清水，旺火烧开后，加入酱油、料酒、大料、白糖、葱、姜、盐，再放肉（皮朝上）。待汤烧开以后，撇去浮沫，文火煨至三四成熟时，把肉翻过去再继续煨，当肉煨到八九成熟时，捞出来把肉皮朝下，放在碗内，把汤汁倒在肉上，再加上待用的雪里蕻梗，上屉用旺火再蒸15～20分钟。而后将肉皮朝上扣入盘里，把汤汁浇入锅中煮浓后，浇在肉上即成。

【名菜特色】

油亮光滑，纹似虎皮，软烂醇香，煳中渗甜。

一一八、董小宛亲手做的灌香“董糖”

【名菜典故】

董小宛善于制作糖点。据清道光庚寅年《崇川咫闻录》载：“董糖，冒巢民妾董小宛所造。未归巢民时，以此糖自秦淮寄巢民，故至今号秦邮董糖。”这种酥糖外黄内酥，甜而不腻，人们称为“董糖”。现在的扬州名点灌香董糖（也叫寸金董糖）、卷酥董糖（也叫芝麻酥糖）和如皋水明楼牌董糖，都是名扬海内外的土特产。

冒辟疆和董小宛夫妻恩爱，可惜好景不长，冒辟疆接连得了两场大病。第一次胃病下血，水米不进，吓得董小宛在酷暑中熬药煎汤，衣不解带地服侍了他整整两个月。第二次背上生疽，痛不能卧，小宛就一宿一宿地抱着丈夫，让他靠着自己入睡。一百天下来，董小宛“人比黄花瘦”，几乎都脱相了。然而，这个贤惠的女子始终优雅地微笑着，一句抱怨的话也不说，难怪冒辟疆满足地说：“我一生的清福都在和小宛共处的9年中享尽了。”

顺治八年（1651）正月初二，在冒辟疆痛彻心扉的哀哭声中，小宛先走了一步，年仅28岁。她离开这个世界之前，紧紧地攥住丈夫的手，一往情深，心满意足……

一一九、董小宛《奁艳》中用诗写成的菜谱“菊花脆鳝”

【名菜典故】

董小宛曾写过一本著作，把古籍中事涉闺阁处的细节收集成册，将古代女子的服饰打扮及生活情景详细记录，名为《奁艳》。书中有不少用诗写成的菜谱，当时任礼部侍郎的钱谦益，就将“董菜”誉为“诗菜”，并赞曰：“珍肴品味千碗诀，巧夺天工万种情。”董小宛的“菜谱”亦是“诗诀”。比如：“雨韭盘烹蛤，霜葵釜割鳝。生憎黄鲞贱，溺后白虾鲜。”释义就是烹饪的选料要考究，若是“烹蛤”就应选择雨后的韭菜为辅，“釜鳝”则必须要挑取被霜雪打过的葵叶，黄鲞以小暑前打捞的为最佳，白虾要选清明后的才鲜美。又如：“余子秦淮收女徒，杜生步入也效尤。白君又把尤来效，不道今日总下锅。”这分明是“鱼（余）肚（杜）白鸡”的制作要领。

“诗菜”上了桌，也有诗。如“菊花脆鳝”中的鳝丝亮丽溢黄，她说是“翠菊依依醉寥廓”，而“鸡火鱼糊”中的层层汤波，被喻为“春水一江闹秦淮”。

【古菜今做】

主料：活鳝1500克。

辅料：菊花5朵。

调料：姜丝30克，绍酒60克，盐150克，酱油40克，白糖100克，葱末25克，姜末25克，豆油150克，麻油25克。

做法：

——锅内加2500克清水，加盐烧沸，放入活鳝随即盖上锅盖，煮至鳝嘴张开，捞起放入清水漂净。将鳝去除内脏，去骨取鳝肉，洗净，沥去水。

——锅置旺火上烧热，加入豆油，烧至油温约200℃时，放入鳝肉，炸约3分钟捞出，待油温复升至200℃时，复放鳝肉，炸约4分钟，再用小火炸脆。

另取炒锅置旺火上烧热，舀入豆油，加葱、姜末煸香，加绍酒、酱油、白糖烧沸成卤汁，即捞起炸脆的鳝肉，放入卤汁内颠翻，淋麻油出锅装入盘内，摆成宝塔形，用姜丝、菊花做点缀即成。

工艺关键：

——掌握鳝鱼的泡烫时间，以免肉烂。

——第一次炸鳝时，要逐条放入，以免互相粘连。掌握好炸制油温和时间，使制品脆而不粘。

【名菜特色】

此菜形态美观，鳝肉松脆香酥，卤汁甜中带咸。

【营养功效】

鳝鱼富含的DHA和卵磷脂是构成人体各器官组织细胞膜的主要成分，而且是脑细胞不可缺少的营养；它特含降低血糖和调节血糖的“鳝鱼素”，且所含脂肪极少，是糖尿病患者的理想食品；鳝鱼还含丰富的维生素A，能增进视力，促进皮膜的新陈代谢。

一二〇、明末清初江南名伎柳如是赞赏的“叫花鸡”

【名菜典故】

相传明末清初，在常熟虞山底下有一个叫花子。有一天，这个叫花子偶然得到一只鸡，但他没有炊具和调料，无法将鸡做熟了吃。他苦思良久，忽然灵机一动，便将鸡宰了，除去内脏，连毛一起裹上泥巴。他又找了一些枯树枝，点起一堆火，将鸡放进火中煨烤，等到泥烧得干裂了，敲去泥壳，鸡毛也随着泥壳脱落下来，鸡又香又烂。叫花子大喜，狼吞虎咽地吃起来。

正在这时候，寄居在虞山的明朝大学士钱谦益，正好散步路过此地。他闻到奇异的香味，从树隙中看到一个叫花子在津津有味地吃鸡肉，便命家人上前询问鸡的做法，并取了块鸡肉品尝，发觉味道的确独特。于是大学士回到家后，就叫人稍加调料，如法炮制。

过了几日，江南名伎柳如是从松江专程来钱府。钱谦益设宴款待，其中就有这道叫花鸡，酥烂脱骨，香气四溢，宾客品尝后赞不绝口。钱谦益满面春风地问柳如是：“虞山的风味怎么样？”柳氏用象牙筷指着鸡说：“宁食终身虞山鸡，不吃一日松江鱼。”她问明这道菜的由来，当场将其命名为“叫花鸡”。

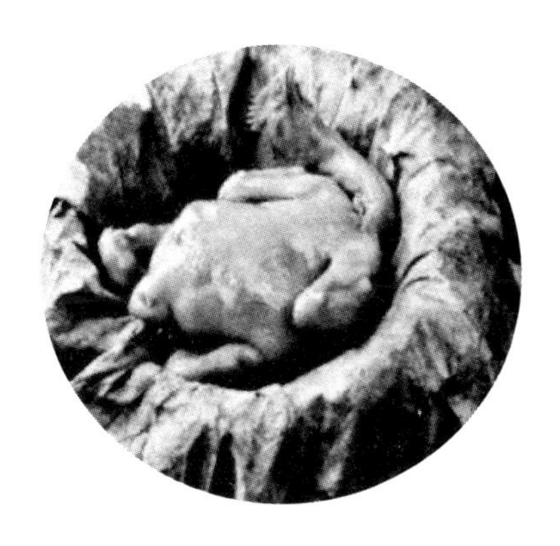

【古菜今做】

主料：嫩母鸡1只（1000克）。以头小体大、肥壮细嫩的三黄（黄嘴、黄脚、黄毛）母鸡为好。

辅料：鸡丁50克，瘦猪肉100克，虾仁50克，熟火腿丁30克，猪油400克，香菇丁20克，鲜荷叶4张，酒坛泥3000克。

调料：绍酒50克，盐5克，油100克，白糖20克，葱花25克，姜末10克，丁香4粒，八角2颗，玉果末0.5克，葱白段50克，甜面酱50克，香油50克，熟猪油50克。

做法：

——将鸡去毛，去内脏，洗净，加酱油、黄酒、盐，腌制1小时取出，将丁香、八角碾成细末，加入玉果末和匀，擦于鸡身。

——将锅放在大火上，加入猪油烧至五成热，放入葱花、姜爆香，然后将辅料中的鸡丁、瘦猪肉、虾仁、熟火腿丁、香菇丁分别倒入锅中炒熟，出锅后，放凉备用。

——在鸡的两腋下各放一颗丁香，将辅料填入鸡腹，再用猪网油紧包鸡身，用荷叶包一层，再用玻璃纸包上一层，外面再包一层荷叶，然后用细麻绳扎牢。

——将酒坛泥碾成粉末，加清水调和，平摊在湿布上（约1.5厘米厚），再将捆好的鸡放在泥的中间，将湿布四角拎起将鸡紧包，使泥紧紧粘牢，再去掉湿布，用包装纸包裹。

——将裹好的鸡放入烤箱，用旺火烤40分钟，如泥出现干裂，可用泥补塞裂缝，再用旺火烤30分钟，然后改用小火烤90分钟，最后改用微火烤90分钟。

——取出烤好的鸡，敲掉鸡表面的泥，解去绳子，揭去荷叶、玻璃纸，淋上香油即可。另可备香油、葱白、甜面酱供蘸食。

【名菜特色】

此鸡皮色金黄鲜亮，肉质鲜嫩酥软，香味浓郁，原汁原味，营养丰富，风味独特。

一二一、恋人死后坟边长出的被历代帝王文人推崇的洪山菜薹

【名菜典故】

相传1700多年前，洪山脚下居住着几户人家，其中有一对青梅竹马的恋人，名叫田勇和玉叶。一天，田勇和玉叶相约到洪山游玩，被绰号叫“恶太岁”的杨熊撞见。杨熊见玉叶容貌美丽，顿生恶念，乃令打手上前拦抢。玉叶死不相从，田勇奋力救助，但终因寡不敌众，双双被乱箭射死在洪山之麓，两人的鲜血染红了洪山下的土地。恶人自有恶报，不一会儿，天气突变，狂风大作，乌云密布，电闪雷鸣，杨熊一伙被雷电击毙在半山腰。后来，当地的农民将田勇、玉叶就地埋葬。

次年秋天，这对恋人的坟堆周围长出了紫红色的菜苗。乡人勤浇水，常施肥，紫红色的菜苗渐渐长得肥大，竟抽出肥嫩的菜薹。当年适逢灾荒，粮食颗粒无收，乡人就以坟堆边的菜薹充饥。

菜薹也真神奇，摘了又长，越摘越多，乡人就凭这菜薹度过了灾荒之年。再后来，没采摘完的菜薹又开花结籽，乡人又纷纷采集菜籽，来年种植，吃不了的就挑到城里去卖。城里人从来没见过这等鲜嫩的紫红菜薹，吃了更觉得甜脆清香，自然赞不绝口。于是，红菜薹便在洪山一带得以推广，并年复一年地流传下来。

清朝慈禧太后嗜爱此菜，常派人到武昌洪山一带索取菜薹。历代达官权贵、文人雅士也常慕名而奔武昌，以能吃到洪山菜薹为幸。据说，自称老饕的北宋大文豪苏东坡，为吃到洪山菜薹，曾三次到武昌，前两次均因故未得其味，每次都是“乘兴而来，败兴而去”。第三次来时，苏东坡偕苏小妹游

黄鹤楼后，渴望一尝洪山菜薹，可是时值寒冬，因冰冻而抽薹推迟，苏东坡兄妹二人就特意留在武昌，直到如愿以偿，大饱口福才惬意而去。

洪山菜薹入馔，自古食法颇多，一般适用于炒、烧、扒、烩、酱、腌、拌等烹调法。清代《调鼎集》中就收有各种菜薹肴馔10余品。而“红菜薹炒腊肉”更是古今闻名、别具一格的传统节令佳肴，是人们十分喜爱的中国名菜。

（下列菜品，同属美女美食，因已在第一章“帝王将相与美食”中记述，本章不再重复：宰相易牙为齐桓公宠妃卫姬制作的五味鸡、汉高祖为吕后献的“红棉虾团”、为武则天筑陵形成的“乾州锅盔”、康王避难吃的农家女做的“龙凤金团”。）

美食从典故中走来

第三章

文人与美食

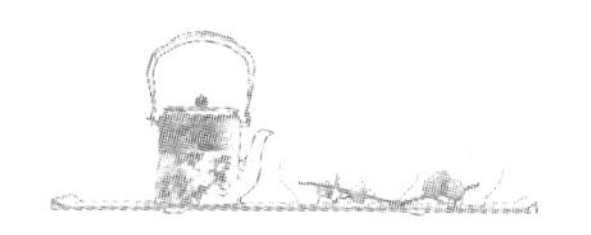

中国古代餐饮文化中，文人功不可没，他们有的不仅是品尝佳肴的美食家，而且是烹饪美食的实践者。同时，因为有他们的诗词歌赋或文章的赞美或记载，许多古代美食流传至今。

一二二、纪念屈原的“菊花鱼”

【名菜典故】

战国时期群雄争霸，秦国日渐强盛，把楚国视为争霸的对手，千方百计想搞垮它。楚三闾大夫屈原主张联合其他国家共同遏制秦国，才可以有效地保障楚国安全。楚怀王只想求委曲求全、苟且偷生，他听从靳尚等人的诬告谗言，而疏远了屈原。楚怀王死在秦国后，屈原苦劝新君顷襄王强国报仇。公子兰和靳尚怀恨在心，便在楚君面前说屈原的坏话。结果无能的顷襄王不敢得罪秦国，反而把忠心耿耿的屈原革职流放了。

屈原被流放之后，仍惦念国家命运，盼望楚君召他回朝理政。公元前278年，楚国郢都被秦国大兵攻陷，楚王陵墓被毁坏，顷襄王逃到了陈城。屈原看到国破家亡，满怀忧郁和悲愤投江而死。

此后，湖北老百姓为了纪念屈原，创制了这道菜品。“菊花鱼”不仅鱼形似菊，鱼头处还会装饰一朵色彩鲜艳的菊花，以菊花的芬芳、耐寒隐喻爱国诗人屈原洁身自好、忠诚于国家的高风亮节，同时鱼肉之洁白鲜嫩也表达了屈原作为仁人君子的优秀品格。

【古菜今做】

原料：带皮财鱼肉500克，猪排骨汤200克，番茄酱25克，熟猪油、白糖各10克，精盐、胡椒粉各3克，醋、绍酒、葱末、姜末各5克，淀粉500克（约耗40克），芝麻油1000克（约耗200克）。

做法：

——将带皮的财鱼肉切成直径5厘米的圆柱状12段，表面剞成丝状的十字花纹，盛钵中加绍酒、盐各2克及胡椒粉腌渍，然后用淀粉抖散。

——芝麻油下锅烧至六成热，将上粉的财鱼段放在漏勺中，下锅炸呈金黄色菊花形，沥油后放入盘中。

——炒锅留油50克置于旺火上，下葱、姜、绍酒、排骨汤、盐、糖、醋、番茄酱烧沸，用淀粉调稀勾芡，淋入熟猪油，浇在菊花鱼上便制作完成。

一二三、纪念屈原的粽子

【名菜典故】

公元前278年，秦昭襄王派大将白起攻陷楚国几百年的首都——郢（今湖北江陵），楚国百姓饱受战火和颠沛流离之苦。这时流亡到汨罗江边的屈原，看到君臣逃亡，国家残破，首都陷落，人民受难，他“哀州土之平乐兮，悲江介之遗风”，心如死灰，农历五月初五那天，怀着忧伤心情写了他的最后一篇诗歌《怀沙》，便抱恨投汨罗江自杀。

老百姓看到忠心爱国的屈原投江殉国，无比悲愤。他们纷纷驾着舟船到江里打捞屈原，将米饭、鸡蛋投入江中让鱼虾蟹鳖吃饱，不使其伤害屈原的尸身，还有一位老医生拿来一坛雄黄酒倒进江里，想醉晕蛟龙水兽，防止它们咬坏屈原的躯体。以后每逢五月五日，人们都要划龙舟，向江里投食物，喝雄黄酒来纪念屈原。由于投向江里的米饭太零散，老百姓就用竹筒贮米做成筒粽，也有人用箬叶包上糯米，用五彩线缠扎成菱形角粽，扔进江里，使其迅速下沉。这种风气很快向各地传播，并代代相传，将夏至尝黍祭祖先演变为端午节食粽祭屈原。

因为屈原是五月五日投江的，人们便把五月初五定为端午节，并在这一天裹粽子、吃粽子。

一二四、为孔子失子之痛制作的“怀抱鲤”

【名菜典故】

孔子有个儿子，叫“鲤”，少年夭折。孔子极其悲痛，茶饭不思，日夜思念儿子。孔府的厨师见状，极其感动，不想让孔子过于悲伤，决定做一道菜，既表达孔子对儿子的深情，又能有效地宣泄孔子的悲情。他想来想去，一日，端上了一道鱼菜。

孔子看那菜，只见一只南瓜雕成的船之中，分隔摆放着两只烧好的鲤鱼，一大一小，小鱼面向大鱼之怀，其情可亲，其状可爱。孔子忙问：“此为何菜？”供者答：“怀抱鲤，大鲤鱼抱小鲤鱼也。”孔子叹然，肃穆地接纳了这番情义。从此，此菜成为孔府的传统菜，孔子死后，墓葬都仿照“怀抱鲤”的格局，让儿子的墓葬在自己的前面，表现出一种“抱子携孙”的寓意。

【古菜今做】

原料：大鲤鱼，小鲤鱼，肥肉膘，木耳，荸荠，葱，姜，蒜，精盐，酱油，料酒，清汤，湿淀粉，鸡油，花生油。

做法：两条鲜鲤鱼挖鳃刮鳞去内脏，用刀剞竹叶花刀，以盐、酱油、料酒抹在鱼身两侧稍腌待用。肥膘肉切成丝，葱切段，姜、蒜切片，荸荠用沸水氽过也切片，炒锅置中火上，添花生油烧至九成热时，放入鱼炸至两面棕红色，倒入漏勺沥油。炒锅内留底油放入葱姜蒜一炸，烹上料酒、酱油，烧开后倒在汤勺里，汤勺放火上，把鱼放入加清汤、精盐、肥膘肉、荸荠，烧开3分钟后，用慢火炖烧15分钟，再把鱼翻过烧3分钟即熟。先把大鱼铲出平放于盘内，再把小鱼铲出放在大鱼边上，鱼腹相对，用漏勺捞出炖鱼的各种配料，摆在鱼身上，将汤勺放火上，烧开后撇去浮沫，用水淀粉勾芡淋上鸡油浇在鱼身上即成。

【名菜特色】

鱼色红亮，肉鲜嫩，味咸鲜，形象别致。

一二五、展示孔府诗书礼仪的“诗礼银杏”

【名菜典故】

据《孔府档案》记载，孔子教其子孔鲤学诗习礼时曰：“不学诗，无以言；不学礼，无以立。”事后传为美谈，其后裔自称“诗礼世家”。至五十三代衍圣公孔治，建造诗礼堂，以表敬意。孔府院内有两棵树，一棵是槐树，一棵是银杏树。两棵树郁郁葱葱，枝叶繁茂，尤其是银杏树，春华秋实，果实累累。孔府乃诗书礼仪之家，重视树木，如同树人。因此，收获银杏成了这里的一件盛事，不免会友邀客欢聚一下。会客不可无宴，上什么菜呢？要雅致，还要独特，一道以银杏为主料的甜食就这么产生了，叫“诗礼银杏”。

【古菜今做】

原料：白果750克，猪油50克，白糖250克，桂花酱2.5克，蜂蜜50克。

做法：

——将白果去壳，用碱水泡一下去皮，再入锅中沸水稍焯，以去苦味，再入锅煮酥取出。

——炒锅烧热下猪油35克，加入白糖，炒制成银红色时，加清水100克、白糖、蜂蜜、桂花酱，倒入白果，至汁浓，淋上猪油15克，盛浅汤盘中即成。

工艺关键：白果必须去皮，煮至软，烹时注意火候，既要卤汁稠浓，又切勿粘锅、发焦，以避免产生焦苦异味。白果有毒，不可多食，每人一次食量以不超过15粒为宜。

【名菜特色】

清香甜美，柔韧筋道，可解酒止咳，是孔府宴中独具特色的菜。成菜色如琥珀，清新淡鲜，酥烂甘馥，十分宜人，是孔府中的名肴珍品。

【营养功效】

白果，性味甘苦平，有小毒，有敛肺定喘，泄浊止带的功效，对咳嗽痰多气喘、白带、白浊及小便频数等症有一定功效。

一二六、孔府进京为慈禧太后祝寿后返回创制的“带子上朝”

【名菜典故】

“带子上朝”，始于清朝。孔子后裔自被封为“衍圣公”后，享有当朝一品官待遇，并有携带儿女上朝的殊荣。光绪二十年（1894），76代“衍圣公”孔令贻母带其儿媳进京为慈禧太后祝寿。返回曲阜后，族长特地为其设宴接风，内厨为颂扬孔氏家族的殊荣，用一只鸭子带一只小鸭，经炸及烧后，制成了一道汁浓味鲜的菜肴，取名为“带子上朝”。

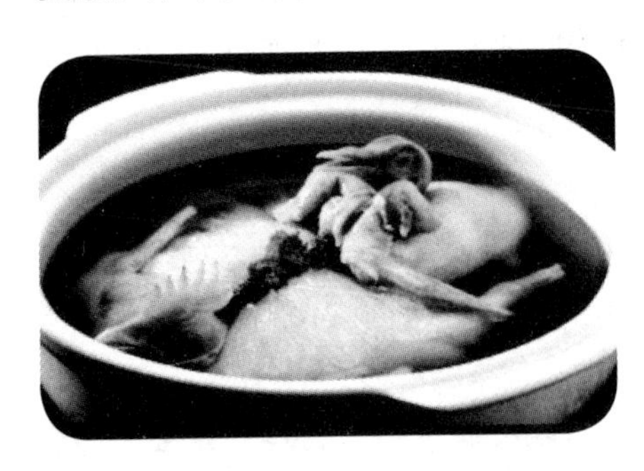

“带子上朝”，其寓意是孔府辈辈做官，代代上朝，永为官府门第，世袭爵位不断。此菜是用一只鸭子和一只小鸭（或鸽子）做成，一大一小盛于盘中，别具风味，是宴席大菜。

【古菜今做】

原料：鸭子1只（重1500克左右），野鸭（或鸽子）1只，葱、姜、鸡油各10克，精盐2克，酱油50克，绍酒75克，桂皮0.5克，花椒、淀粉各少许，白糖25克，清汤250克，花生油1500克（约耗100克）。

做法：

——将鸭子、野鸭（或鸽子）分别宰杀，煺毛洗净，从脊背切开，挖去五脏，洗净，鸭子去嘴留舌，野鸭（或鸽子）去嘴，用酱油、绍酒（两味共75克）腌渍30分钟。葱切成段，姜、花椒、桂皮包成香料包。

——炒锅上火，加入花生油，烧至八成热，分别放入鸭子、野鸭（或鸽子），炸呈枣红色时捞出。

——砂锅中放入锅垫，再放上鸭子、野鸭（或鸽子）、香料包、葱段、精盐、酱油、绍酒、清汤（150克），用旺火烧开5分钟，改用慢火煨炖至熟，取出放盘中，鸭子在前，野鸭（或鸽子）在鸭子怀里。

——炒锅上火，加花生油（25克）烧热，放白糖炒汁，烹入清汤（50克），再加煮鸭原汤汁100克，烧开后用湿淀汤勾芡，淋上鸡油，浇在鸭鸽上即成。

工艺关键：鸭子要洗净，否则有异味，炸后用小火煨酥。卤汁要浓而宽。重火候，讲刀功。

【名菜特色】

肥而不腻，色泽深红，肉质鲜香，汁浓味厚，酥烂可口。

一二七、秦朝四皓为主食的“商芝肉”

【名菜典故】

“四皓”是秦朝末年四位大名鼎鼎的博学之士，因为见秦始皇“焚书坑儒”而来到商洛山中隐居避乱。他们以商芝为食，滋润得鹤发童颜，活到了80多岁。后来，汉朝建立，高祖刘邦多次邀请四皓进京做官都遭到拒绝。直到后来，为了保证中央政权稳定，四皓才出山帮助太子刘盈登基，避免了社会动荡。据司马迁《史记》记载，太子登基后，四皓又回到商洛山中，继续他们优哉游哉的隐居生活。直到今天，商山四皓进退有节、淡泊名利的高风亮节，也随因他们而得名的美食——“商芝肉”一起流传了下来。

【古菜今做】

主料：猪肋条肉（五花肉）500克，蕨菜100克。

调料：大葱10克，姜10克，料酒5克，酱油5克，盐5克，味精2克，桂皮2克，蜂蜜3克，花生油30克，淀粉（豌豆）10克。

做法：

——将五花肉洗净，皮朝下放入锅内。

——加入高汤，中火煮至五成熟时捞出。

——趁热将蜂蜜抹在肉皮上。

——葱、姜洗净，葱切成段，姜切成片。

——炒锅内放油，烧至八成热时，下入猪肉炸至皮呈金红色。

——捞出稍晾，切成方块。

——将蕨菜洗净，切末，放入肉中，皮朝下放入汤碗中。

——加入葱段、姜片、桂皮、料酒、酱油、精盐、味精、高汤1000毫升，用盘盖上碗口，放入蒸笼内，中火蒸约1小时。

——将蒸汁滗入锅中，肉翻扣在盘中。

——将汤汁烧沸，用湿淀粉勾薄芡，浇在盘中肉上即成。

工艺关键：

——选料要精细，选用鲜嫩的猪五花肉。

——调味适当，给肉上色要均匀。

——把握好火候，过油温度要高。

——因有过油炸制过程，需准备花生油700克。

【名菜特色】

菜色红润，质地软嫩，香味浓醇，肥而不腻。

一二八、记载于贾思勰《齐民要术》却在乐山出现的“棒棒鸡”

【名菜典故】

在贾思勰撰写的著作《齐民要术》中，曾记载过用木棒打出来的一味佳馔：白脯。“白脯”后来失传了，在四川却出现了“棒棒鸡”。据说棒棒鸡发源于四川乐山地区，明清时，乐山曾称嘉定府，因而此菜全称为“嘉定棒棒鸡”或“乐山棒棒鸡”。奇妙的是，乐山棒棒鸡也是用棒打出来的。与“白脯”不同的是，棒棒鸡成菜之前用木棒轻轻敲打，目的是把鸡的肌肉捶松。这样，调和的作料才容易入味，食客咀嚼起来也更加省力。这是中国烹饪史上的一大创举。

【古菜今做】

主料：嫩公鸡1只。

辅料：红油辣椒10克，口蘑10克。

调料：芝麻粉5克，花椒粉2克，芝麻油20克，酱油10克，葱花10克，白糖10克，味精1克。

做法：

——将公鸡宰杀去毛，除去内脏，洗净，入沸水锅中煮15分钟。

——掺入半瓢冷水。待水再次煮开时，将鸡翻面再煮10分钟，再掺入半瓢冷水。

——待水烧开之后翻面，用小竹刺刺入鸡肉内，无血珠冒出时即可捞起，放入冷开水中浸泡1小时，取出晾干。

——鸡皮刷上一层芝麻油，再将鸡头、颈、翅、胸脯、脊背分部分切开，鸡头切成两块，用小木棒轻捶，使之柔软，之后切成筷子粗的条装盘。

——将红油辣椒、芝麻粉、花椒粉、芝麻油、口蘑、酱油、白糖、葱花、味精等调匀成汁，浇在鸡肉上，即可食用。

工艺关键：美名远扬的棒棒鸡当然不是轻轻松松就能做成的，妙处很多。首先妙在煮鸡，煮前要用麻绳缠上腿翅，肉厚处用竹扦打眼，使汤水充分渗透，以文火徐徐煮沸。其次是以特制的木棒将煮熟的鸡肉拍松，切成粗条入盘，利于调料入味。再次是以众多调料调成的味汁，浇于鸡肉上，使鸡肉分外鲜美香嫩，有浓郁的香甜味、麻辣味。

【名菜特色】

有麻有辣，有咸有甜，有鲜有香，百味俱全。

一二九、元稹命名的“灯影牛肉”

【名菜典故】

据说有一次，唐代诗人元稹偶然来到一酒家小酌。店主端来的下酒菜中有一种牛肉片，色泽油润红亮，看上去十分悦目。尝一尝，味道好极了：麻辣鲜香，酥脆柔软，吃后回味无穷。更令他惊奇的是，这种牛肉片薄如纸，晶亮透明。用筷子夹起来，在灯光下一照，丝丝纹理可在墙壁上映出清晰的影子来。元稹顿时想起了当时京城盛行的“灯影戏”（即皮影戏），当即就称这菜为“灯影牛肉”。此后，这种牛肉片就以“灯影牛肉”这一名称四处传开，成为一道名菜。

【古菜今做】

主料：精黄牛肉500克。

调料：盐5克，花椒粉5克，辣椒粉10克，绍酒50克，五香粉2克，味精1克，姜15克，香油5克，油15克。

做法：

——选用牛后腿上的腱子肉，用刀片去浮皮，修净污处，切去边角，将其片成厚薄均匀的大片。

——将牛肉片放在菜板上铺平，均匀地撒上炒干水分的盐，裹成圆筒形，晾至牛肉呈鲜红色（夏天晾14个小时，冬天晾4天）

——将晾好的牛肉散开，平铺在钢丝架上放入烘炉内，用木炭火烘干，然后上笼蒸30分钟取出，趁热切成4厘米长、3厘米宽的小片，再入笼蒸1小时。

——炒锅置旺火上，下熟油烧至七成熟，放姜炸出香味。待油温降至三成热时，将油锅移至小火上，放入牛肉片慢慢炸透，滗去多余的油。烹入绍酒拌匀，再加入辣椒粉、花椒粉、味精、五香粉，颠翻均匀，起锅晾凉，淋上香油即成。

【名菜特色】

牛肉可以为人体提供更多的铁和锌——这是保持能量的宝贵元素。这道菜肉薄如纸，细如丝，色泽红润发亮，吃起来却是质地柔韧，麻辣鲜香，回味悠长。

一三〇、张九龄金榜题名当驸马的婚宴上命名的“四喜丸子”

【名菜典故】

据传，四喜丸子创制于唐朝。有一年朝廷开科考试，各地学子纷纷涌至京城，其中就有张九龄。结果出来，衣着寒酸的张九龄中得头榜，皇帝赏识张九龄的才智，便将他招为驸马。当时张九龄的家乡正遭水灾，父母背井离乡，不知音信。举行婚礼那天，张九龄正巧得知父母的下落，便派人将父母接到京城。喜上加喜，张九龄让厨师烹制一道吉祥的菜肴，以示庆贺。菜端上来一看，是四个炸透蒸熟并浇以汤汁的大丸子。张九龄询问菜的含意，聪明的厨师答道：“此菜为‘四圆’。一喜，老爷头榜题名；二喜，成家完婚；三喜，做了乘龙快婿；四喜，阖家团圆。”张九龄听了哈哈大笑，连连称赞，说：“‘四圆’不如‘四喜’响亮好听，干脆叫它‘四喜丸子’吧。”从那以后，逢结婚等重大喜庆之事，宴席上必备此菜。

在另一个传说中，四喜丸子名字的由来又与慈禧有密切关系。1901年，清廷与八国联军签订了丧权辱国的《辛丑条约》，逃到西安的慈禧太后决定返回北京。路途河南时，她降旨要品尝河南特色菜。当地官员就让厨师献上了一道“四季丸子”，取其代表一年四季圆圆满满之意。慈禧对这道菜十分满意，连声赞曰：“味道不错。”当地官员盼着慈禧一行能顺利路过，谁知却发生了意想不到的事情。原来慈禧这一行随行数千人，车辆上千辆，从西安逃难而回，本来是丢人的事，她却要摆谱，沿途要老百姓搭彩棚、修道路，当地官员借此机会征粮收款，闹得民不聊生。更可气的是，慈禧车队路过时，还要“鸡入笼，狗上绳，牛羊入圈人禁行”。一位厨师在做四季丸子时就恨恨地说：“炸死这个祸国殃民的慈禧！”有人接茬说：“慈禧心狠手辣，就应叫她‘完止’！”但当时咒骂“老佛爷”是灭族之罪呀，于是人们就用“慈禧”二字的谐音，把“炸慈禧”改叫“炸四喜”，把“慈禧完止”改叫“四喜丸子”。

【古菜今做】

主料：猪肉馅500克，鸡蛋3个（约150克）。

辅料：猪肥瘦肉300克，南荠50克，酱油60克，清汤750克，湿淀粉50克，大葱白3根，花椒油10克，水发玉兰片50克，精盐12克，绍酒10克，鸡蛋清2个，葱姜末10克，姜片10克。

做法：

——将猪肥瘦肉切成4毫米见方的丁；南荠削皮，与玉兰片均切成3毫米见方的丁，一起用沸水氽过；大葱白从中劈开，切成长6厘米的段。碗内放肉丁、南荠丁、玉兰片丁、葱姜末、酱油15克、精盐5克、绍酒5克搅拌均匀，用手团成4个大丸子；鸡蛋清、精盐、湿淀粉35克放在另一碗内调成蛋糊待用。

——炒勺放中火上，加白油烧至五成热，将丸子逐个蘸满蛋糊下油，炸至八成熟时用漏勺捞出。砂锅内放大葱白垫底，丸子放上面，加清汤、酱油、姜片，在中火上烧沸后，撇去浮沫，移至微火上炖至汤剩一半时，取出葱姜不要，把丸子捞至汤盘内。将炖丸子的原汤倒入汤勺内，烧沸后用湿淀粉勾芡，加入绍酒、花椒油搅匀，浇在丸子上即成。

工艺关键：拌肉馅时不要加淀粉，炸丸子时要将蛋粉糊挂匀，火不要太旺，油不能太热，以免将蛋粉糊炸糊，而影响色泽。

一三一、苏东坡回送乡亲的“东坡肉”

【名菜典故】

苏轼被贬到黄州时，黄州猪肉极贱，“贵者不肯吃，贫者不解煮”。苏轼告诉别人一个炖猪肉的法子，就是将肉用很少的水煮开之后，再用文火炖上数小时，放酱油，其味极香，是谓东坡肉。为此他专门写了《猪肉颂》：“净洗铛，少着水，柴头罨烟焰不起。待他自熟莫催他，火候足时他自美。黄州好猪肉，价贱如泥土。贵者不肯吃，贫者不解煮。早晨起来打两碗，饱得自家君莫管。”

苏东坡到杭州做刺史时，疏浚西湖，将挖掘出的湖中泥土筑成沟通南北的长堤——苏堤，使西湖增加了蓄水量，消除了水灾，为当地人民谋了福，老百姓十分感激。在大堤筑好之时，杭州人民杀猪宰羊，送到他家里，他坚持不收，但还是有越来越多的猪肉堆在了他家门前。于是，他叫家人将所有的肉切成方块状并烧得红酥酥的，送到每家每户。从此，“东坡肉”的美名一直流传至今。

【古菜今做】

主料：五花肉1000克。

辅料：竹笋50克。

调料：葱结、姜块、黄酒、花椒、茴香、盐、白糖、酱油、味精各适量。

做法：

——刮去猪皮上的细毛，去掉肋骨，洗净，切成正方形块（每块约100克），放在清水锅内，用旺火煮5分钟，捞出用清水洗净。竹笋切条备用。

——锅内放清水1000克，将肉放入，加葱结、姜块、黄酒，用小火烧1小时。肉约五成熟时，加竹笋、黄酒、花椒、茴香、盐、酱油、白糖、味精，连续用小火焖煮半小时至肉质酥糯（煮时要撇清浮沫）。

——将肉盛起，装入小砂锅内，每个锅中放3~4块肉，皮朝上，加一点原卤，加盖后，上笼蒸半小时即成。

【名菜特色】

此菜红亮剔透，闻起来荤香扑鼻，吃起来糯而不腻，咸甜适中，香酥而软烂可口。

一三二、苏东坡发明的“东坡汤”

【名菜典故】

苏东坡被贬任黄州团练副使时发明了一种青菜汤，叫作东坡汤。方法就是用两层锅，下层煮菜汤，上层蒸米饭。汤里有白菜、萝卜、油菜根、芥菜，下锅之前要仔细洗好，放点儿姜。在青菜已经煮得没有生味之后，就将提前煮至半熟的米饭放入上层蒸锅里。

【古菜今做】

主料：白菜、萝卜、油菜、荸荠、排骨各适量。

辅料：白米适量。

调料：盐、葱、姜、鸡精各适量。

做法：

——准备两层锅：一层炒锅，一层蒸笼。

——排骨洗净，斩成段，倒入沸水中焯一下，捞出。

——白菜、萝卜、油菜、荸荠洗净，切成丝；葱姜洗净，切成末。

——炒锅上火，倒入清水后，放入排骨，大火煮沸后改小火，炖烂。

——捞出排骨，剔除骨头后，把肉切碎，再倒入锅中，加入白菜丝、萝卜丝、油菜丝、荸荠丝、葱末、盐、鸡精，煮沸。

——将提前煮至半熟的米饭放进菜汤上的蒸笼里，蒸熟即可。

一三三、食东坡墨水长成的“东坡墨鱼”

【名菜典故】

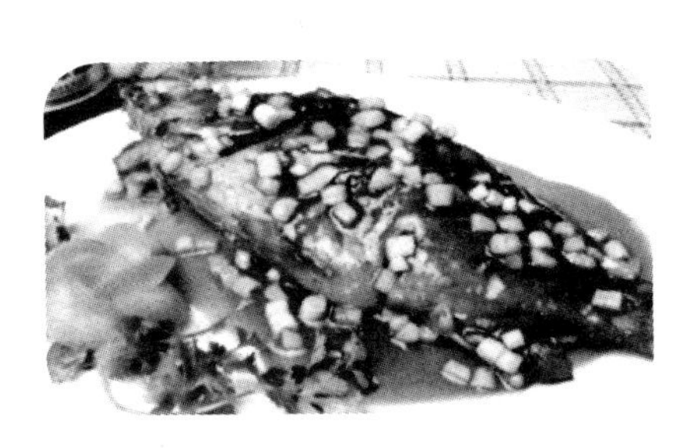

传说苏东坡在四川乐山凌云寺读书时，常到凌云岩下洗砚，江中之鱼食其墨汁，皮也变得浓黑如墨，人们称它为“东坡墨鱼”。“东坡墨鱼”原名墨头鱼，嘴小、身长、肉多，到四川乐山的中外游客，都以品尝“东坡墨鱼”为快事。烹调后的“东坡墨鱼”色呈红亮，皮酥肉嫩，甜酸香辣。

【古菜古做】

原料：鲜墨头鱼1条（约750克）。

调料：麻油50克，豆瓣50克，葱花15克，葱白1根，姜末、蒜末各10克，醋40克，绍酒15克，淀粉50克，精盐1.5克，酱油25克，熟猪油50克，熟菜油1500克，高汤100克，白糖25克。

做法：

——墨头鱼经初步加工后，剖开为两爿，头相连，两边各留尾巴一半，剔去脊骨，在鱼身的两面用直刀下、平刀进的刀法（下刀至肉的2/3的深度）剖6~7刀，然后用精盐、绍酒抹遍墨头鱼的全身。将葱白切成7厘米的长丝；豆瓣剁细。

——炒锅烧热，下油烧至八成热时，将鱼全身沾满干淀粉，提起鱼尾，用炒勺舀油淋于刀口处，待刀口翻起定型后，将鱼腹贴锅放入油里，炸至呈金黄色时，捞出装盘。炒锅留油，加猪油、葱、姜末、蒜末、豆瓣煸香后，下高汤、白糖、酱油，用湿淀粉勾成薄芡，撒上葱花，然后烹入醋，快速起锅，淋在鱼上，撒上葱白丝即成。

创新设计：为了使菜如其名，更加体现出“东坡墨鱼”这道菜的文化内涵，故可在盘边摆上一个用面塑捏成的“东坡洗砚”的造型，并在此菜旁装饰一个梅花图案的立式画轴摆件，再用番茄酱写上“东坡墨鱼”几个字。人物形象优美，惟妙惟肖，整体造型具有视觉冲击力，有很高的艺术欣赏价值。

一三四、苏东坡诗赞的清蒸鲥鱼

【名菜典故】

苏东坡等著名诗人曾赋诗称鲥鱼为“南国绝色之佳”。苏诗云：“芽姜紫醋炙银鱼，雪碗擎来二尺余。尚有桃花春气在，此中风味胜莼鲈。”鲥鱼形美味鲜，故“清蒸鲥鱼”一直是宫廷和民间的佳肴，从古时江南传到北京，现在已成为流行于全国各地的一款著名菜肴，在海外亦享有极高的声誉。

【古菜今做】

原料：鲥鱼中段350克，火腿片25克，水发香菇1只，笋片25克，猪网油150克，生姜2片，葱结1只，精盐7.5克，味精0.5克，绍酒、熟猪油、白糖各25克。

做法：

——将鲥鱼洗净，用洁布揩干。不能去鳞，因鲥鱼的鳞层内含有丰富的脂肪。将网油洗净沥干，摊在扣碗底，网油上面放香菇；把火腿片、笋片整齐地摆在网油上，最后放入鲥鱼，鳞面朝下，再加葱、姜、酒、糖、盐、熟猪油和味精。

——将盛有鲥鱼的扣碗上笼或隔水用旺火急蒸15分钟左右，至鲥鱼熟取出，去掉葱、姜，将汤盘合在扣碗上，把鲥鱼及卤汁翻倒在盘中，即可上桌食用。

一三五、苏轼官场失意闲居时喜爱的“东坡饼”

【名点典故】

相传，在北宋神宗元丰二年（1079），苏轼因作诗讽刺新法（即所谓“乌台诗案”）被朝臣李定舒、何正臣等人作为把柄，抓住不放，深加追究。他们上本神宗皇帝，说苏轼反对新法，讥谤皇上，加以弹劾，使苏轼被逮捕入狱。后因神宗怜其才，苏轼才得以被释放出狱，被贬至黄州任团练副史，实际上是个有职无权的闲职。初居黄州东南定惠院时，苏轼常闭门谢客，饮酒浇愁，后乔居黄州东坡，自号“东坡居”。

苏轼在黄州期间，渐渐结交了一批知心朋友，他们也不时邀请苏轼小聚。西山灵泉寺的寺僧得知苏轼酷爱菩萨泉，又喜爱吃油炙酥爽食品，于是，有一次邀请苏轼时，别出心裁，汲取菩萨泉之水烹茗，并调制上好小麦面粉，用香油煎饼款待苏轼。看到这色泽金黄的香油煎饼，苏轼食欲倍增，食用后更是觉得别具风味，大为赞赏，面带喜色地对寺僧曰：“尔后复来，仍以此饼饷吾为幸！”从此，每访必食之。

苏轼也可说是一位美食家，对食品的色、形、味自有一番研究。在与灵泉寺寺僧的交往中，以寺僧特制的香油煎饼为基础，又通过精心设计、改进，研制成一种油氽“千层饼”。此饼异常酥脆，外形独特，口味甚佳，故很快广为流传，一些糕点师傅纷纷仿制。由于这种饼具有香、甜、酥、脆的突出特色，加上人们对东坡居士的敬慕，故将此饼以东坡大名冠之，称其为“东坡饼”。

【古菜今做】

原料：精面粉1000克，鸡蛋清2个，苏打粉2.5克，白糖450克，精盐7.5克，芝麻油2500克。

做法：

——盆内放入精盐、苏打粉、鸡蛋清，加清水500克搅打均匀，徐徐倒入面粉反复揉拌，直到面团不粘手时取出，放在案板上搓条，摘成重150克一个的面剂，搓成圆团，摆放在盛有少许芝麻油的瓷盘里饧10分钟即可。

——案板上抹匀芝麻油，将饧好的面团取出，逐个在案板上按成长方形的薄面皮，用双手从面皮两边向中间卷成双圆筒状，再侧着从两端向中间卷成一个大、一个小的圆饼。将大圆饼放在底层，小圆饼叠在上面，逐个做完后，复放在盛有芝麻油的盘里浸没，约饧5分钟。

——小锅置中火上，放入芝麻油，烧到七成热时，将饼平放在锅里，一手拿铁丝筑篱，一手拿筷子边炸边拨饼，并用竹筷一夹一松地使饼松脆，待饼炸到浮起时，翻面再炸，边炸边用竹筷不断地点动饼心，使饼炸得松泡不散且呈金黄色时，捞出沥油，盛盘，每个撒上少许白糖即成。

工艺关键：面团要充分饧好饧透，避免有面疙瘩出现；炸时用竹筷点动饼心，动作不宜太重，以保持饼松形整为宜。

一三六、苏东坡妻子因一时疏忽做成的“东坡肘子”

【名菜典故】

一次，苏东坡妻子王弗在炖肘子时因一时疏忽，致使肘子焦黄粘锅，她连忙加入各种配料再细细烹煮，以掩饰焦味。不料这么一来，微黄的肘子味道出乎意料的好，顿时乐坏了东坡。苏东坡向有美食家之名，不仅自己反复炮制，还向亲友大力推广，于是，“东坡肘子”也就得以传世。

【古菜今做】

主料：猪肘子，雪山大豆。

辅料：葱结，绍酒，姜，川盐。

——猪肘刮洗干净，顺骨缝划切一刀。

——放入汤锅煮透，捞出剔去肘骨。

——放入垫有猪骨的砂锅内，加入煮肉原汤。

——放入大量葱结、姜、绍酒，在旺火上烧开。

——雪豆洗净，下入开沸的砂锅中，盖严。

——然后移到微火上煨炖约3小时，直至用筷轻轻一戳肉皮即烂为止。

——吃时放川盐，连汤带豆舀入碗中，也可蘸酱油吃。

一三七、苏东坡喜爱的“东坡鱼”（五柳鱼）

【名菜典故】

相传有一次，苏东坡让厨师做道鱼肴尝尝鲜。厨师将鱼肴送来后，只见热腾腾、香喷喷，鱼身上刀痕如柳。苏东坡食欲大开，正欲举筷子品尝，忽见窗外闪过一个人影，原来是好友佛印和尚来了。苏东坡心想：“好个赶饭的和尚，我偏不让你吃，看你怎么办？”于是顺手将这盘鱼搁到书架上去了。

佛印和尚其实早已看见，心想：“你藏得再好，我也要叫你拿出来。”苏东坡笑嘻嘻地招呼佛印坐下，问道：“大和尚不在寺院，到此有何见教？”佛印答道：“小弟今日特来请教一个字。”“何字？”“姓苏的‘苏’怎么写？”苏东坡知道佛印学问好，这里面一定有名堂，便装作认真地回答：“‘苏’字上面是个草字头，下边左是‘鱼’，右是‘禾’。”佛印又问：“草头下面左边是‘禾’、右边是‘鱼’呢？”“那还念‘苏’啊。”“那么鱼搁在草头上边呢？”苏东坡急忙说：“那可不行。”佛印哈哈大笑说：“那就把鱼拿下来吧。”苏东坡这才恍然大悟，佛印说来说去还是要吃他的那盘鱼。

又有一次，佛印听说苏东坡要来，就照样蒸了一盘鱼，心想上次你开我玩笑，今日我也难难你，顺手将鱼放在旁边的磬里。

不料苏东坡也早已看见，只是装作不知道，说道：“有件事请教：我想写副对联，谁知写好了上联，下联一时想不出好句子。”佛印问：“不知上联是什么？”苏东坡回答说：“上联是‘向阳门第春常在’。”佛印不知道苏东坡葫芦里卖的是什么药，几乎不假思索地说：“下联乃‘积善人家庆有余’。”苏东坡听完，佯装惊叹道：“高才，高才！原来你磬（庆）里有鱼（余）呀！快拿出来一同分享吧。”佛印这才恍然大悟，知道上了苏东坡的当。

但他还想“戏弄”一下苏东坡，见那清蒸的西湖鲜鱼身上划了5刀，便笑眯眯地说：“这条‘五柳鱼’算给你‘钓’到了，不如叫‘东坡鱼’算了。”

从此以后，人们把“五柳鱼”又叫“东坡鱼”，这道西湖名菜名气也越来越大，一直流传到今天。

【古菜今做】

主料：鲤鱼1条（600克左右为宜）。

辅料：干红豆50克，胡萝卜40克，洋葱100克。

调料：盐6克，胡椒粉2克，黄酒3克，玉米油15克，干辣椒5克。

做法：

——鲤鱼收拾干净，抽出鱼线，用盐、胡椒粉、黄酒腌制20分钟。

——干红豆提前泡发煮熟，胡萝卜、洋葱洗净后切丁。

——鲤鱼全身抹上一层玉米油，放入垫了锡纸（锡纸上也抹少许油）的考盘中，烤箱预热后，以200℃烤35分钟。

——炒锅油热后，放入胡萝卜翻炒到微软，放入红豆、洋葱、干辣椒、黄酒，翻炒到洋葱熟了之后，加盐调味出锅备用。

——将鱼取出，把菜料铺在鱼身上，放入烤箱再烤10分钟即可。

一三八、苏东坡笔落溪水中长成的“祁阳笔鱼”

【名菜典故】

相传宋代文豪苏东坡有次路过祁阳，祁阳知县便邀他夜泛浯溪，并在船上设宴款待。东坡先生为此地的秀美山水所吸引，正要挥笔作诗时，一阵风吹来，笔落浯溪水中，立即变成了无数条形似毛笔、颜色鲜艳的游鱼。古时曾有诗曰：“天意东坡不留字，神笔化作席上珍。”祁阳笔鱼便由此而得名。

【古菜今做】

原料：鲜笔鱼1条（重约1000克），姜15克，红辣椒30克，葱20克，酱油25克，绍酒5克，精盐1.5克，味精1克。

做法：

——将笔鱼宰杀洗净，沥干，切成4厘米长、2厘米宽的骨牌块。

——红椒去籽，和姜分别切成丝；葱白切成段，葱叶切成葱花。

——炒锅上旺火，下猪油60克，烧至八成热，放入鱼块翻炒几下，加红椒、姜、葱白、绍酒、精盐、酱油煸炒一下，放入鲜汤，焖烧两三分钟，至汤汁收紧，再加入味精、猪油30克、葱花，用湿淀粉勾芡，淋入麻油，撒上胡椒粉即成。

一三九、从北宋书画家米芾的传说中创制的“满载而归”

【名菜典故】

北宋著名书画家米芾，世居太原，后迁至襄阳，12岁便在襄阳一带出了名，因而被人称作“米襄阳”。又因他举止不凡，貌似癫狂，人又称他“米癫”。宋徽宗曾诏他为“书画博士”。

米芾曾任安徽无为的通判，顶头上司知州姓麦，是个搜刮民脂民膏的能手，老百姓暗地里叫他“面老鼠”。米芾为人正直，做官清廉，耻于向这位上司低头，可州衙里有个每月逢单日朝拜议事的规矩，米芾因此心里郁郁不快。后来，他想了一个办法，每逢单日去衙门之前，让家人把他收藏的古石摆出来，他穿好朝服，像拜上司那样拜石头，一边拜一边说：“我宁拜无知的石头，也不拜你肮脏的‘面老鼠’。”拜完后，他觉得心里舒坦多了，再去衙门参拜议事。

尽管这样，日子长了，米芾还是十分恼火，不愿与“面老鼠”为伍，于是便写了帖子，差人匿名送到州衙。麦大人看后勃然大怒，原来帖子上写道：“敬启无为州正堂：通判米芾，狂妄不法，每逢开衙议事，即具朝服拜石，然后入衙，实为侮慢朝廷命官。拜石时，还口中念念有词：‘宁拜无知石，不参面老鼠！大堂是魔窟，吸髓搞贪污！’”麦知州早就视米芾为眼中钉，欲拔去为快，这下可有了借口，立即禀报朝廷说：米芾拜石，侮辱朝廷。不久，革职圣旨来了，米芾便租船携带家眷走了。“面老鼠”一伙贪官哪肯这样轻易放走米芾，谎称米芾盗窃国家财宝要乘船潜逃。米芾算准他们会有这一手，故意在船头摆满纸箱、空盒，还用黄箔、锡纸做成闪闪发光的元宝。这一来，引诱得官兵紧追，欲当场查获赃物。谁知追上船后，方知那些金银元宝是给阴曹地府官兵的买路钱，再打开箱笼一看，尽是秃笔、画纸及米芾平日所作书画，于是“满船书画米襄阳”的传说便在民间传开了。

巧手的厨师从这个传说中得到启示，便烹制出“满载而归”这道佳肴。他们用鳜鱼、瘦猪肉、鸡蛋皮、虾仁、笋丁等做主要原料，配上青红辣椒、干淀粉、猪油、白糖、醋、葱花等作料。先将鳜鱼去脊骨，不破头，要留尾，鱼身切成十字花刀（不切断），拍上干淀粉，再将瘦猪肉剁成蓉，加作料，用鸡蛋皮包成元宝状，然后将鳜鱼炸成船形，放在盘子里，再把炸好的元宝放在鱼上，将余油倒出，锅内留少许油，煸炒作料，等有香味时再放糖醋熬汁，待烧开后浇在鱼身上，这道菜就做好了。

【名菜典故】

主料：鳜鱼750克。

辅料：猪肉（瘦）100克，辣椒（青、尖）15克，辣椒（红、尖）15克，鸡蛋50克，淀粉（蚕豆）100克，虾仁25克，冬笋30克。

调料：白砂糖30克，醋20克，小葱15克，大蒜（白皮）15克，猪油（炼制）80克。

做法：

——将鱼去脊骨，不要破头，留尾，鱼肉打十字花刀，拍上干淀粉。

——青红辣椒去蒂、籽，洗净切成丝。

——冬笋去壳、老根，洗净，切成丁。

——葱切葱花，大蒜去蒜衣，切成蒜粒。

——将猪肉剁蓉，加味，搅拌成馅料。

——鸡蛋磕入碗内搅匀，入油锅内摊成蛋皮。

——将馅料包入蛋皮内，包成元宝状。

——炒锅放火上，加油，先将鳜鱼炸熟成船形，放在碟上。

——再炸蛋皮包肉，放在鱼上。

——将油倒出，锅内留余油，放配料（青红椒、虾仁、笋丁）煸炒，有香味再放进糖醋，待烧开后淋在鱼上即成。

工艺关键：整鱼去脊骨时应使鱼头向外，鱼腹靠近左手，左手按住鱼腹，右手持刀紧贴鱼的脊背上部横劈进去，从鳃后直到鱼尾劈开一条缝，然后，按鱼腹的左手向下一掀，使缝口张开，再从缝口继续贴骨向里劈，劈过鱼的脊椎骨，将鱼的胸骨与脊椎骨相连处劈断为止。用同样手法将鱼翻身，鱼背靠右手，劈去另一脊椎骨，使脊骨与鱼肉完全分离，即可在背部刀口处将鱼脊骨拉出。在靠近鱼头和鱼尾处，将脊骨斩断，整个背脊骨就取下来了，但头尾仍与鱼肉连在一起，鱼形完整。在炸前，应先将鱼身定型，翻转成船形，使头尾翘起，“船”身侧平稍内曲，再用漏勺托起下锅炸制。如无蛋皮时，用馄饨皮代替也可，但必须捏拢包紧，形如元宝。因有过油炸制过程，需准备熟猪油1000克。

一四〇、陆游诗文中记载的“陆游甜羹”

【名菜典故】

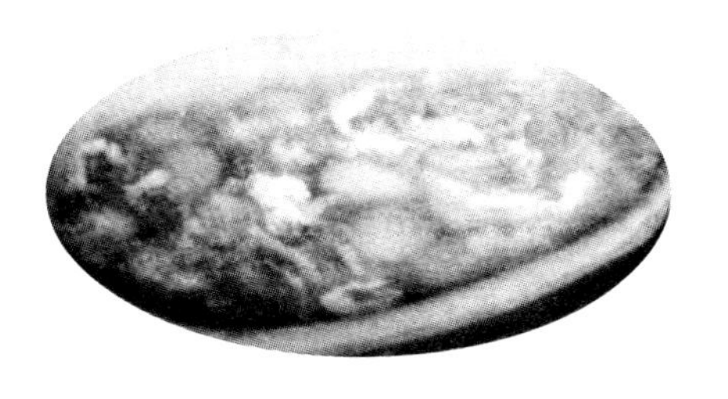

陆游不但美食诗文写得好，烹饪技艺也很高，常常亲自下厨掌勺。在他的诗词中，吟咏烹饪的有上百首。他在《甜羹之法以菘菜山药芋莱菔杂为之不施醯酱山》一诗中曰：“老住湖边一把茆，时话村酒具山殽。年来传得甜羹法，更为吴酸作解嘲。”这道用白菜、萝卜、山芋、芋艿等家常菜蔬做成的甜羹，因曾由陆游手烹，并数番写诗讴颂，所以人称“陆游甜羹”。甜羹深受当地居民的喜爱，江浙一带居民争相仿效。

【古菜今做】

主料：虾仁50克，玉米150克，鸡蛋1个。

调料：高汤100克，盐5克，味精2克，淀粉5克，色拉油20克。

做法：

——将虾仁洗净，用毛巾吸干水分，放入色拉油中过油，沥干油后待用。

——锅置中火上，放入色拉油，倒入高汤、玉米烧沸，加入盐、味精、虾仁，用湿淀粉勾芡，起锅加入鸡蛋调匀，倒入碗中即成。

备注：陆游诗里提到的甜羹材料现在已很难找，但没关系，用新材料制作的味道也一样甜。

【名菜特色】

玉米的维生素含量非常高，还含有核黄素，这些物质对预防心脏病、癌症等疾病有很大的好处。玉米清甜可口，蛋花白嫩，虾仁若隐若现，喝上一口，即便不加糖，也能喝出清香酥甜来。

一四一、陆游嗜吃的“金齑玉鲙”

【名菜典故】

陆游嗜好生鱼片，现存他所作的与鱼鲙有关的诗词有37首之多。陆游在《沁园春·洞庭春色》一词中说：“人间定无可意，怎换得、玉鲙丝莼。”这“玉鲙”指的就是被隋炀帝誉为“东南佳味”的“金齑玉鲙”。“鲙”，细切肉丝也，这里是指切薄的鱼片；“齑”就是切碎了的腌菜或酱菜，也引申为“细碎”。“金齑玉鲙”就是以鲈鱼为主料，伴以切细的色泽金黄的花叶菜。“丝莼”则是用莼花丝做成的莼羹，也是吴地菜名。

【古菜今做】

主料：鲑鱼150克。

辅料：生菜50克。

调料：酱油3克，白醋2克，味精0.5克，芥末2克，香油2克。

做法：

——将鲑鱼肉用白醋浸泡一下，再用清水洗净醋味，用消毒干净的刀具和墩板将鱼肉切成薄片，放在盛有冰块的净盘中。

——将生菜洗净切成丝放在盘中。

——用酱油、白醋、味精、香油、芥末调成味汁。

——生鱼片、芥末调味汁、生菜叶一同上桌，以鱼片蘸味汁食用。

【营养滋味】

鲑鱼含有大量的不饱和脂肪酸，能有效降低血脂和血胆固醇，防治心血管疾病。生菜不仅含有大量维生素，更有消除多余脂肪的作用。

一四二、元末画家倪瓒喜吃并载入书中的“云林鹅”

【名菜典故】

倪瓒对中国绘画影响深远，他与元代黄公望、王蒙、吴镇一起合称为“元四家”。倪瓒除了作画，对饮食也很有研究，一本《云林堂饮食制度集》为中国烹饪史留下一段佳话。倪瓒旧家中有一堂名“云林堂”，所以，他所编著的菜谱就以此命名。集中收有50余种菜品和饮料的制法。

苏州著名的古典园林狮子林，其前身就是倪瓒设计的，当时叫菩提正宗寺。设计完成后，寺里的当家和尚天如禅师为表答谢，宴请倪瓒，上了一道姑苏名菜清蒸鳜鱼，倪瓒吃了一筷就停了。天如禅师就让厨师再做一道烧鹅，倪瓒尝了一口，说了一声“好”，陪同的客人听倪瓒称好，也跟着细细品尝。消息传到苏州大菜馆，大家都开始做这道菜，并以倪瓒的别号作为招牌，菜单上就有了“云林鹅”这道佳肴。

《随园食单》中记：“《倪云林集》中，载制鹅法。整鹅一只，洗净后，用盐三钱擦其腹内，塞葱一帚填实其中，外将蜜拌酒通身满涂之，锅中一碗酒、一大碗水蒸之，用竹箸架之，不使鹅身近水。灶内用山茅二束，缓缓烧尽为度。俟锅盖冷后，揭开锅盖，将鹅翻身，仍将锅盖封好蒸之，再用茅柴一束，烧尽为度；柴俟其自尽，不可挑拨。锅盖用绵纸糊封，逼燥裂缝，以水润之。起锅时，不但鹅烂如泥，汤亦鲜美。以此法制鸭，味美亦同。每茅柴一束，重一斤八两。擦盐时，串入葱、椒末子，以酒和匀。”

【古菜今做】

主料：宰净肥鹅1只。

辅料：水淀粉50克。

调料：桂皮5克，川椒3克，八角5克，甘草5克，南姜50克，芫荽25克，酸甜菜150克，胡椒油25克，盐50克，酱油250克，白糖50克，绍酒50克，植物油100克。

做法：

——先将桂皮、八角、川椒、甘草装进小布包，扎口后放入瓦盆，加入清水和酱油、盐、白糖、绍酒，用中火煮滚后，放入肥鹅，转用慢火滚约10分钟，然后倒出鹅腔内的汤水，再将鹅放入盆中，边煮边转动，直到煮熟，需约30分钟（用筷子插入胸肉无血水流出即熟）。取出晾凉后，片下两边鹅肉，脱出四柱骨，把鹅骨剁成方块，用水淀粉20克拌匀，另用水淀粉30克涂匀鹅肉及皮，待用。

——用中火烧热炒锅，下油，等油烧至五成热时，先放进鹅骨，后放进鹅肉炸（皮要向上），约3分钟后端离火位继续炸，边炸边翻动，约炸7分钟后再端回炉上；继续炸至骨硬、皮脆，呈金黄色时捞起，把油倒回油盆。将鹅骨放入盘中，鹅肉用斜刀切成长6厘米、宽4厘米的片盖在骨上面，用酸甜菜和芫荽叶装饰在旁边，将胡椒油淋在上面即可。

【名菜特色】

自古流传有谚语：“喝鹅汤，吃鹅肉，一年四季不咳嗽。”常食鹅肉或喝鹅汤，对老年糖尿病患者有控制病情发展和补充营养的作用。这道菜异香扑鼻，酥烂脱骨，汤中酒味浓厚，又兼有鹅的鲜美，以潮汕甜酱或梅膏酱佐食，风味尤佳。

一四三、李时珍发现的长寿美食“胡萝卜烩木耳”

【名菜典故】

李时珍常常到深山去采药。传说有一次，他遇到一位鹤发童颜的采药老人，就和老人攀谈起来。原来，这位老人是隐居此处深山里的老隐士，虽年过百岁，却眼不花，耳不聋，身体非常健康。当李时珍问他有什么养生延寿的秘诀时，老人指了指竹篓里的胡萝卜和木耳说：“喏，就是常常吃这胡萝卜烩木耳。”

老隐士的话给了李时珍很大的启示。回到家后，他反复实验得知，经常食用胡萝卜烩木耳对人的健康非常有益，特别是有益于人的肝脏健康。于是，他把这一食疗方法介绍给了乡亲们，这一道美味养生菜由此流传开来。

【古菜今做】

主料：胡萝卜150克。

辅料：水发木耳50克。

调料：葱段50克，花生油、姜丝、料酒、盐、味精各适量。

做法：

——将胡萝卜洗净，去根，切成片。

——将木耳洗净，撕片。

——净锅下花生油，中火烧至六成热时，用葱段、姜丝爆锅，烹入料酒，倒入胡萝卜片、水发木耳煸炒几下，加入盐和少许清水，稍焖，待胡萝卜片烂熟后，用味精调味，翻炒均匀即成。

【营养功效】

胡萝卜里富含胡萝卜素，以及维生素C、B等营养元素，具有增强免疫力、改善贫血、改善视力和预防便秘的作用。木耳中铁的含量极为丰富，故常吃木耳能养血驻颜，令人肌肤红润，容光焕发，并可防治缺铁性贫血。这道菜不仅味道鲜美，还有护肝、减肥的功效。

一四四、清代文人李渔宴请亲友的发菜

【名菜典故】

传说，清康熙年间的著名文人李渔有一次应邀去甘州（今甘肃张掖）做

客。返回江南家乡前夕，李渔看见炕上有一些“乱发”，他责怪使女懒惰，连落发也不知清扫。使女笑着说：“这不是乱发，是当地山珍，是我们侯爷夫人特意送给您南归的礼物，我包装时不小心散落了一些在炕上。”李渔将发菜带回家后，宴请亲友品尝，在一片赞叹声中，他还作诗赞美它脆滑细嫩、咀嚼有声，从此发菜名冠江南。且发菜与“发财”谐音，有祝愿意味，故深受人们喜爱。

“苏武留胡节不辱，雪地又冰天，苦忍十九年，渴饮雪，饥吞毡，牧羊北海边……”这是我国一首脍炙人口的歌曲《苏武牧羊》。过去有人解释说，“毡”是苏武手持节杖上的毛毛，又有人说是苏武用来遮盖身体的毡子。毛毛和毡子怎能用来充饥？况且需要多少毛毛和毡子才够他吃19年啊！其实歌中所说的“毡”乃是发菜。

【古菜今做】

食用前，先用温水浸泡2小时左右，去杂质，洗净后轻轻揉擦，使其松散，再用清水漂洗，然后烹调。发菜做成菜肴脆滑细嫩，细嚼有声，别有风味，清香宜人。多与鲍鱼、干贝、虾仁、鸡鸭、鱼丸等一同烧汤；也可炒烩，如与虾米、鸡蛋同炒；或切成小块作为冷盘；或掺入肉糜内做丸子；或用油皮卷上，挂糊后放入锅内油炸成发菜卷；也可与冬菇、熟笋及绿叶菜等烧烩；等等。发菜多作为制作花色菜肴的辅助材料。

【营养功效】

发菜所含蛋白质较丰富，比鸡肉、猪肉高，还含糖类、钙、铁、碘、藻胶、藻红元等营养成分，脂肪含量极少，故有山珍“瘦物”之称。发菜具有清热消滞、软坚化痰、消肠止痢等功效，还具有调节神经的作用，并可作为高血压、冠心病、高血脂、动脉硬化、慢性支气管炎等病症辅助食疗的理想食物。

一四五、爱蟹如命的李渔喜爱的“醉蟹”

【名菜典故】

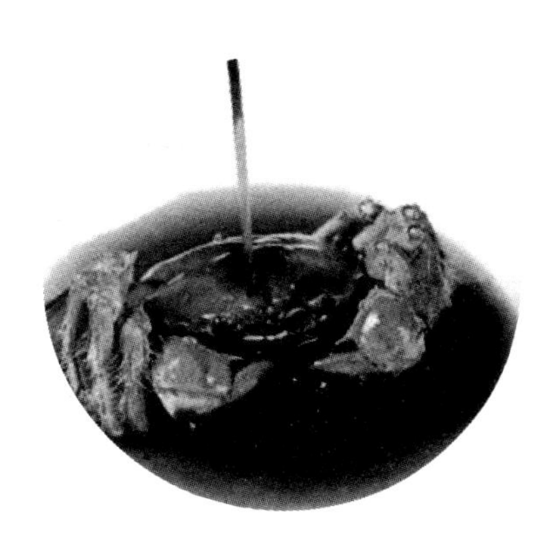

李渔是一个热爱生活并且生活得很艺术的人。他能够把生活经验很艺术地写成书，这也是他高出许多风流才子的地方。《闲情偶寄》中的“饮撰部”，是李渔讲求饮食之道的专著内容。他在《闲情偶寄·饮撰部》里说：“予于饮食之美，无一物不能言之，且无一物不穷其想象，竭其幽渺而言之；独于蟹螯一物，心能嗜之，口能甘心，无论终身一日皆不能忘之……予嗜此一生。每岁于蟹之未出时，即储钱以待。因家人笑予以蟹为命，即自呼其钱为‘买命钱’。自初出之日起，至告竣之日止，未尝虚负一夕，缺陷一时。”他对于蟹的赞誉是：“鲜而肥，甘而腻，白似玉而黄似金。已造色香味三者之至极，更无一物可以上之。”李渔诗文皆绝，耽思饮食，嗜蟹如命到无一日不怀念蟹的地步，以至于把预存买蟹的钱称作“买命钱”。

李渔嗜蟹一生，自认理解力和记忆力超强，词曲诗文“有似孺子天机随口而出”之才，是深得嗜蟹之食益的缘故。当年有人问他每年要花多少钱吃蟹，他不无风趣地答曰：“若想知我富不富，屋后蟹壳就知数。”原来一旦手头有了“买命钱”，他是绝不会亏待自己的“腹中蟹屋”的。

这么一个爱蟹如命的“蟹圣”，在螃蟹不上市的日子怎么办呢？他就自螃蟹上市之日起到断市之时终，把家里七七四十九只大缸始终装满螃蟹，并用鸡蛋白饲养催肥。他无一日不食螃蟹，并用绍兴花雕酒来腌制醉蟹，留待冬天食用，这样就不用担心季节一过难以为继了。

【古菜今做】

主料：母蟹2000克。

辅料：白酒600克。

调料：姜末5克，酱油1500克，味精5克，盐5克，干辣椒适量。

做法：

——洗净蟹，放置水槽中，任其自行晾干。

——晾干后，将蟹放入罐中，并倒入白酒，腌1个小时左右。

——烹制调料（酱油、干辣椒、姜末），倒入锅中，煮沸后关火冷却。如果不够咸，可适当加盐。

——将调好的调料倒入装蟹的罐中。

——3天后取出来即可食用。

【名菜特色】

蟹的美味可口是众所周知的，醉蟹色如鲜蟹，放在盘中栩栩如生，且酒香浓郁，让人食欲大增。

一四六、郑板桥为穷人做的“朝天锅”

【名菜典故】

郑板桥在潍县时，十分关心民间疾苦。某年腊月，他赶集了解民情，见市集的百姓有的在寒风中啃冷窝窝头，有的在墙角吃冷煎饼，于是，立即命令手下的人在集上支锅煮肉卖汤，解决赶集的穷汉吃冷饭的问题。因是露天摆摊，锅顶无遮盖，人们就叫它“朝天锅”。

朝天锅后来成了潍坊名吃，锅里一般放有整鸡和猪肠、猪肚等。只售汤不售肉，吃时顾客围锅而坐，掌锅师傅舀上热汤，加点香菜末和酱油等佐料。顾客既可以喝汤吃自带的凉干粮，也可以买饼吃锅里的汤肉，花钱不多，吃得热乎，深受群众欢迎。今天的“朝天锅”已不再是集市上风沙中的那种吃法，而成为宾馆饭店里的高档“朝天锅宴”。

【古菜今做】

主料：去骨咸猪腿肉750克，青鱼500克。

辅料：粉丝250克，白菜150克，竹笋50克，香糟150克。

调料：猪油（炼制）50克，料酒50克，味精5克，盐4克。

做法：

——青鱼中段洗净，从脊背剖开为两片，再切成4.5厘米长、1.5厘米宽的骨牌块，放入大碗中，加入盐拌匀，腌30分钟左右。

——香糟放入碗中，加入料酒调稀调匀，倒入青鱼块中拌匀，腌渍2小时左右，取出用清水洗净，沥净水。

——去骨咸猪腿肉用热水刷洗，洗净油污，放入蒸盘内，加入料酒，上屉蒸熟，取出晾凉，再切成4.5厘米长、3.3厘米宽、1厘米厚的块。

——白菜择洗干净，切成4.5厘米长、1.5厘米宽的条块。水发线粉漂清，截成长段；竹笋去掉老硬部分，洗净后切成薄片。

——锅置火上，加入猪油烧热，下入白菜块略煸，加入清汤250克、线粉段、盐、味精，烧沸片刻，倒入火锅里。

——原锅置火上，加入清汤烧沸，下入腌青鱼块、料酒、精盐，鱼块氽熟后，取出铺摆在火锅里，再将熟咸猪腿肉块和冬笋片相间铺摆在青鱼块上，烧沸后即可上桌食用。

【名菜特色】

青鱼肉厚且嫩，味鲜美，除富含蛋白质、脂肪，还含丰富的硒、碘等微量元素，对抗衰老、抗癌有一定益处。“朝天锅”肥而不腻，营养丰富，味美可口，汤清淡而不混浊，加以薄饼配食，其味无穷。

一四七、郑板桥指点做的“菜豆腐鸡”

【名菜典故】

郑板桥在山东潍县做知县时，某天去乐安城（今广饶县）走访，住了几日，当地知县在有名的酒家“千乘酒肆”招待他，每天都以鱼肉伺候。吃了几餐后，郑板桥感觉有点腻，又不好意思开口。还是店小二看出了问题，便问道：“您觉得我们的菜什么地方不合您的口味？您比较喜欢吃什么？”郑板桥不仅是有名的画家，对吃也有一定的研究。他问：“前几天吃的八宝布袋鸡，能不能把鸡里装的荤馅换成老百姓家常吃的菜豆腐炖一炖？”

店小二把郑板桥的想法告诉了厨师。于是，厨师把菜豆腐中的水分控干，锅中加油、葱花、盐等，把菜豆腐炒后，装在剔好的布袋鸡中，锅中加汤、作料等。炖了约一个时辰，汤白鸡酥，味道鲜美，另有一番风味。

【古菜今做】

主料：三黄鸡600克。

辅料：老豆腐500克。

调料：葱、姜、香菜依口味各取适量，油30克，野山椒若干，盐、味精各适量。

做法：

——将整块豆腐放入笼屉蒸半小时，取出。蒸过的豆腐韧性更足，不易烂。取平底锅，放入少许油加热，将豆腐放入煎，要将豆腐底部及四周全部煎到，使之呈金黄色即可。用小刀从豆腐顶部将中间挖空，使之呈盒状。四壁留1厘米厚度，底可稍厚，留一些豆腐块不必取出，做配料用。

——将水烧开，鸡放入开水锅中，煮两三分钟后关火，加盖焖十几分钟至熟透。

——鸡取出剁块，放入豆腐内。

——葱、姜、香菜切末，切得越碎越好；野山椒切碎。将葱末、姜末、香菜碎混合，野山椒末中放盐、味精，锅内放两勺油烧热，浇至料上，搅拌使之受热均匀，油可滗出一些，然后将料均匀地浇至豆腐容器中的鸡块上即成。

工艺关键：豆腐使用前先煎底及四周，可增加其牢固度，否则放入鸡块后会将其撑破。三黄鸡本身比较鲜嫩，不可久煮，防止鸡肉变老。

【名菜特色】

老豆腐营养价值高于内酯豆腐，且钙含量丰富。老豆腐味道醇正，鸡肉鲜嫩，又有淡淡的豆香味，软烂鲜香，营养丰富，好吸收。

一四八、明朝文学家谭元春发明的“红烧瓦块鱼”

【名菜典故】

“红烧瓦块鱼”，湖北天门人又称其为“红烧木琴鱼”。相传，此佳肴的创制与明朝文学家谭元春有关。

谭元春不光喜好诗文，还酷爱丝竹之音，对岭南木片琴尤为钟爱。一日，他突然发现去掉头尾的青鱼段酷似木片琴，于是命人顺着肋制出花纹后红烧佐酒。眼观佳肴，如闻木片琴的叮咚雅韵，令人心旷神怡。此菜后来传至民间，因形似屋瓦，故称“红烧瓦块鱼”。

【古菜今做】

主料：青鱼500克。

辅料：木耳（水发）25克，淀粉（蚕豆）20克。

调料：醋25克，黄酒5克，盐2克，白砂糖5克，酱油30克，小葱25克，味精2克，姜25克，猪油（炼制）40克。

做法：

——将青鱼宰杀治净，片取中段鱼肉洗净，皮面剞成斜片纹，约10刀，两面抹上少许精盐、黄酒腌渍。

——葱、姜洗净，葱切段，姜切末。

——黑木耳洗净，备用。

——炒锅置旺火上，倒入熟猪油烧至七成热，放入鱼块炸3分钟，待呈金黄色时捞出沥去油。

——原锅留余油移至中火上，下姜末，加入猪肉汤250毫升、黑木耳、酱油、醋、白糖、鱼块烧5分钟。

——待汤汁浓稠时放入味精，用湿淀粉勾芡，撒上葱段，起锅装盘即成。

工艺关键：

——烧时淋汁晃锅，使之入味，避免糊底。淋入湿淀粉，用手勺慢推，让淀粉糊化，做到明汁亮芡。

——因有过油炸制过程，需准备熟猪油500克。

【健康提示】

青鱼忌与李子同食；忌用牛、羊油煎炸；不可与荆芥、白术、苍术同食。

一四九、光绪进士谭延闿喜爱的“祖庵鱼翅”

【名菜典故】

“祖庵鱼翅”始于清光绪年间，是湖南名菜，光绪进士谭延闿很喜欢这道菜。后来，谭延闿的家厨将此菜做了改进，加进了鸡肉、猪五花肉，使鱼翅更加鲜美。因为此菜是谭延闿家厨改进，谭延闿字祖庵，所以人们把这道菜称作“祖庵鱼翅”。

【古菜今做】

主料：水发玉结鱼翅1000克。

辅料：肥母鸡1500克，猪肘1000克，瑶柱50克，菜心150克。

调料：盐10克，味精5克，鸡油50克，料酒150克，葱50克，姜50克，胡椒粉2克。

做法：

——鱼翅下冷水锅焯水后，再用清水洗2次，将粘连的翅身撕开。

——肥母鸡、猪肘各切几大块，下冷水锅烧开，沥出洗净。瑶柱加适量清水上笼蒸发留汤待用。

——取大瓦钵一只，用竹箅子垫底，上放猪肘肉、葱段、姜块，再放入用纱布包好的鱼翅、鸡块，同时加瑶柱汤、料酒、盐（少许）、清水，用盘盖上，上旺火烧开3分钟，再改小火煨至鱼翅软烂，去掉鸡肉、肘肉和葱姜，将鱼翅取出，摆放在盘中，菜心煸熟围边。

——锅内倒入钵内原汤，收成浓汁，淋鸡油，撒胡椒粉，浇在鱼翅上即成。

工艺关键：煨制过程注意火候。

一五〇、清代著名诗人、美食家袁枚赞赏的“蒋侍郎豆腐”

【名菜典故】

蒋侍郎豆腐是受清代著名诗人、美食家袁枚赞赏的豆腐菜肴。传说袁枚为求得此种豆腐的制作技巧，竟不惜为之三折腰。一次袁枚参加蒋侍郎的家宴，酒过三巡，蒋侍郎一时高兴，问袁枚是否想尝尝他烹调的豆腐。袁枚大感兴趣，定要蒋氏当即制作。不多时蒋侍郎果然奉上一味上好的豆腐。袁枚品后，赞不绝口，定要蒋侍郎传授技艺。蒋本意是显过手艺就算了，想不到袁枚求教如此心切。蒋氏想了个缓兵之计，说古人不为五斗米折腰，而要他教授豆腐技巧必得三折腰。袁枚当即在众目睽睽下向蒋行了拜师礼，蒋氏只好把操作技艺传授给袁枚。袁归家后即刻试行，确实妙不可言，当即把这种豆腐定名为“蒋侍郎豆腐”，并把制法记载在他的《随园食单》中。

【古菜今做】

原料：豆腐，鲜虾，糯米甜酒，姜米，上汤或水，花生米，酱油，盐，糖，生粉。

做法：将豆腐用温水焯过，沥干水分，切块备用。将虾剥壳，去肠洗净备用。烧热平底锅后下油，将豆腐煎香，下少许盐，然后将豆腐盛出，再下油炒香姜米，下虾肉炒香，加入适量糯米甜酒、上汤、酱油，煮至虾熟，用适量盐、糖调味，勾薄芡，淋在煎好的豆腐上便可。

一五一、清代秀才为应试科举发奋苦读而产生的名吃——“过桥米线”

【名菜典故】

据传，清光绪年间，云南西部有一位秀才，为了应试科举，独自在一个湖中的小岛上发奋攻读，一日三餐均由妻子送去。由于路远，每次送来的饭菜都已凉了。一天中午，妻子送来了一罐鸡汤，上面漂着一层油，送来时其夫已睡着了，直至太阳偏西才醒来，一摸汤罐，依旧微温可食，原来是厚厚的一层鸡油保住了汤的温度。于是，妻子从中得到了启发，便常用鸡汤煮米线给丈夫吃，由此创制了鸡汤米线。在妻子的不断鼓励和悉心照料下，秀才终于考中了举人，一时传为美谈。由于这位贤惠的妻子送米线时要经过一座桥才能到小岛上，后来这种米线也被称为“过桥米线”。如今过桥米线已成为云南著名风味小吃之一。

【古菜今做】

使用的原料最好是土鸡，等水开后，把鸡放入，大概煮10分钟后汤的表面会浮出白沫，撇去不要。然后使用文火熬，一直到熬汤变成白色。在熬汤的时候会经常出现白沫，隔一段时间就要撇去。

一五二、清代进士伊秉绶的“伊府面”

【名菜典故】

据清人笔记记载，“伊府面”始于清朝乾隆年间，为进士伊秉绶的家厨所创制。伊秉绶对美食很感兴趣，他虽然是福建人，却特别爱吃北方的面条。他在贵州做官时，家厨对面条制作的传统方式进行了改进，在面粉中掺入鸡蛋，以先煮后炸再煨的烹饪方法制成，面上浇虾仁、海参、笋片等辅料。来到伊府做客的人吃了这种面无不为之倾倒，并纷纷称其为“伊府面”，该名称就这样传开了。后来，由于“伊府面”制作精细，鲜嫩可口，逐渐被北京各大饭店所采纳，成为筵席上的特色点心。

【古菜今做】

主料：小麦面粉250克，猪肉（肥瘦皆有）50克，菠菜30克，鸡蛋125克，鸡肉50克，竹笋50克。

调料：淀粉（豌豆）15克，植物油100克，盐8克，香油10克，黄酒5克。

做法：

——将面粉放工作台上，中间留凹塘，鸡蛋去壳，加入塘内，放盐2克，搅拌均匀，揉成光滑面团，搓成20~25厘米的长条揿压，取长擀棒将面团擀成长方形薄片，撒上少许生粉。将薄面片卷到擀棒上，两手揿卷好面片，自边向外推擀，两手在面片上自中心向两边边压边擀，常放边缘，每推数次便将面片从擀棒上摊开，撒上少许生粉，继续卷起再扒擀，直至扒擀面片厚度只有0.1厘米左右。然后摊开面片，取擀棒并将面片以S形自下而上叠起，用快刀切成细面条。

——锅内放水烧沸，将面条下锅，用筷子稍搅动，待面条浮起，用笊篱捞放于冷水中浸过后，沥干水分备用。

——锅洗净放油，烧至七成热，将沥干水分的面条入油锅汆至发硬，用笊篱捞起沥干油，即成伊府面半成品。

——锅内留50克余油，将肉丝下锅炒散后，加入鸡丝、熟笋丝炒半分钟，加入黄酒、盐，倒入鲜汤、伊府面同煮至沸后，加入绿叶菜，撇去浮沫、淋上麻油，出锅装入碗内即成。

一五三、和曹雪芹烹制菜肴相似的“荷包鲫鱼”

【名菜典故】

相传清代大文学家曹雪芹，曾在其好友于叔度家烧了一道菜叫“老蚌怀珠”，其外形像河蚌，腹中藏明珠，滋味极佳，食者赞不绝口。到乾隆时

期，扬州地区制作的“荷包鲫鱼”（又名“怀胎鲫鱼”），被许多人误以为就是当年曹雪芹烹制的那种“老蚌怀珠”，故食者众多，其声誉与日俱增。其实它们只是形状相似，用料与制法都不相同。扬州的“荷包鲫鱼”是用鲫鱼与肉末制作，将肉末调味拌和成肉饼状，塞入鱼腹中，形似荷包，故称“荷包鲫鱼”。

【古菜今做】

原料：大活鲫鱼1条（重约350克），净猪五花肉200克，绍酒25克，酱油35克，白糖20克，精盐2克，味精1克，熟猪油75克，葱段2克，姜2片，葱结1只，葱姜汁（由葱花、姜末、清水调成）15克，湿淀粉10克。

做法：

——鲫鱼去鳞、去鳃，从背脊上剖开，取出内脏，洗干净。

——猪五花肉斩成肉末，放入碗中，加盐、味精、葱姜汁拌和成馅，塞入鱼腹中。在鱼身上略剞几刀，然后抹上酱油稍腌。

——炒锅上火，下猪油50克，烧至七八成热，将鲫鱼放入锅内，两面煎至发黄时，下葱结、姜片，煎出香味，再下绍酒、酱油、白糖、盐、清水250克，用旺火烧开，盖上锅盖，改用小火焖烧20分钟左右，再用旺火将卤汁收浓，用湿淀粉少许勾芡，浇上熟猪油25克，撒上葱段，起锅装盘即成。

（孔府接待皇帝达官贵人及文人的“八仙过海闹罗汉”已在第一章记载。）

第四章

民间美食

人民是历史的创造者，也是美食的创造者。古往今来，民间不知流传下来多少美食。虽然大多由平民百姓制作，虽然不可能一一得到历代帝王、文人、美女们的品尝，但其美名及品质并不亚于与帝王、文人、美女相关的美食之下……

一五四、出自南宋的“一品南乳肉”

【名菜典故】

南宋末年，蒙古军大举南侵，贾似道奉命率军抗击，但他不思进取，暗中与蒙古签订纳币称臣的屈辱条约，回朝后隐瞒了投降真相，宣称打了大胜仗，赶走了蒙古军。几年以后，蒙古军再次南下，攻打宋朝军事重镇——襄阳、樊城，两城军民浴血奋战，坚守了8年之久。其间告急文书接连不断，可贾压下救援书，不发援兵，而把主要精力放在游山玩水上。对贾的作为，老百姓恨之入骨，但却没有办法，只好把人人都爱吃的南乳肉比作贾似道，以解欲食其肉寝其皮之恨，并把贾的一品官职移到南乳肉的名称上，称为“一品南乳肉”。

【古菜今做】

原料：带皮猪五花肋肉1块（重约500克），葱段、姜片各10克，料酒30

克，酱油15克，白糖30克，红腐乳25克，盐3克，红曲米15克，猪油25克，油菜100克，味精2克，香油5克。

做法：

——把猪五花肋肉刮洗干净，切成3厘米见方的块，放入沸水锅里焯一会儿，捞出用温水洗净；将红腐乳研碎。

——将肉块与葱段、姜片、料酒、酱油、白糖、红腐乳、盐2克一同放在锅里，加适量清水，用旺火烧沸后，改用小火烧30分钟，加入红曲米，继续烧30分钟出锅。把肉皮朝下码在碗里，滗入原汁，上屉用旺火蒸30分钟至肉酥烂。

——勺中放猪油，放入油菜煸炒，加盐1克、味精、香油，熟后出锅摆在盘子周围。

——将碗里的汤汁滗在锅里，蒸好的肋肉扣在盘中间，将汤汁烧沸收浓稠后，起锅浇在肉块上即可上桌。

一五五、源于“杞人忧天”的“杞忧烘皮肘”

【名菜典故】

“杞忧烘皮肘”是河南杞县地区历史悠久的传统名菜，源于“杞人忧天”的典故。古之杞国，即今之杞县，位处河南中部，济河上游，是古代交通要道，又是烹饪始祖伊尹长眠之地。传说古时杞国有“忧天崩坠”而废寝忘食者，其好友邀其到府中以理相劝，并特意飨以自制美味“烘皮肘”，烧烘时加冰糖、银耳以润肺清火，加杞果以补肾，加红枣以补肝，加黑豆以壮筋，加莲子以补脾胃。忧天者食后，心病解除，食欲大振。之后日进一餐烘皮肘，身体迅速康复。此菜由此成名而沿袭至今，世人称其为“杞忧烘皮肘”。

【古菜今做】

主料：带皮猪肘子肉750克。

辅料：杞果15克，黑豆25克，莲子50克，红枣10克，水发银耳25克。

调料：蜂蜜15克，冰糖150克，白糖100克，熟猪油8克。

做法：

——将肘子皮朝下放铁笊篱中，在旺火上燎烤10分钟左右，放凉水中将黑皮刮净，如此反复3次，去掉肉皮的2/3。将刮洗干净的肘子放汤锅内以旺火煮至五成熟，捞出加工成圆形。用刀将肉切成菱形块（保持外皮完整，皮肉相连），皮向下放入碗内，将加工时掉落的碎肉放上面。黑豆泡后煮至五成熟，和洗净的杞果同放碗内，上笼用旺火蒸2小时。

——红枣两头裁齐，捅去枣核。将已去皮去芯的莲子两头裁齐放入碗中，加猪油上笼蒸20分钟取出，滗去水分，镶入枣内，再上笼蒸20分钟。

——炒锅内放入锅垫，把蒸过的肘子皮向下放锅垫上，添入清水两勺，放进冰糖、白糖、蜂蜜，红枣放上面，用大盘扣住。旺火烧开后，移至小火上蒸30分钟，待肉呈琥珀色时，去盘捡出大枣，用漏勺托着锅垫，扣在盘中。

——将水发银耳在开水中焯一下，沥去水分，围在肘子周围。红枣在银耳外边围摆一圈。黑豆、杞果放锅内余汁中，煮沸后，均匀地装入盘内即成。

工艺关键：

——肘子剞刀不可将其切断，以保持其形态完整。蒸肘子的时间要保证在2小时，使之软烂。

——烧汁时，火不可太旺，因糖多易糊锅。在收汁过程中，锅边可能有黑渣，要用洁布将其擦去，防止掉入汁中，影响菜肴质量。

一五六、明朝百姓举报贪官的“带把肘子”

【名菜典故】

“带把肘子”是陕西名菜，创始于明代弘治年间的同州，即今之陕西大荔。传说当时新任同州州官是一个贪得无厌的奸官。他想尽办法搜刮民脂民膏，苛捐杂税压得老百姓喘不过气来。有一次他要给自己办五十寿诞，又想趁机大捞一把。那些逢迎阿谀之辈，为了讨好州官老爷，送来了许多贵重的寿礼。这些人当中有一个衙门总管特别会巴结官老爷，便负责一手操办盛大的祝寿宴会活动。为了使州官老爷面子好看，又花销不多，他便悄悄地去同州有名的李记餐馆，指名要老板李玉山无偿提供烹饪服务。偏偏李玉山为人耿直忠厚，一辈子靠手艺吃饭，最看不惯贪官恶霸欺压百姓，便断然拒绝衙门总管的要求。衙门总管碰了一鼻子灰，日后便在官老爷面前百般诋毁李记餐馆，并伺机整治李玉山。

正巧这时陕西抚台大人郑时要来同州视察。衙门总管便和州官商量好借机整治李玉山的办法。就在郑大人来同州的头一天，衙门总管又上门来找李玉山了。他说："老爷传话，特命你明日中午一定要做好一道带骨头的美味佳馔，给抚台大人接风。若是出少许偏差，定重罚不饶。"说完便扬长而去。李玉山闻知抚台到来，以为此事非同小可，万一有个闪失，自己担待不起，可总管指名要做带骨头的菜肴，明显是给自己出难题。他正坐在店里发愁，从店外走进一人，原来是常来饮酒闲聊的老主顾尉能。

"李老板为何面带愁容，闷闷不乐？"

"唉，眼看我就要大祸临头了……"

"何事如此严重？你不妨说来，让我替你想些办法解忧！"

尉能这话一说，还真让李玉山心里的石头立时落了下来。他知道这位尉能不是平凡之辈，曾在京中做过光禄大夫，专管宫廷宴会及朝廷庆典等事务，乃是见过大世面之人。再说此人为官清明廉洁，一向耻与奸佞为伍，是看不惯朝中腐败才主动告老还乡的。

"如此说来，我就真的要靠您救我了……"李玉山把总管来找的事说了一遍，但见尉能哈哈大笑，道："这事好办。我与抚台大人有过一面之交，深知他的人品，你只要按照我说的去办，保你无事就是了……"

第二天，同州府衙内大摆宴席，抚台大人高坐主宾席上，州官在一旁殷勤作陪，下面还有许多地方显要人物。只听总管一声吩咐："大厨师李玉山进献同州名馔，敬请抚台大人品尝！"只见李玉山不慌不忙地双手捧上一大盘菜肴摆到了宴席桌上正中。众人急忙观看，原来盘中菜肴上部有肉，下面却是几根大骨头。州官立时脸色变青，额头上冒出了冷汗。众人无不吃惊，只有抚台大人面不改色，微微一笑，问道："请问大师傅，这道地方名菜有何说法?"李玉山便照尉能交代的话语回答："回禀大人，您老新来此地有所不知，我们州官老爷一向是既要吃肉，也要连骨头一起吃的！"抚台大人听出了大师傅话中有话，也不多问，便让他退下去了。这时的州官还顾不得发作，只好一边拭汗一边假装殷勤，忙着招呼用餐，满桌陪客的人个个心惊胆战。

次日，郑时大人微服私访，亲自到李玉山的餐馆来做客了。李玉山一五一十地讲了州官如何贪赃枉法、欺压百姓，乡亲父老如何对奸官恨之入骨，却又敢怒而不敢言。郑大人全都记在了心里。随后，大人又问李玉山："昨日你进献的菜肴叫何名称？"李玉山回答说："衙门总管吩咐要有肉有骨，小人不敢不遵。我做菜用的是猪脚，骨长似柄，菜名就叫'带把肘子'。"郑大人连声称赞："名实相副，意味深长，很好。"

过了些时日，同州州官便被陕西抚台大人治了罪，地方百姓无不拍手称快。郑大人离同州之前，李玉山和乡亲父老专做了一桌极其简朴的酒席给清官送行。郑大人再三推辞不过，只好答应了。那天宴席之上的主菜便是李记餐馆老板李玉山精心烹制的"带把肘子"。从此，"带把肘子"便成了同州地方传统美馔，至今仍赫然列在秦菜谱中的显要位置。

【古菜今做】

原料：带脚爪猪前肘1只（1250克），红豆腐乳1块，甜面酱150克，红酱油35克，白酱油、绍酒各25克，蒜片50克，姜末、桂皮各5克，八角3粒，葱200克，精盐少许。

做法：

——把肘子刮后用清水洗净，肘头向外、肘把向里、肘皮朝下，放在砧板上，用刀将皮沿着腿骨剖开，剔去腿骨两边的肉，使底骨与肉相连，露出骨头。再将两节腿骨从中间用刀背砸断，放入汤锅煮到七成熟时捞出，用净布揩干水，趁热用红酱油涂抹肉皮。

——将蒸盆底放入八角、桂皮，先把肘把的骱骨用手拉断，不要伤外皮，将肘子皮朝下装入蒸盆里，根据肘子的形状，将肘把贴住盆边装入，使其成为圆形，撒入精盐，用干净纱布盖在肉上。把甜面酱50克、葱75克、红豆腐乳、红酱油、白酱油、绍酒、姜、蒜等在纱布上抹开，放进笼里用大火蒸3小时，待肉烂时取出，掀去纱布，把肘子放到盘里，捡去八角，上桌时带上葱段和甜面酱各一碟。

一五七、古代嫂为叔做的“西湖醋鱼”

【名菜典故】

西湖醋鱼，又名“叔嫂传珍”。相传很久以前，西湖边居住着一对聪明的宋氏兄弟，以捕鱼为生。当地恶霸想强占美丽的宋嫂，害死了宋家大哥。叔嫂俩到官府告状，反被打出大门，只得离家外逃。临行前，宋嫂做了一碗鱼，加糖加醋，烧法奇特，以勉小叔日后若过上好日子，甜中也勿忘百姓之辛酸。后来宋弟果真得官回乡，惩办了恶棍。醋鱼的制法也随着这个故事传开了，并日趋精美，成为杭州的传统名菜。

【古菜今做】

原料：活草鱼1条（700克），姜末15克，白糖60克，醋50克，绍酒25克，湿淀粉50克，酱油75克。

做法：

——将草鱼饿养两天，促其排尽草料及泥土味，使鱼肉结实，然后将其宰杀并去掉鳞、鳃、内脏，洗净。

——把鱼身劈成雌雄两爿（连背脊一边称雄爿，另一边为雌爿），斩去鱼牙。在雄爿上，从颌下45厘米处开始，每隔45厘米斜片一刀（刀深约5厘米），刀口斜向头部（共片5刀），片第三刀时，在腰鳍后处切断，使鱼分成两段，再在雌爿脊部厚肉处向腹部斜剞一长刀（深4~5厘米），不要损伤鱼皮。

——将炒锅置于旺火上，舀入清水1000克，烧沸后将雄爿前后两段相继放入锅内，然后，将雌爿并排放入，鱼头对齐，皮朝上，盖上锅盖。待锅水再沸时，揭开盖撇去浮沫，转动炒锅，继续用旺火烧煮，前后共烧约3分钟，用筷子轻轻地扎鱼的雄爿下部，如能扎入，即熟。炒锅内留下250克汤水（余汤撇去），放入酱油、绍酒和姜末调味后，将鱼捞出，装在盆中。

——将炒锅内的汤汁加入白糖、湿淀粉和醋，用手勺推搅成浓汁，见滚沸起泡，立即起锅，徐徐浇在鱼身上，即成。

工艺关键：

——片鱼时刀距及深度要均匀。

——将片好的鱼放入锅中煮时，水不能淹没鱼头及胸鳍翅。最后一道工序用手勺推搅成浓汁时，应离火推搅不能久滚，切忌加油；浓汁滚沸起泡时，立即起锅，浇遍鱼的全身即成。

——“西湖醋鱼”采用活杀现烹、不着油腻的烹调手段，成菜色泽红亮，酸甜适宜，鱼肉结实，鲜美滑嫩，有蟹肉滋味。

一五八、四川民妇做的鱼香肉丝

【名菜典故】

相传很久以前，在四川有一户生意人家，他们家里的人很喜欢吃鱼，对调味也很讲究，所以烧鱼的时候都要放一些葱、姜、蒜、酒、醋、酱油等去腥增味的调料。有一天晚上女主人炒肉丝的时候，为了不使配料浪费，就把上次烧鱼时用剩的配料都放在这道菜中炒和，当时她还觉得这道菜可能不会很好吃，家中的男人回来后不好交代。正在发呆之际，她的丈夫做生意回家了。丈夫不知是肚饥还是感觉这碗菜特别，还没等开饭就用手抓起往嘴中送，没过一分钟，他便迫不及待地问老婆此菜是如何做的，女主人正在结结巴巴时，意外地发现丈夫竟连连称赞此菜。丈夫见她没回答，又问了一句：“这么好吃是用什么做的？”女主人才一五一十地给他讲了一遍。因为这道菜是用烧鱼的配料来炒的，才会滋味无穷，所以取名为“鱼香肉丝”。

【古菜今做】

原料：里脊肉，莴笋，胡萝卜，木耳，葱、姜、蒜。

做法：

——将里脊肉切丝，用料酒、少许盐、淀粉、生姜丝拌和均匀，另将白糖、酱油、醋、鸡精、水淀粉调在小碗里待用。

——莴笋、胡萝卜洗净去皮切丝待用；木耳泡发后去根蒂切丝；葱、姜、蒜切碎备用。

——锅中放入适量油烧至温热，放入腌制好的肉丝滑散盛出备用。

——锅中放入适量油，爆香葱、姜、蒜碎，加入剁椒酱和郫县豆瓣炒香。放入莴笋丝、胡萝卜丝、木耳丝翻炒均匀，再加入炒好的肉丝和调味汁，迅速翻炒起锅装盘即可。

一五九、令穷秀才连舌头也吞下的“炒里脊”

【名菜典故】

杭州人旧传，清代名将年羹尧调至杭州后，从大将军被贬为城门官，府中姬妾一时如鸟兽散。有一杭州穷秀才适娶其姬为妻，闻姬乃是年府中专管饮馔者，穷秀才问其妻擅长什么技巧，回答说专管小炒肉（即炒里脊）。此秀才嘴馋，要妻子为他烹制一盘小炒肉尝味。其妻说，须一只肥猪才能割一块肉用之，穷秀才只好作罢。后来村中办赛神会，须一猪，由秀才负责祭祀，秀才思忖正好一试。然其妻又嫌猪死，恐味大减，但无可奈何，只得勉强割取一块肉，亲自下厨烹制，叫秀才在房中煮酒以待。少时，其妻捧出肉盘，叫秀才先尝，自己则往厨下收拾炊具。顷刻，回到房中，见秀才躺在地上，奄奄一息。细察，发觉该秀才不仅将所炒之肉吃了，连舌头也一并吞下，以致气道堵塞。其妻忙救之，秀才方才醒过来。俗话说“尝美味者必先将舌头用线羁住”，即是此意，可见年府秘传的炒里脊的鲜美程度。后来此菜烹调方法传入民间，被列入杭州名菜。

【古菜今做】

原料：瘦猪肉。

调料：味精适量，料酒2钱，白糖5钱，酱油2钱，醋3钱，玉米粉（湿）2两，熟猪油少许，花生油2两，葱、姜、盐少许。

做法：

——将猪肉切成1寸长的滚刀块，加入少许料酒、酱油、盐，抓一抓使其入味，然后用玉米粉糊裹匀。

——用旺火把油锅烧热。待油热时，将裹玉米粉糊的肉片下锅炸，有粘在一起的要及时分开，油太热时端到微火上炸，炸约5分钟即成。

——用玉米粉、糖、醋、酱油、盐、味精、料酒、葱姜末兑好汁。在锅内放一点熟猪油，烧热后倒入兑好的汁。汁水炒黏时，将炸好的肉片倒入汁内翻炒两下，再淋上一点花生油即可。

一六〇、清代县太爷制作的“太爷鸡”

【名菜典故】

相传在清朝宣统三年（1911），有个文人叫周桂生，曾任广东新会县知县。辛亥革命爆发后，他无处供职，只得另谋出路。由于他当县太爷时，品尝过多种江苏卤鸡的味道，于是就带了全家老小来广州出售熟鸡。他将江苏、广东一带的先进熏鸡方法学会，经过多次试验，做成了味道独特的第一批卤熏鸡，一经出售，大受欢迎。后来人们都争相购买他做的卤熏鸡。

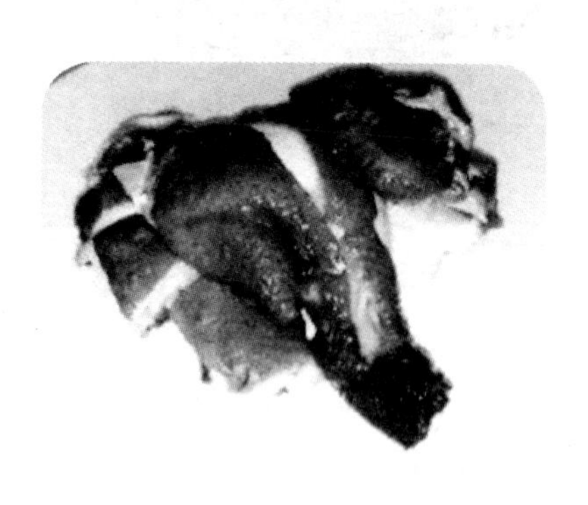

这位县太爷刚开店一年就生意兴隆，收益不小，于是决定好好干出一番名堂，并索性将“周桂生”的招牌挂了起来。如此一来，大街小巷都在议论周桂生做的卤熏鸡，说这种鸡的味道真不错。后来，人们就把周桂生做的卤熏鸡叫作“太爷鸡”。

【古菜今做】

主料：母鸡。

辅料：香片茶叶，糖屑，米饭，花生油，精卤水，麻油，菜芫，红椒丝。

做法：

——将活鸡宰杀，开膛洗净，放入开水锅中略焯，取出洗净。

——将洗净的鸡再放入微沸的精卤水锅中，以旺火煮约半小时左右，至八成熟时取出。

——铁镬置炉上，镬内铺锡纸，将香片茶叶、糖屑、米饭放入镬内，将鸡架于镬架上盖镬密封，用大火烧至冒黄烟片刻，取出熏好的“太爷鸡”，片成条块，装盘时配以菜芫、红椒丝，再淋上麻油，冷热均可上桌食用。

一六一、林厨师错上加错做出的“鼎日有”肉松

【名菜典故】

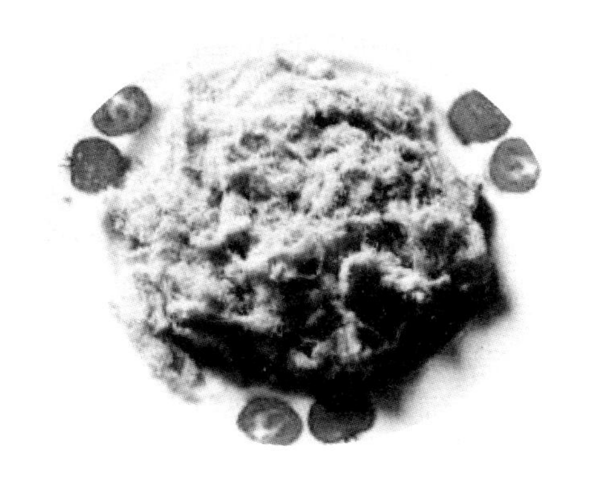

清朝咸丰年间，福州有位名叫林鼎鼎的厨师，在当地一位官员家掌勺。他烹调技艺高超，尤其擅长烹制主人爱吃的红烧大肉。有一天，主人宴请宾客，林厨师忙碌一天后十分疲劳，但为了给主人烹制明天要吃的红烧大肉，只得等候在炉灶边。谁知一个瞌睡醒来，锅里的肉已煮得糊烂不堪，肥肉几乎都化成了油。林厨师看到这种状况大吃一惊，担心主人怪罪，他考虑片刻，急中生智，往锅里加了糖和虾米，用文火煸炒，为了减轻焦煳色泽，还加入红糟染色。经过他这么一番处理，锅内的肉被炒得疏松且细如沙粒，别有一番风味。第二天，林鼎鼎怀着惴惴不安的心情，将这盘肉端上主人的餐桌。主人从未见过这等散沙般的肉，便问：“此为何物?”林鼎鼎随口回答：“肉松也。”主人品尝后，顿觉滋味鲜美，细腻如粉，连声赞道：“好吃，好吃！”还唤太太、小姐一起来吃。小姐吃完了还嫌少，就问：“这种肉松明后天还有吗？”林厨师回答：“有我林鼎鼎，肉松日日有。”不久，主人应诏赴京，特地带了许多林鼎鼎制作的肉松进贡和分送给达官贵人，有些官吏吃了这种肉松觉得滋味非同寻常，便再向主人索要，主人十分得意地说：“家有林鼎鼎，肉松日日有。”从此“鼎日有”三个字就与福建肉松连在一起，成为闻名遐迩的佐餐佳肴。数年以后，林鼎鼎向主人辞去厨

师之职，在福州市中心开了一家“鼎日有”肉松店，生意十分兴隆。民国初年，“鼎日有”福建肉松进入上海等地的市场，与著名的“太仓肉松”并驾齐驱，销往全国各地和东南亚各国。

【古菜今做】

主料：猪腿肉5000克。

调料：白酱油500克，白砂糖400克，赤砂糖250克。

做法：

——选用猪后腿精肉，去皮折骨，修净肥膘和油膜，切成方形小块。

——先将肉块煮烂，撇尽浮油，至肉纤维能松散为度，随后加入白酱油、白糖和红糟混匀。

——锅内倒入配料后，不断地翻动肉块，将肉块挤碎挤松，直至锅内肉汤烧干为止。然后分小锅炒，用铁瓢翻动挤压，使水分逐渐烤干，待肉松纤维疏松不成团时，改用小火烘烤，即成肉松坯。

——将肉松坯再放到小锅内用小火加热，用铲刀翻动，待到80%的肉松坯成为酥脆的粉状时，用铲刀铲起，用铁丝筛子筛分，去除颗粒后，再将粉状肉松坯置于锅内，倒入已经加热融化成液体的猪油，用铲刀拌和，使肉松坏结成圆球形的圆粒，即为福建肉松。

一六二、源于清代广汉的民间食品“刘烧腊”

【名菜典故】

清朝末年，四川广汉有一家专做烧腊肉的店铺，店主姓刘，人称“刘烧腊”。他从传闻中的北京烤鸭的做法中得到启发，把茴香、藿香、花椒、生姜等二三十种作料按比例配制，包在烤成半干状的兔腹里，再用麻丝缠紧，挂在阴凉通风的地方晾干，吃的时候再蒸熟，兔腹中的各种作料便被蒸进肉里了。这样做出的兔肉不仅草味全无，而且还醇香扑鼻。于是，刘烧腊名声大振。

一六三、穷媳妇赛厨艺做出的“醉鸡”

【名菜典故】

从前，浙江一个小村庄里住着兄弟三人，父母双亡，全靠种菜维持生计。后来，两个哥哥先后娶了媳妇。大媳妇是一个贵族家的小姐，二媳妇是财主家的小姐，娘家陪送的嫁妆一个比一个多，妯娌二人整天在一起比嫁妆。过了两年，老三也娶了媳妇，是一个穷人家的姑娘，但天生丽质，聪明伶俐，人品好又能干。因为她家里穷，娘家没有陪送什么嫁妆，所以总是被大媳妇、二媳妇瞧不起。有一天，大媳妇和二媳妇故意将自己的嫁妆拿出来晾晒，一边晾一边自夸，说着说着便争吵起来。三媳妇好心去劝，这下她们两个突然转过头来朝着三媳妇说：“没有你说话的权利，你什么嫁妆也没有，凭什么还想同别人说话？”从此，妯娌三人的关系更加紧张。

大媳妇和二媳妇总以为自己娘家有财有势，便老是闹着要当家。有一天，兄弟三人在一起商量，说让她们妯娌三人各做一只鸡，看谁的技术好就让谁当家。第一天，大媳妇做了一只红烧鸡，兄弟三人吃了什么也没说。第二天，二媳妇做了一只白蘸鸡，兄弟三人吃了什么也没说。第三天，轮到三媳妇献技，她做了一只不知道什么名字的鸡，味道格外鲜美。兄弟三人一边吃一边叫好，大媳妇和二媳妇过来品尝，也异口同声地说味道好极了。她们边吃边问三媳妇是怎么做的。三媳妇说，先把鸡毛拔掉，再洗净用白水煮一下，煮到用筷子能插入，接着就撕成鸡块，放上葱、姜、蒜再蒸一下，晾一晾，抹上盐，放上酒，盖住放二三天以后即成。她说这鸡是用酒做的，就叫它“醉鸡”。从此，三媳妇理所当然地当了家，“醉鸡”也出了名。

【古菜今做】

原料：三黄鸡1只（1.5斤左右）。

调料：香葱1棵，老姜数片，香叶5片，八角3粒，丁香5粒，盐适量，糖适量，卤水汁30毫升，花雕酒100毫升，白酒20毫升。

做法：

——将鸡洗净，去除内脏和杂毛；将香葱打结。

——烧开锅中的水，提着鸡头部分把鸡身放入开水中反复烫3次。

——把鸡放入锅中，熄火加盖焖30分钟，取出放入冷开水冷却，然后沥干水分。

——在焖鸡的同时另取一个煮锅，放入凉水（500毫升）、香叶、八角、丁香、香葱结、老姜片、盐、糖搅拌均匀，大火烧开，熄火凉透后加入卤水汁、花雕酒、白酒，调成醉鸡卤汁备用。

——把斩好的鸡块放入保鲜盒中，倒入醉鸡卤汁，让卤汁没过所有鸡块，加盖密封。

一六四、乞丐当上厨师出错做成的“太仓肉松”

【名菜典故】

太仓肉松已有百余年的历史，其创始人叫倪德。倪德本是湖北武汉人，清道光年间因家境贫寒，只身一人沿江乞讨，东行流落到常熟市支塘乡，后来到了太仓。倪德16岁时，被“老意诚糟油店”老板李梧江先生收留，在店内做学徒。

当时的镇洋县（即现在的江苏省太仓市）是太仓州治所在，是全州政治、经济和文化的中心，水陆交通发达，商业繁荣。倪德其后又在镇洋县知事家当厨。

有一天，知事家宴请宾客。而倪德连日劳作甚是疲惫，烧菜时一时疏忽睡着了，将红烧肉的汤给熬干了，肥肉成了油渣，肉皮变成了卷筒，卤汁全吸进了精肉中。倪德被奇香熏醒，揭开锅盖一看，满锅通红透亮，稍动锅铲，肉块即变成金黄色的纤维。前厅宾主觥筹交错，酒兴正浓，忽闻肉香扑鼻，不知大师傅又烧出了什么好菜，忙差人传话让赶快上菜。倪德被传急了，稍做整理，即将此菜端上。宾主一尝，竟赞不绝口，问菜名，倪德本来就因惹了祸不知如何是好，现在更是结结巴巴：“肉……肉烧干……就松开了。”知事大人一听，不觉哈哈大笑，说：“那就叫它肉松吧！”从此，“肉松”一名就传开了。

以后，倪德常给知事一家人炒制肉松做粥菜。因倪德炒制的肉松别具一格，好心的知事就叫倪德开坊专做肉松生意。同治三年（1864），倪德正式开起了肉松店，“老意诚糟油店”的老板李梧江给题了“倪德顺肉松店”的招牌。自此，“老意诚”除卖糟油外，也卖倪氏肉松，两家齐心协力，将肉松这一美食推向省内外。

倪德炒肉松，起初纯属偶然，后来如法炮制，只觉肉松丝短如末，不尽如人意。经多年反复实践和总结，方知须用老猪之后腿，除膘、去皮、剔筋，选用大块精肉，加进作料，边炒边喝酒边品尝鉴别，最后由领班师傅鉴定后，才能出锅，其味鲜、香、酥、松，丝长而绒，入口即化，不留残渣者为上品。

【古菜今做】

做法一

带皮后腿肉1.5斤左右，洗净，依横条纹切成2厘米厚的肉块（肉的厚薄决定了肉丝的长度）放到开水锅里煮熟。捞出后，将纯精肉撕成细丝，越细越好；肥肉切丝，放到锅里炸成猪油，炸出来的油渣炒菜吃很香，炸好的猪油就留在锅里。

将撕好的肉丝都放到猪油锅里，加酱油、料酒、糖、鸡精、十三香（也可以用别的香料来代替）不停地炒，在铲、碾、翻的过程中肉丝越来越细；炒干后如果有些丝还太粗，可以等凉后用手捻细些。

工艺关键：千万不可盖盖子，不然水蒸气滴到油锅里会发出响声。

做法二

原料：瘦猪腿肉300克，红糟75克，黄酒75克，白糖45克，清汤700克。

——将猪腿肉去皮去筋，切成小块，放入开水里氽一下，除去血水后取出放好。

——将红糟、酒、糖放入热猪油锅略炒，然后将肉块放下一同炒透，加上清汤，用温火慢慢地烧。待肉烧成糨糊状后（越烂越好），再用极小的温火边烧边炒，直至汤汁完全收干，肉料泡起发松，即可取出。

一六五、铁拐李指点制作的“神仙狗肉”

【名菜典故】

传说很久以前，柳州有个厨子，狗肉烧得特好。当地王公爱吃他的狗肉，责令他每天送一道烧狗肉到王府。一天，厨子到山上采烧狗肉用的香料，不小心摔折了腿。偏在这时，王府又差人吆五喝六地催要狗肉，无奈，厨子的儿子只好代父亲做。把狗肉送到王府后，片刻就有如狼似虎的差人闯到厨子家，说他戏弄王公，往常狗肉味鲜，今日味道糟糕，让马上再做。厨子的儿子不敢吱声，只得重新做了。谁想，辛辛苦苦做出的狗肉，刚送到王府，立马被王公泼了。王公发话，如果明日再送不来像往常那样鲜美的狗肉，就以欺王之罪论处，要他一家灭门。

祸从天降，厨子的儿子不敢惊动躺在床上奄奄一息的父亲，一个人躲在门外痛哭。正在这时，一个拄着拐杖的瘸腿僧人从这里经过，见他哭，问他原因。他把事情讲了，僧人说：“这好办，叫你父亲教你做啊，他不能动手，可以动口。”他说：“父亲再有本事，缺几味重要的香料，也没有办法做。父亲的腿，就是为上山采这几味香料而摔折的。”僧人笑起来，从背上取下葫芦，胡乱倒出些什么，说：“把它们扔进狗肉，百事大吉。”说完，一阵风起，僧人不见了。

厨子的儿子觉得奇怪，细一想，那僧人莫不是铁拐李？第二天，他没有别的办法，只好照僧人说的做了。谁知，僧人给的东西一入锅，就发出一股奇香，香味飘到屋里，父亲的伤竟好了。烧出的狗肉送到王府，王公竟吃得高兴，破例送来了赏钱。邻里觉得稀奇，用手指抹了一点锅里的残汤尝了尝，大惊失色道：“难怪，你这是‘狗肉滚三滚，神仙坐不稳’。”一时，“神仙狗肉”的名字就叫开了，一直传到今天。

【古菜今做】

原料：狗肉，蒜泥，豆酱，芝麻酱，腐乳，姜块，蒜苗，花生油，料酒，二汤，盐，黄糖，酱油，陈皮，茼蒿，生菜，花生油。

做法：将狗肉连骨斩成小块，入热锅炒至不见水溢出。炒锅烧热下油，放入蒜泥、豆酱、芝麻酱、腐乳、去皮姜块、蒜苗段和狗肉，边炒边放花生油，炒5分钟后加料酒、二汤、盐、黄糖、酱油、陈皮烧沸，转倒入砂锅焖90分钟至肉软烂，食时加茼蒿、生菜、花生油，并另以小碟分盛辣椒丝、柠檬叶丝、熟花生油供佐食。

一六六、张天师命名的“清蒸鲥鱼”

【名菜典故】

传说有一次，张天师正在小孤山邀仙作法，突然被一阵喧闹的吹啰打鼓声打断。张天师派人察看，原来是东海龙王三太子要跟鄱阳湖的乌龙公主结亲，吹打声来自结亲的队伍。东海龙王平时横蛮霸道，张天师早有不满，这次便决定教训他一下。张天师当即施展道法，把迎亲的队伍网住。

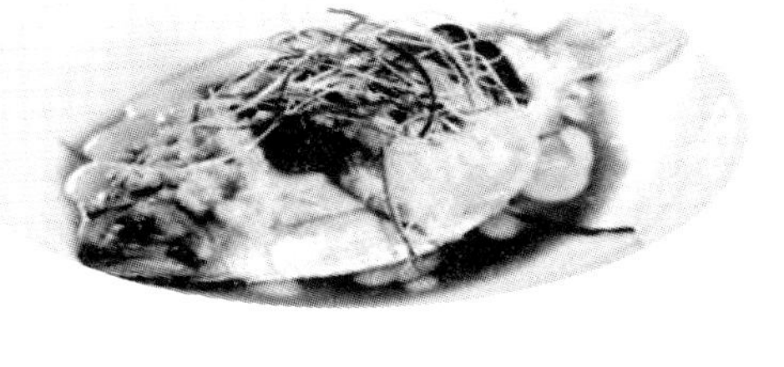

三太子见状大怒，要砸张天师的法场。当然，他没有斗过张天师，反被张天师的法术捆住，关进了小孤山的姑姑庙。姑姑庙有位仙姑，见三太子年少英俊，动了恻隐之心，要救他。她与王母娘娘的金童玉女相熟，就设法找到他们，从瑶池宝莲上取来几滴甘露，破了张天师的法术。

三太子脱逃后，继续去接乌龙公主，不料，被王母娘娘知道了此事。王母娘娘发现金童玉女犯了天条，私自释放他人，盛怒之下，将二人打入东海，贬为鲥鱼。

鲥鱼未到东海，三太子感他们救命之恩，就让他们做了自己的贴身侍童。有一年，三太子抱恙，让两条鲥鱼去小孤山姑姑庙朝拜仙姑。走到半路，小鲥鱼又遇张天师邀仙作法，急忙躲闪。张天师何等精明，但见两条小鲥鱼倒也伶俐可爱，有心留它们玩上几天，就把它们躲藏的地方变成鄱阳湖里的一个港汊。小鲥鱼滞留其中，游不出来，不久，在湖中产了卵。从此，鄱阳湖的鲥鱼就一代一代地传了下来。

因为鲥鱼是那一年四月至五月滞留在鄱阳湖产卵繁衍的，以后又每年五月到此产卵，极为守时，于是被张天师命名为鲥鱼。传说，鲥鱼头上的点是仙姑做的记号。另有传说，仙姑与张天师有约定，鲥鱼乃金童玉女的化身，不得让凡人破坏它们的身子。因此，张天师教人们做清蒸鲥鱼之法，让它们即使为菜肴，也完完整整、清清爽爽的。

【古菜今做】

原料：鲥鱼中段350克，火腿片25克，水发香菇1只，笋片25克，猪网油150克，生姜2片，葱结1只，精盐7.5克，味精0.5克，绍酒、熟猪油、白糖各25克。

做法：

——将鲥鱼洗净，用洁布揩干。不能去鳞，因鲥鱼的鳞片内含有丰富的脂肪。将网油洗净沥干，摊在扣碗底内，网油上面放香菇；把火腿片、笋片整齐地摆在网油上，最后放入鲥鱼，使鳞面朝下，再加葱、姜、酒、糖、盐、熟猪油和味精。

——将盛有鲥鱼的扣碗上笼或隔水用旺火急蒸15分钟左右，至鲥鱼熟取出，去掉葱、姜，将汤盘合在扣碗上，把鲥鱼及卤汁翻倒在盘中，即可上桌食用。

一六七、“焚书坑儒”后的“全家福”

【名菜典故】

秦始皇一统天下后，为了统治稳固，来了个“焚书坑儒”，想除去心腹之患。传说当时有个儒生正好不在家，算是捡了一条性命。眼看就要到中秋节了，他的爹娘想儿子想得吃不下饭睡不好觉，以前三口之家总是在这一天吃团圆饭的，如今二老怎能不伤感万分？主人无心操办，厨子也就马虎从

事，把家里仅剩的两个海参泡上了，又杀了一只鸡，还在大门口买了一斤猪肉，胡乱烧在一起给主人端了过去。老两口哪有心思细品滋味，勉强吃了几口就放下筷子。谁知突然从门口进来一个后生，正是独生儿子回来了，可把两位老人家高兴坏了。

厨子见买菜来不及了，急忙把剩下的唯一一个海参和鸡脯、猪肉精心烹制，三炒两煎并添加好多样调料，满满地烩成一大碗。主人一家三口高高兴兴地美餐了一顿，越吃越觉得此菜美味。儒生平素好咬文嚼字，便问厨子此菜何名，厨子为讨主人欢喜，脱口而出："全家福。"

次日，亲朋好友都来祝贺，客人们都品尝了这道鲜美的菜肴。从此，"全家福"的美名传开了。

【古菜今做】

原料：上浆虾仁50克，水发海参50克，猪腰片50克，鸡肫片50克，猪腿肉片50克，熟鸡片50克，熟猪肚片50克，油发鱼肚75克，熟火腿粒25克，水发香菇25克，熟笋片25克，青豆15克，绍酒15克，酱油25克，精盐1.5克，白糖15克，味精1.5克，肉汤65克，水淀粉60克，石碱0.2克，熟猪油750克。

做法：

——将油发鱼肚用温水浸发后，放入少许石碱去除油腥味，再用清水漂洗干净、控干，片成约0.5厘米宽的条，再切成3厘米长的段。将海参漂洗干净后，切成3厘米长的段。香菇去蒂，洗净，斜片成片。

——炒锅放在旺火上，用油滑锅，在锅里放熟猪油150克，烧至三成热，放入虾仁滑熟，倒入漏勺沥油。锅里再放熟猪油700克，烧至七八成热，推入猪腰片、猪肚片、鸡肫片、猪肉片、笋片、鸡片、香菇、鱼肚、海参，用手勺滑散，熟后倒入另一个漏勺沥油。

——炒锅内留余油20克，把已过油的原料下入，随即加绍酒、酱油、白糖、味精、肉汤50克烧开，用水淀粉30克勾芡，再加入熟猪油30克，颠翻几下装盘。

——将干净炒锅置于火上烧热，放入肉汤15克，下入虾仁、青豆、火腿粒，再加入味精推匀，倒在先前做好的菜上面，故有"锦上添花"之说。

（可参见前文乾隆下南京命名的"全家福"的做法。）

一六八、夫妻共同研发的巴金喜爱的“夫妻肺片”

【名菜典故】

典故一——巴金喜爱的夫妻肺片

巴金是享誉海内外的文学大师。在他漫长的101年人生旅途中，始终乡音不改，喜欢听川剧，吃川菜。

其早逝的大哥李尧枚是最爱巴金的人，也是巴金最爱的人。长兄去世后，他对侄子李致十分关心。李致称巴金四爸，知道四爸最爱吃“夫妻肺片”“二姐兔丁”等成都凉拌菜，所以，每次成都家人去上海时，李致都张罗着给四爸带一些他爱吃的凉拌菜。

一次，李致临时决定去上海。行前，他匆匆找来女婿，让他快去买些夫妻肺片，以便带给四爸。当时，天色已晚，经营“夫妻肺片”的店家大都打烊了。李致的女婿十分焦急，对一家正要关门的肺片店老板说：“我急着买夫妻肺片，是要带给巴金的！”

店家一听巴金的大名，二话不说，将这位“迟到”的顾客迎进店里。随后，风风火火地加工起来：把牛肉块和牛舌、牛心、牛肚、牛头皮等牛杂漂洗干净，拌到一起，加入香料、盐、花椒面等调料，卤制后放入水中，由猛火转小火，肉料烂而不烂时，捞起晾凉，切成大薄片。另将芹菜洗净，切成1厘米长的段；熟芝麻和熟花生一起压成末。最后，把切好的牛肉、牛杂放入盆中，加入卤汁、酱油、味精、花椒面、红油辣椒、芝麻花生末、芹菜，拌匀即成。这份加工速度快、质量特别好、分量又超标的“夫妻肺片”，李致拿到手上，真是喜出望外。

典故二——夫妻研发的夫妻肺片

清朝末年，四川成都街头巷尾有许多挑担、提篮叫卖凉拌肺片的小贩。他们将成本低廉的牛杂碎边角料，经精加工、卤煮后，切成片，加入酱油、红油辣椒、花椒面、芝麻等拌匀即成。凉拌肺片风味别致，价廉物美，特别受黄包车夫、脚夫和穷苦学生们喜爱。20世纪30年代，在成都有一对摆小摊的夫妇，男的叫郭朝华，女的叫张田政，因制作的凉拌肺片精细讲究，颜色金红发亮，麻辣鲜香，风味独特，加之夫妇俩配合默契、和谐，一个制作，一个出售，小生意做得红红火火，一时顾客云集，供不应求。由于这道菜所采用的原料是低廉的牛杂，因此最初被称作“废片”。一天，有位客商品尝了郭氏夫妻制作的废片，赞叹不已，送上一个金字牌匾，上书“夫妻废片”四个大字。从此“夫妻废片”这一小吃更有名了，后来才改称“夫妻肺片”。

【古菜今做】

——将牛肉、牛杂洗净。牛肉切成重约500克的大块，与牛杂一起放入锅内，加入清水（以淹过牛肉为度），用旺火烧沸，并不断撇去浮沫。见肉呈白红色时，滗去汤水，牛肉、牛杂仍放锅内，倒入老卤水，放入香料包（将花椒、肉桂、八角用布包扎好）、白酒和精盐，再加清水400克左右，以旺火煮沸约30分钟后，改用小火继续煮1.5小时，煮至牛肉、牛杂酥而不烂，捞出晾凉。

——卤汁用旺火煮沸约10分钟后，取碗一只，舀入卤水250克，加入味精、辣椒油、酱油、花椒面，调成味汁。

——将晾凉的牛肉、牛杂分别切成4厘米长、2厘米宽、0.2厘米厚的片，混合在一起，淋入调味汁拌匀，分盛若干盘，撒上油酥花生末和芝麻即成。

【名菜特色】

此菜色泽红亮，质地软嫩，口味麻辣浓香。一大盘刚拌好的肺片被端上桌，观之红油重彩，颜色透亮；入口便觉麻辣鲜香，软糯爽滑，脆筋柔糜，细嫩化渣。

一六九、农民红巾军首领夫人制作的“沔阳三蒸”

【名菜典故】

湖北沔阳美味“蒸肉”“蒸白丸”和“蒸珍珠丸子”是荆楚故地风味食品，古时候就有“沔阳三蒸”的美名，至今声誉不减当年。

元末农民起义中，有一支由沔阳人陈友谅领导的红巾军，在反元斗争中建立了不朽的功勋。陈友谅出身沔阳渔民之家。他年轻时疾恶如仇，起义后一向勇往直前、奋力拼杀，终于从普通小兵渐渐升到了元帅之职。他以沔阳为根据地，把势力扩充到了长江中下游广大地区，最后建立了“汉国”当上了君王，与朱元璋的大明政权平分秋色。虽然后来陈友谅还是被朱元璋打败了，但是沔阳人永远忘不了他的功业。

据说当年陈友谅起兵沔阳，许多家乡子弟踊跃从军出征。陈友谅誓师之日，夫人潘氏亲自入厨，精心选用肉、鱼和莲藕，拌米粉、加作料蒸成美味食品，送到军营之中，和将士们一起分享。众将士有感于陈夫人美德，在以后的征战中个个奋勇冲杀，士气大振，取得了一次又一次胜利。这位聪慧而又体恤下属的陈夫人亲手所制的蒸食，就是相传至今的名品“沔阳三蒸”。

【古菜今做】

蒸肉

原料：猪五花肉500克，净老藕150克，大米50克，酱油30克，红腐乳汁20克，白糖2.5克，精盐4克，味精、绍酒、八角、丁香、桂皮、胡椒粉、姜末各少许。

做法：

——将猪肉切成长4厘米、宽2.5厘米、厚1厘米的长条，用布沾干水分后盛入钵中，加入精盐3克、酱油、红腐乳汁、姜末、绍酒、味精、白糖，拌匀后腌渍5分钟。将大米洗净控干，放入炒锅，在微火上炒5分钟左右，至呈黄色时，加桂皮、丁香、八角，再炒3分钟出锅，磨成鱼子大小的粉粒。将老藕去皮洗净，去藕节，切成宽1.5厘米、厚1厘米的条，加精盐1克和炒过的五香大米拌匀，放入钵内。

——把腌渍好的猪肉用五香大米拌匀，皮朝下整齐地码入碗里，两边镶满肉条，与盛藕条的钵一起放入蒸笼，用旺火蒸1小时出笼。

——蒸藕放盘内垫底，然后将蒸肉翻扣在藕上，撒上胡椒粉即可。

蒸白丸

原料：瘦猪腿肉550克，肥猪肉200克，鱼肉250克，去皮荸荠100克，鸡蛋3个，味精5克，湿淀粉50克，绍酒25克，精盐20克，葱花35克，姜末15克，胡椒粉2.5克，五香粉少许。

做法：

——将瘦猪肉、煮熟的肥猪肉、荸荠分别切成黄豆大的丁。

——将鱼肉剁成蓉，盛入钵中，加鸡蛋液、精盐、味精、绍酒、姜末、葱花、五香粉、胡椒粉、湿淀粉，边搅边加清水，最后再加猪肉丁、荸荠丁，一起搅匀，挤60个丸子放入垫纱布的笼屉里，蒸10分钟，取出装盘即可。

蒸珍珠丸子

原料：瘦猪肉400克，肥猪肉、鱼肉、糯米各300克，鸡蛋2个，味精5克，荸荠100克，湿淀粉50克，绍酒、精盐各2克，胡椒粉2.5克，葱花35克，姜末15克。

做法：

——将瘦猪肉和100克肥猪肉一起剁成蓉，剩下的肥肉切成黄豆大的颗粒。鱼肉剁成蓉，荸荠去皮，切成黄豆大的丁。

——糯米淘净，用温水浸2小时，捞出沥干。

——将肉蓉和鱼蓉混合后盛入钵中，加鸡蛋液、味精、精盐、胡椒粉、葱花、姜末、绍酒、湿淀粉调匀，边搅边加水，边放肥肉丁和荸荠丁，搓揉搅匀，挤成直径1.5厘米的肉丸60个。放入盛有糯米的筛内滚动，使其粘上糯米，入笼上锅蒸10分钟，取出装盘即可。

一七〇、台湾宜兰县官开发的“皮条鳝鱼”

【名菜典故】

清朝道光八年，也就是1828年，台湾宜兰县来了一位新上任的知县老爷。此人姓朱名才哲，祖籍湖北监利县，向以“爱民如子，为官清廉”闻名，老百姓还送了他一个“朱青天”的美称。这位朱大人走马上任，刚到宜兰县，还在喘息的当儿，便接二连三碰到稻农为田界被拱毁而状告他人的官司。

朱大人名声很好，宜兰稻农自然希望他能解决他们的问题，这位青天大老爷当真认真，到县不满三天，他就走出县衙，亲自到现场勘查去了。稻农们扶老携幼赶来围观，有如庙会赶集一般热闹。朱知县初来乍到，并不了解实情，想要探查来龙去脉。这时，水稻地里无数肥大的鳝鱼正窜来拱去。知县耐心询问之后，方才知道此地自古以来便把鳝鱼当作害虫，更无捉来食用的习惯。朱大人暗想，在自己的家乡，这鳝鱼可是第一美味佳肴啊！这时站满了田埂的稻农们，都在大睁两眼，等青天大老爷断案呢。朱才哲只是笑吟吟地走来走去，不时和老人孩子们点头致意，让众人猜不透县太爷葫芦里卖的是什么药。天色不早了，就在稻田地头上，朱大人当场宣布，三日之后在县衙公开断案。他要求官司的当事人届时务必出席，也希望关心办案的乡民们前往旁听。

到了那天，打官司的稻农合家老小一齐出动，要看新任县太爷如何了结此地长期难以解决的公案。其他稻农也云集在公堂之外，听候裁决。说来更怪，当众人来到公堂时，只见四个大八仙桌子摆在堂前，桌上早已摆满了许多珍馐佳馔，令人眼花缭乱，馋人得很。那鱼肉的香气一直传到了堂外，连看热闹的人都闻着直流口水。朱大人仍是笑吟吟地招呼众人，很客气地请大家入座品尝美味，全无半丝公堂断案的严肃气氛。此刻，稻农们全都如丈二和尚摸不着头脑。也不知是因为县太爷心诚，还是上命不可违，大家终于坐下动手动口了。朱大人连声说：“先尝尝再说吧。”哪知人们一开始吃，手里的筷子就停不下来了，越吃越香，越吃越美，直到杯盘狼藉，美食被一扫而光方才罢休。他们哪里知道，这些美食的就是由稻田里的“拱界虫”——鳝鱼，经过朱大人的家厨精制烹调而成的呢。满堂之上，大人小孩都说好吃。等一顿美餐过去，朱大人才在公堂之上耐心地向稻农讲述自己家乡湖北的人们怎样调制鳝鱼菜肴，还要求宜兰地方也仿效此例进行。人们至此才恍然大悟，明白了朱知县请食的真正用意。原来捉食“拱界虫”不仅可美稻农的口腹，而且捉尽稻田里的鳝鱼后，也就不会再有田埂地界被损坏的事发生了，人们长年打不完的官司就再也不存在了。

从此，宜兰稻农眼界大开，心里亮堂了。人们纷纷下田捉鳝鱼食用，湖北鱼馔珍品——“皮条鳝鱼”也在台湾成了众人喜欢吃的美味鱼肴。

【古菜今做】

原料：净鳝鱼肉350克，猪肉汤100克，白糖60克，酱油40克，醋30克，葱段10克，干淀粉50克，湿淀粉15克，精盐、姜末、大蒜、黄酒各适量，芝麻油1500克。

做法：

——把鳝鱼肉切成8厘米长的条放入碗中，以黄酒、精盐和干淀粉调匀挂糊。

——将酱油、醋、白糖、葱段、姜末、大蒜、猪肉汤放入碗中调成卤汁。

——在锅里倒植物油，烧至七成热，将挂糊的鳝鱼条下锅炸3分钟后捞起。待锅内油烧至七成热时，将鳝鱼条复下锅，炸至金黄色捞出。

——锅内倒入卤汁，以大火烧沸，用湿淀粉勾芡，放入鳝鱼条，快速颠锅片刻即起锅，淋上芝麻油即可上桌。

一七一、唐代诅咒奸臣的“三皮丝”

【名菜典故】

话说中唐时候，京城长安出了三个有名的大奸臣，他们是监察御史李嵩、李全交和殿中御史王旭。这三个坏蛋狼狈为奸，上欺皇帝下欺百官，对老百姓更是凶狠。他们强抢民女，搜刮民财，可以说是做尽了坏事。长安城里城外民怨沸腾，没有一个不诅咒他们的。从人们给这三人起的外号便可见

一斑：李嵩叫“赤鳖豹”，李全交叫“白额豹”，王旭叫“黑豹”。对这“三豹”的倒行逆施，老百姓的痛恨终于演变成为行动。其中之一就是酒肆餐馆里出现了名为“剥豹皮”的菜肴，没过多久，此类菜肴在民间饮宴中迅速盛行起来。

却说长安城西有家酒店，店主姓吕。此人一向本分善良，疾恶如仇。为了宣扬民意，吕老板首先创制了用海蜇皮（浅红色）、猪肉皮（白色）和乌鸡皮（黑色）拼成的佐酒菜。此菜刚一上市，便传遍了京城，人们为了泄愤，都争相前往品尝这种名为“剥豹皮”的菜肴。

这件事轰动了整个长安城，过了不久，便有奸臣报告了这三人。权倾朝野的御史大人岂肯善罢甘休？终于有一天，人们发现吕老板被人不明不白地杀害了，更让人气愤的是，当局竟然查不出凶手是谁。人们再也不愿沉默了，民众的愤怒再度强烈地表现出来。长安城里大大小小的菜馆和小酒店，全都按照吕老板生前制作“剥豹皮”的烹饪方法，推出了类似的菜肴，还起了一个更响亮的菜名——“三皮丝”。那三个大奸臣明知这是人们对他们的报复和极度憎恶，可又怕树敌太多，也只有听之任之了。

【古菜今做】

原料：熟鸡皮、水发海蜇皮各75克，熟猪肉皮、酱猪肘花各100克，熟鸡肉75克，葱丝1.5克，精盐30克，酱油10克，醋15克，芝麻酱10克，芝麻油25克，花椒油25克。

做法：

——先把熟肉皮切成薄片，再把熟鸡皮、海蜇皮分别切成长4～5厘米长的细丝，将带皮酱肘花的皮切成薄片，连同精肉部分和熟鸡肉分别切成细丝，当作装盘的垫底菜。最后将以上各丝分别放进盘里备用。

——把葱丝放到碗里，倒上花椒油，放进鸡肉丝、肘花丝、精盐30克、醋、酱油拌匀，放在大平盘的中心，摆成一个三角形，然后将鸡皮丝、肉皮丝、蜇皮丝分别堆起，覆盖在鸡肉丝、肘花丝的上面。

——把芝麻酱放到碗里，加精盐1克，用芝麻油搅拌溶合在一起，浇在堆放好的三丝上即成。

一七二、能治病的“冬瓜鳖裙羹”

【名菜典故】

从前，在湖北荆州江陵县境内，有一户姓竺的人家，只有父子二人，靠打鱼摸虾为生。竺老汉已年过半百，妻子早已病故，膝下只有一个年近二十的独生儿子，名叫竺伢。有一次，竺伢在河沟里捞虾子，碰见一个衣衫褴褛的叫花子，身背一条破布袋，里面装有几只肥大的甲鱼。竺伢十分机灵，上前施礼，问道：“老人家，这甲鱼是您抓到的吗？”叫花子回答说：“是呀！”竺伢又问：“您有抓甲鱼的诀窍吗？”叫花子连连摇头说：“这是我的衣食饭碗，轻易不得外传。”竺伢立即跪在地上，恳求说：“师傅在上，请收我做个徒弟吧！”叫花子沉吟了一会儿，然后说：“收你做徒弟可以，但必须遵守我的一条戒律。”竺伢心想：“抓甲鱼又不是做和尚，还有什么清规戒律？”他因求艺心切，只好满口答应。

叫花子告诫说：“甲鱼只抓大不抓小，抓小就会绝种。”竺伢承诺道：“师傅的话，徒弟一定牢记。”叫花子这才教给他抓甲鱼的手艺，并告诉他一条歌诀：“春看河底夏看滩，草枯水冷洞内藏。”竺伢在地上叩了三个响头，算是谢师。

竺伢学会抓甲鱼的手艺后，再也不打鱼摸虾了，成了一个专门抓甲鱼的能手。起初，他还能遵照师傅的嘱咐，只抓大甲鱼，见了小甲鱼就放生。后来，他抓不到大甲鱼，见了小甲鱼也抓。不到一两年工夫，本地的甲鱼都快被他抓绝种了。

一天，竺伢又到河里去抓甲鱼，脚上不知被什么东西划了一下，血流不止，顿时毒气攻心，小便不通，全身浮肿。竺老汉见儿子病得沉重，连忙请来医生。医生诊脉后说：“已摸不到病人的脉搏跳动了，快准备后事吧！”

竺老汉一听，犹如五雷轰顶，顿时惊呆了。他两眼直愣愣地看着病倒在床上的独生儿子，泪水像断了线的珠子一样不断地往下流。

正在这个时候，从外面传来一阵吆喝“卖甲鱼”的声音。竺伢感到声音很熟悉，似乎是叫花子师傅在吆喝，他心想：“此地甲鱼都快被我抓绝种了，难道这是我违犯师规受到的惩罚吗？”他连忙让父亲出去追赶那个叫卖甲鱼的人。

竺老汉将卖甲鱼的人请了进来，竺伢睁眼一看，果然是抓甲鱼的师傅。他惭愧地说：“师傅！徒弟违背了您的教导，应该受罚，死而无怨。”叫花子却笑道：“幸亏我当时留了一手，没有将抓火鳖子的手艺告诉你。”说着，他将手中提着的一只肥大的甲鱼举起来，然后说，“这是一种百年难遇的火鳖子，用他的鳖裙煮嫩冬瓜吃，可以治你的病。”竺老汉遇到儿子的救命恩人，跪在地上磕了三个响头。

竺伢喝了嫩冬瓜煮鳖裙汤后，立即散血化瘀，通尿消肿了。他病好以后，虽仍以抓甲鱼为生，但从此严格遵照师规，只抓大的而不抓小的。此事传开以后，人们不仅用嫩冬瓜煮鳖裙羹治病，也因此发明了一道传统的名菜佳肴，至今仍被奉为美食。

【古菜今做】

主料：甲鱼300克，冬瓜1500克。

调料：姜50克，小葱100克，盐15克，白醋25克，猪油（炼制）100克，味精2克，料酒5克。

做法：

——将甲鱼宰杀洗净，放入开水锅中烫2分钟，捞出后去掉黑皮，去壳去内脏，卸下甲鱼裙，将甲鱼剁成3厘米见方的块。

——冬瓜去皮，将肉瓤挖出削成荔枝大小的28个冬瓜球。

——炒锅置于旺火上，下入熟猪油烧至六成热时，将甲鱼先下锅滑油后，滗去油，煸炒一下，再下冬瓜球合炒，然后加入鸡汤150毫升、精盐5克，移锅至小火上煮15分钟后待用。

——用甲鱼裙垫碗底，然后码上炒烂的甲鱼肉、蛋，加入生姜、香葱、精盐、料酒、白醋、鸡汤，上笼蒸至裙边软黏、肉质酥烂即可出笼。

——出笼后取出整葱、姜，加味精，反扣在汤盆内，摆好冬瓜球即成。

一七三、传说鲁班修建黄鹤楼衍生的“白汁胖鳜”

【名菜典故】

鱼如白花浪溅，色似红叶林笼。
肉香遍及华筵，箸来佐酒堪酲。

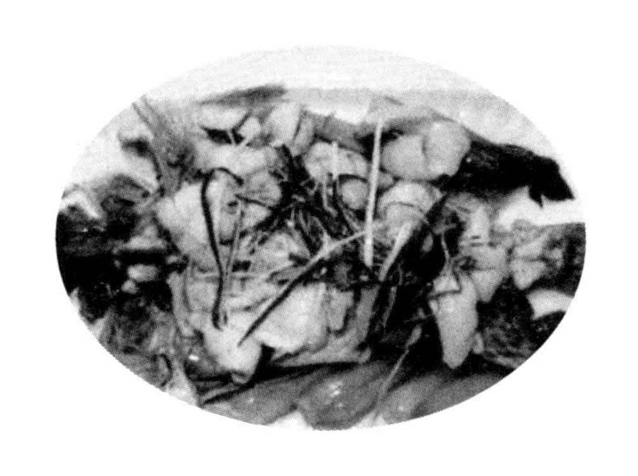

这是一首赞美三楚名肴“白汁胖鳜”的诗。传说“白汁胖鳜”一菜还与天下第一名楼——黄鹤楼有一段渊源故事呢！

相传1700多年前修黄鹤楼时，一天，楼前来了一位挺精神的老者，对着快要竣工的黄鹤楼眯缝着眼，前后左右仔细打量了好一会儿后，对工匠们说：“这楼盖得挺美，就是对着江的那扇窗户的横架不正，影响了整座楼的美观，如能改改就更好了。”工匠们说：“楼都快盖起来了，再返工谈何容易！”老人说：“盖楼不仅要现在看着美，还要让子孙后代来评说呢！”工匠们犯难地说：“您说能改，那您改改给我们看看!”说完都气呼呼地离开了。老人不再言语，径自找来根木料，用目光测好了窗架的位置、尺寸，拿起锯、刨、斧便干了起来。只见他手里溅出的刨花飞到楼下，掉进江中，在阳光照耀下，立刻变成了白花花的鱼群。盖楼的工人发现鱼群，呼唤着纷纷下水捞鱼。

等他们回到工地，抬头一看，一个新的窗架严丝合缝、平平正正地嵌在楼中央，楼身顿时显得壮丽无比，回头再去寻找老人，已不知去向。大伙想起刚才他的指点，议论纷纷：莫不是鲁班祖师亲自来指点了？于是他们把捞回的鱼煮熟了，对江遥祭，因为这鱼是鲁班师傅的刨花变成的，所以叫“贵鱼”（即鳜鱼）。后人根据这个传说，为保留刨花本色，烹制时不用酱油，采用白汤，故叫“白汁胖鳜”。

【古菜今做】

主料：鳜鱼1000克。

辅料：豌豆50克，玉兰片20克，淀粉（蚕豆）13克。

调料：小葱60克，黄酒15克，味精3克，辣椒（红、尖、干）25克，盐5克，猪油（炼制）70克，姜25克，胡椒粉10克。

做法：

——将鳜鱼去鳞、鳃，剖腹去内脏，洗净。

——将洗净后的鳜鱼在沸水中略烫，晾凉后在鱼的两面各剞3刀，撒上精盐稍腌。

——将50克葱去根须，洗净，切成细丝。

——玉兰片用水发好，洗净，切成细丝。

——干红辣椒也切成细丝。

——整鱼入盘，加整葱10克、姜块，上笼用旺火蒸熟取出。

——锅置旺火上，放入猪油烧热，先将葱丝下锅炒成黄色并散发香味后，再加辣椒丝、玉兰片丝、豌豆稍炒，随后立即下鸡汤300毫升、精盐、黄酒、味精等同煮。

——待煮沸后，用湿淀粉调稀勾薄芡，并持锅不停晃动。

——待芡汁浓稠时，再下熟猪油，搅匀后起锅，将芡汁浇在鱼上面，撒上胡椒粉即成。

工艺关键：

——鳜鱼背鳍刺硬有毒，剖腹去内脏时，可先在鱼肛门处划口，用火钳从鱼嘴插入肚内，用力转动，取出鱼鳃和内脏，既安全又能保持鱼形完整。

——鱼身两面剞的刀纹深度、间距要一致。

——鱼要蒸至肉酥透味，鱼目凸出。

——薄芡按其性状分为流芡和米汤芡。这些芡汁浇在菜上，一部分黏在菜肴上，一部分从菜肴向盘中呈流泻状态。本菜宜用流芡。

一七四、三位老妇人研制的东安仔鸡

【名菜典故】

东安仔鸡，原名“醋鸡”，是饮誉三湘的传统名肴。相传此菜是由三位普通老年妇女创制的。在很久以前，湖南东安县城里，有一家小饭馆，经营这个小饭馆的是三位老妇人。因店小人少，生意一般，并无超群出众之处。

一天，天色将晚，行人稀少，小店要关门时，忽然来了几位客官，非要在此就餐。这时店里只剩下两位老妇，菜已卖完，于是，两个老婆子捉来了两只仔鸡，熟练地收拾起来。

因为客人等着下酒，她们只好怎么快就怎么做了。一个老婆子把收拾好挖去内脏的两只鸡放到开水里煮了一会儿，捞出之后，立刻放在冷水里冷却，以便用刀切。不大功夫，她就切好了鸡块。另一个老婆子已切好了葱、姜、蒜、辣椒等作料，便拿过切好的鸡块倒进锅内与作料一起炒，然后加入盐、料酒、醋一起焖，出锅时，又浇上一些香油。

当一个老婆子做鸡时，另一个老婆子已弄了两个凉菜，端给客人下酒。几个商人边谈买卖边喝酒，刚喝了一会儿酒，一个商人忽然叫道："好香的鸡呀！"另外两个人回头一看，一盆香气扑鼻的鸡肉已端上来。

两个老婆子还是头一次这样做鸡，虽然听客人说鸡的气味很香，但究竟是否好吃，她们心里也没底。两个人心里正嘀咕，忽听到客人拍着桌子大声叫好："啊！没想到店小手艺高，这鸡好吃极了。酸香嫩辣，妙极了！"另一个客人说："这鸡做得骨软肉鲜，实在难得！"两个老婆子一听，大为意外，想不到她们匆匆忙忙做的鸡竟然受到了这么高的评价。她们望着几个大吃大嚼的客人，满意地笑了。

第二天，她们又买来了几只仔鸡，照昨日的方法又做了一次。结果，也同样受到顾客的称赞。从此，这家小饭馆便天天做这种鸡。

后来，这种鸡的做法流传开来，成了一道名菜。

国民革命军第八军军长、前敌总指挥唐生智，1937年曾任南京卫戍司令。他是湖南东安人，慷慨好客，交游甚广。北伐战争胜利后，一次，为了祝捷庆功，他在南京设宴款待宾客。酒过三巡，宴席上出现"醋鸡"一菜，颇受众宾客赞赏。当客人问及此菜出自何地时，唐生智回答说："这是我的家乡东安县的名菜。"于是"东安鸡"（也称"东安仔鸡"）由此出名，并享誉国内外。

【古菜今做】

原料：嫩母鸡1只，姜25克，干红辣椒10克，清汤100克，黄醋50克，湿淀粉25克，绍酒25克，味精1克，葱25克，熟猪油100克，香油2.5克。

做法：

——先宰杀母鸡，拔除鸡毛并用干稻草引火焚净细小绒毛。在鸡的食袋旁切口拉出食袋；在鸡的肛门切4.5厘米口掏出内脏并将鸡清洗干净。

——将净鸡放入汤锅内煮8~10分钟，七成熟时捞出，剁去头颈脚爪作他用。

——将粗细骨全部剔除；把鸡胸、鸡腿分开，顺肉纹切成5厘米长、1厘米宽的长条。

——姜去皮洗净，切成4厘米长、1.5厘米粗的细丝；红干辣椒切丝后又切成细末；花椒去籽拍碎，剁细末；葱白切为3.3厘米长的段。

——炒锅置旺火上，放入熟猪油，八成热时下入鸡条、姜丝、干辣椒末，煸炒出香味和红油，再放醋、绍酒、精盐、花椒末、清汤，以大火烧开，转小火焖2~3分钟至汤汁快干，放入葱段、味精，用湿淀粉勾芡，改以大火翻炒几下，淋入芝麻油，起锅装盘即成。

工艺关键：

——东安县芦洪市产的鸡腿小胸大而肥，选用生长期1年内的仔鸡最好。

——煮鸡时间不宜过长，以腿部插进筷子拔出无血水为准。

——鸡从脊背一开两半再去骨，先去身骨再去腿骨，刀一定要紧贴骨头进入，注意保持鸡形完整。

——勾芡要少而匀，原料抱汁即可。

一七五、传说由嫦娥指点做出的“云梦鱼面”

【名菜典故】

相传很久以前，在云梦城北的云台山下住着一位王幺姑。一天，幺姑在做面条时倒进了刚煮好的鲜鱼汤，家人吃面条时都说味道鲜。聪明的幺姑想，要是在面粉里加些鲜鱼肉做成面条，味道岂不更好？于是幺姑取来鲜鱼的净肉，剁成肉泥和进面粉中，做出了第一碗云梦鱼面。

王家幺姑会做鱼面的消息很快在四乡传开，人们都来学艺，并编成歌谣传唱：“擀的面像素纸，切的面像花线，下在锅里团团转，盛在碗里像牡丹。”

后来幺姑约了17个姑娘开了一个鱼面作坊。一天晚上，姑娘们在院子里做鱼面，一直忙到月上中天。忽然间，一个姑娘脚踏莲花，飘然飞上天空，姑娘们慌忙清点人数，却一个不少。这时从云端传来悠扬的歌声：“要得鱼面美，桂花潭取水，云台山上晒，鱼在白鹤嘴。”原来飞上天的是嫦娥，她是暗中下来帮忙的。按照嫦娥的指点，姑娘们取来桂花潭的清水、白鹤嘴的肥鱼做成鱼面，放在高高的云台山上晒，果然，鱼面的味道更鲜美了。

关于云梦鱼面的产生，还有一个传说，《云梦县志》曾做了记载：清朝道光年间，云梦城里有个生意十分兴隆的“许传发布行”，由于来这个布行做生意的外地客商很多，布行就开办了一家客栈，专门接待外地客商。客栈特聘了一位技艺出众、擅长红白两案的黄厨师。

有一天，黄厨师在案上和面时，不小心碰翻了准备氽鱼丸子的鱼肉泥，不好再用，弃之又可惜。黄厨师灵机一动，便顺手把鱼肉泥和到面里，擀成面条煮熟上桌，客商吃了，个个赞不绝口，都夸此面味道鲜美。从此以后黄厨师就如法炮制，并干脆称此面为“鱼面”。这样，鱼面反倒成了客栈的知名特色美食。

后来有一次，黄厨师做的面条太多了，没煮完，黄厨师就把剩下的面晒干，客商要吃时，就把干面条煮熟送上，不料味道反而更加好了。就这样，在不断的摸索和改进之中，风味独特的云梦鱼面终于成为一方名食。

云梦鱼面之所以味道特别鲜美，自然离不开云梦得天独厚的自然条件和丰富的特产资源。《墨子·公输》曾记载：“荆有云梦，犀兕麋鹿麓满之，江汉之鱼鳖鼋鼍为天下富。”由于盛产各种鱼鲜，故所产鱼面也因质优出名。前文所提到的“桂花潭”“凤凰台”“白鹤嘴”，说的是城郊有一“桂花潭”，清澈见底，潭水甘美；“凤凰台”距桂花潭不远，地势高阔，日照持久；城西府河中“白鹤嘴”分流处，所产鳊、白、鲤、鲫，鱼肥味美，是水产中之上乘。

当初偶然制成鱼面的黄厨师，后来专门潜心研制鱼面。他采用的就是“白鹤嘴”之鱼，取鱼剁成泥，用“桂花潭”之水和面，加入海盐，放置“凤凰台”上晒干、收藏。经过精心制作的鱼面，不仅用来招待客商，“许传发布行”的老板还将其作为礼品，馈赠来自各地的布客，使得云梦鱼面广为流传。

【古菜今做】

做法一

采用鲜鱼（青、鲤、草鱼为佳），除去内脏、鱼鳞、头尾、骨皮，绞成肉浆，与上等面粉、苞谷粉、豆粉、海盐、纯碱、清水搅拌均匀，压成薄面皮（每张150～200克，厚度1厘米），上甑蒸熟，取出摊晾，折叠切丝，晒干装盒，便可以贮存携带。

烹制时，先将鱼面放在开水里浸透，再去掉水分。由于鱼面是干的、一卷卷的，需要先泡开才能放至锅中翻炒。注意，泡的时间不能太长，几分钟即可。同时，将木耳泡发，加些木耳会脆脆的，口感更佳。待鱼面和木耳泡好后，将腊肉洗干净，切片。将油倒入锅中烧沸，放入姜末、蒜末、腊肉，翻炒几下，然后倒入之前泡好的鱼面、木耳，最后倒入陈醋、胡椒、鸡精，拌炒一下即可食用。

做法二

原料：鱼面250克，猪瘦肉150克，鲜红辣椒25克，香菇30克，蛋皮30克，葱段10克。

调料：白醋15克，生姜丝10克，蒜丝5克，味精5克，色拉油250克（实耗25克），鸡蛋1个，香油50克，精盐适量，湿淀粉少许。

——将鱼面用温开水泡至散开（夏天50℃～60℃，冬天70℃～80℃），然后将鱼面倒入漏筛滤干水分，再用筷子抖散，以免粘连，待用。

——猪瘦肉、红辣椒、蛋皮、香菇分别切成细丝，香葱切段，肉丝腌渍后放入蛋清、湿淀粉上浆并抓匀。

——炒锅置火上烧热，用油滑锅，再放入色拉油烧至四五成热。先将肉丝滑油，然后依次将香菇、红辣椒过油后捞起。将炒锅置于火上烧热，放入油烧热后，将鱼面一边抖入锅一边炒，使其均匀受热。将肉丝、香菇、蛋皮、红辣椒丝、调味料依次放入，撒入葱段，淋入少许香油，快速翻炒后起锅，将鱼面装盘，加以点缀即成。

其他做法：

——用清水稍加煮沸，加上葱、姜、酱油等作料即可，营养丰富，滋补健胃，味鲜可口，如用鸡汤、排骨汤煮食，味道更鲜美。

——先将鱼面放在开水里浸透，再去掉水分，用麻油或猪油、香菇、冬菇、玉兰片、肉丝加上陈醋拌炒。

——先将食用油烧沸，把鱼面放在油里炸，炸至鱼面金黄时即可食用。

一七六、北宋农民起义军抗击宋军的“方腊鱼”

【名菜典故】

民间流传着这样一段故事：北宋末年，宋徽宗荒淫无耻，伙同蔡京、朱勔、王黼、李彦、童贯、梁师成“六贼”把国家搞得乌烟瘴气。宋徽宗派朱勔在江南一带搜刮珍奇异宝、名花古木，朱勔及其爪牙仗着皇帝的势力在江南横行霸道，拆墙破屋、敲诈勒索，弄得民不聊生。歙州、睦州一带山清水秀，物产丰富，就成了朱勔等人骚扰、搜刮的主要地区。歙州、睦州人民痛恨官府，在穷苦农民方腊的领导下举行起义。公元1120年即宋徽宗宣和二年秋，起义之火点燃。方腊起义爆发后，江南一带老百姓纷纷响应，半年左右的时间，即占据浙、皖南、赣等地。方腊起义军的队伍虽然规模很大，但还是无法与几十万宋朝精锐部队相抗衡。尽管方腊及其部将多次击败宋军，但攻占的杭州、金华等地还是很快陷落，最后退到了齐云山独耸峰，宋军尾随而至，来到山下。齐云山山势险要，起义军在此可以居高临下，打击敌人的进攻。但这里粮草不足，难以久居。宋军几次攻山失利后，便在山下安营扎寨，切断通往山上的道路，准备将起义军困死在山上。方腊见敌人施出这样的毒计，非常着急，只得在山上到处走动，寻找突围的时机。一天，方腊走到山上的一个大水池边，见里面有很多鱼虾，顿生一计：他叫来一些战士，把水池中的鱼虾都捕捞起来，然后集中投向敌人，以此迷惑宋军。宋军将领见山上有如此丰富的鱼虾，以为山上的粮草必然充足，一时难以将方腊起义军困死，强攻又攻不上去，只好解围而去。

“方腊鱼”这道菜取方腊起义军不畏强敌、奋勇冲杀之气势，寓人民敢于反抗贪官昏君、再造理想社会之精神，故一直深受人民群众的喜爱。

【古菜今做】

原料：鳜鱼750克，青虾350克，猪肋条肉（五花肉）50克，鸡蛋清75克。

调料：白砂糖30克，醋10克，香菜10克，淀粉（玉米）20克，西红柿酱120克，盐10克，味精5克，猪油（炼制）150克，小葱25克，姜25克。

做法：

——将鳜鱼从脐门后下刀剞至中刺骨，顺中刺骨片下半片鱼肉，再将另一片鱼肉同法片下，铲去鱼皮。

——鱼头尾和中刺骨连接在一起。

——将鱼头略拍一下，把鱼肉片成0.3厘米厚的薄片。

——青虾挤出虾仁50克碾成泥，其余的去头壳留尾壳洗净。

——猪五花肉剁成泥状。

——葱姜洗净，切成碎末，用纱布包扎挤出汁水。

——将头尾中刺骨部分和虾分别放在容器中，加葱姜汁15克、盐15克、黄酒10克、味精少量，搅拌上劲后，加入虾仁泥拌成馅，做成4只小蟹形（用带尾壳的虾按成蟹爪和蟹足）。

——鱼片用盐3克、黄酒3克、味精少量拌和均匀。

——再将鸡蛋清25克、淀粉5克放入抓拌，使鱼片上浆上劲，待用。

——另将鸡蛋清50克、淀粉5克调成蛋泡糊。

——将带尾壳的虾取出，用洁布吸干水分，拍上干淀粉待用。

——将4个“小蟹”和头尾中刺骨部分（竖着摆）分别上笼蒸至成熟定型，保温待用。

——锅放在中火上加热，放入熟猪油，烧至三成热时，将带尾壳的虾逐个沾上蛋泡糊，下油炸至外皮挺起捞出，再入四成热油复炸一次，随即捞出沥油，即成高丽凤尾虾。

——原油锅用旺火烧至五成热时，将鱼片分别投入油中炸至浅金黄色捞出，再用七成热油重炸捞出沥油。

——将鱼头尾连中刺骨按鱼形摆好，鱼片分别排在中刺骨两边，周围撒上香菜，4只小蟹放在大盘四角。

——同时另取锅放入熟猪油15克烧热，放入西红柿酱、白糖、醋和水150毫升，熬稠起光泽时，即均匀地浇在鱼片和蟹上，将凤尾虾的尾部向外围摆在四周即成。

工艺关键：

——蛋泡糊，又称高丽糊，因其色白、泡沫丰富，形似白雪，故又名雪衣糊。制作时将蛋磕在碗中，用打蛋器或筷子向同一方向抽打，先慢后快，先轻后重，中间不间断，待泡沫丰富、颜色洁白，将筷子竖在其中不倒就合格了。

——因有过油炸制过程，需准备熟猪油2000克。

【营养功效】

鳜鱼含有蛋白质、脂肪、维生素、钙、钾、镁、硒等营养元素，肉质细嫩，极易消化，适于儿童、老人，及体弱、脾胃消化功能不佳者食用，并具有补气益脾的滋补功效。虾营养丰富，其肉质松软，易消化，对身体虚弱以及病后需要调养的人是极好的食物。虾中含有丰富的镁，能很好地保护心血管系统，可减少血液中胆固醇含量，防止动脉硬化，同时还能扩张冠状动脉，有利于预防高血压及心肌梗死。虾肉还有补肾壮阳、通乳抗毒、养血固精、化瘀解毒、益气滋阳、通络止痛、开胃化痰等功效。

一七七、青城山道士研发的“白果炖鸡”

【名菜典故】

据说，在二三百年以前，青城山一位年高的道长久病不愈，日益消瘦。青城山上有一棵银杏树已有500多年的历史，所结白果大而结实。天师洞的一位道士多次取用该树所结的白

果，同嫩母鸡烧汤，以文火炖浓后，给道长食用，使道长病情好转，不久便恢复了健康，精神焕发。从此，“白果炖鸡”便闻名蓉城乃至四川，成为一款特色名菜。

【古菜今做】

原料：新嫩母鸡1只（重约1250克），白果（银杏）250克，绍酒30克，姜片15克，盐10克。

做法：

——将鸡宰杀，去毛、去内脏，用清水洗净。用刀沿鸡背脊处剖开（腹部不要剖开），随冷水入锅烧至水沸时取出，用清水洗净，去除血污待用。

——将白果壳敲开，连壳入开水锅略焯取出，剥去壳洗净。

——整只嫩母鸡入锅，加水（以淹没鸡为度），放姜片、绍酒，加盖焖炖30分钟左右，至鸡半熟、汤汁趋浓后，再倒入大砂锅内，放入白果、盐，加盖用文火炖15分钟左右，至鸡肉酥烂、汤浓出锅，倒入一只大的圆汤盘内，鸡肚朝上、背脊朝下，白果围在四周即成。

【名菜特色】

色泽淡黄，汤汁浓白，鸡肉鲜嫩，白果微甜，软熟适口。

一七八、孟姜女眼泪变成的太湖银鱼

【名菜典故】

相传孟姜女哭长城后，带着满腔怨恨与悲恸回归故里，途经八百里烟波浩渺的太湖，正遇着巡幸江南的秦始皇。秦始皇见孟姜女细皮白肉，一身素裹，无限娇美，顿起淫念，逼她为妃。孟姜女秉性刚烈，面对暴君，她思忖再三，提出了一个条件，要求秦始皇在太湖岸边搭个孝棚，祭过丈夫后方可进宫。秦始皇满口答应她的要求，并传旨从速办妥。孝棚很快搭好，孟姜女一袭白衣裙，面对太湖银波放声大哭，一连三天三夜，哭得云悲、月惨、天昏地暗，连太湖也接连涨水。第四天拂晓，太湖风平浪静，远近岛屿在蒸腾的晓雾中隐现，恍若仙境。此时，孟姜女已声嘶力竭，但晶莹的泪水仍涟涟而落，如同断了线的珍珠。忽然，天际飘来一朵五彩祥云，她那掉入太湖的滚滚泪珠，霎时变成了一尾尾冰清玉洁的银鱼。秦始皇与群臣惊恐万状，这时，孟姜女大骂一声："无道暴君！"便纵身一跃跳入太湖，化作一道彩虹飞向远方。孟姜女跳湖的千古传闻，使太湖银鱼饱含着神奇色彩。

【古菜今做】

原料：银鱼100克，鸡蛋3个，笋丝、韭芽、酱油各25克，水发木耳、绍酒各10克，精盐2克，猪油、白汤各100克，白糖、味精各少许。

做法：

——将银鱼摘去头尾，用清水洗净沥水。鸡蛋磕入碗中，加盐1克调散。笋丝入开水锅中焯一下捞出。将木耳用清水洗净，用开水泡发沥干。

——炒锅置于火上，用油滑锅，放入猪油25克烧热，下银鱼先煸炒几下，倒入蛋液中搅和。炒锅内再加猪油60克烧沸，倒入银鱼和蛋液，待蛋液涨发、一面煎黄后，再翻过来煎另一面。煎熟后，用铁勺将蛋块拉成4大块，加入绍酒、酱油、精盐、白糖、味精、白汤，倒入笋丝、木耳，加盖用小火焖烧二三分钟，再以旺火收汁，放入韭菜，再加猪油15克，出锅装盘即成。

工艺关键：银鱼肉质细嫩，烹制时必须注意火候。第一次入锅只需略炒一下立即取出，倒入蛋液中拌匀，再入热油锅煎制，以保持其质嫩味美。

一七九、载入明末戴羲《养馀月令》一书的皮蛋

【名菜典故】

相传明代泰昌年间，江苏吴江有一家小茶馆，店主很能干，所以生意兴隆。由于人手少，店主在应酬客人时，随手将泡过的茶叶倒在炉灰中。说来也巧，店主还养了几只鸭子，爱在炉灰堆里下蛋，主人拾蛋时，难免有遗漏。一次，店主在清除炉灰茶叶渣时，发现了不少鸭蛋。他以为不能吃了，

谁知剥开一看，里面黝黑光亮，上面还有白色的花纹，闻一闻，一种特殊的香味扑鼻而来；尝一尝，鲜滑爽口。这就是最初的皮蛋。后来，经过人们不断摸索改进，皮蛋的制作工艺日臻完善。最早对皮蛋制法的记载来自明末戴羲所作《养馀月令》中的“牛皮鸭子”，方法是：“每百个（鸭蛋）用盐十两，栗炭灰五升，石灰一升，如常法腌之入坛。三日一翻，共三翻。封藏一月即成。”

一八〇、源于清代的“王致和臭豆腐”

【名菜典故】

王致和是安徽仙源人。清康熙八年（1669），王致和在北京前门外延寿寺街开了一家豆腐坊，每天都做很多豆腐来维持生计。有一次，王致和做的豆腐没有卖完，又舍不得扔掉。时值盛夏，为了防止豆腐变坏，他便将其切成四方小块，配上盐、花椒等作料，然后放在后堂。过了几天，后堂飘逸出一股异样气味，王致和赶忙跑去一看，白豆腐全变成了一块块的青方。他信手拿起一块，放进嘴里一尝，不由惊叫道：“哎呀，我做了一辈子豆腐，从没有尝到过这么美的味道！”于是，他把这东西拿到店外摆摊叫卖，大受欢迎，遂取名为“青方”。

臭豆腐起初只是贫苦劳动者的佐餐佳品，窝头贴饼子就臭豆腐吃，别有风味。到了光绪年间，臭豆腐不但进入了大宅门，而且上了宫廷的菜谱，使其身价百倍。一些名流雅士也写诗称赞，清末状元孙家鼐写对联称道：“致君美味传千里，和我天机养寸心”。

【古菜今做】

——过去做臭豆腐所用的黄豆均精选自北京郊区所产的黄豆。磨豆腐用的水也是取自甜水井中。

——把含水分较少的豆腐切成长、宽各3.3厘米，厚1厘米的方块。

——将豆腐块分层排列，入屉发酵，温度在20℃时，经5天左右时间，即可全部长出白而带绿的菌毛。

——取出豆腐，将菌毛去掉，装在罐内，一层豆腐撒一层盐。过7天倒罐，改为放一层豆腐，撒一层五香料，最后灌入豆腐浆，将罐封好。两个月后取出，即是臭豆腐了。

——贮存应置于密闭的容器中。如浸入臭豆腐汤汁，存放在阴凉干燥处，可保存1年。

食用方法：臭豆腐作为一种佐餐的小菜，宜在春、秋和冬季食用，加入些香油、花椒油、辣椒油等调味品，味道更佳。

一八一、源于清代的成都名吃“麻婆豆腐”

【名菜典故】

相传，清朝光绪年间，成都万宝酱园的温掌柜有个满脸麻子的女儿，名叫温巧巧。她成年后嫁给马家碾一个陈姓油坊掌柜。10年后，她的丈夫在运油途中意外身亡。丈夫死后，巧巧和小姑的生活就成了问题，运油工和邻居每天都拿来米和菜帮助她们。巧巧的左右邻居分别是开豆腐铺和羊肉铺的，所以送来的菜常有豆腐和羊肉。巧巧就把碎羊肉配上豆腐炖成“羊肉豆腐”，味道辛辣，街坊邻居尝后都拍手叫好。于是，姑嫂俩就把住屋改成店铺，前铺后居，以“羊肉豆腐”做招牌菜招徕顾客，由于价钱不贵，味道又好，生意颇兴隆。巧巧寡居后没改嫁，一直以经营羊肉豆腐来维持生计。她死后，人们为了纪念她，就把羊肉豆腐叫作“麻婆豆腐”，流传至今。

【古菜今做】

原料：豆腐200克，牛肉馅100克，青蒜15克，豆瓣酱20克，豆豉10克，姜10克，辣椒粉0.5克，花椒粉1.5克，酱油10克，盐1克（根据口味），糖5克，湿淀粉（淀粉加少许水调匀）3克，肉汤（或水）150克，油75克。

做法：

——将豆腐切成2厘米见方的块，放入加了少许盐的沸水中汆一下，去除豆腥味，捞出用清水浸泡。

——豆豉、豆瓣酱剁碎，青蒜切段，姜切末。

——炒锅烧热，放油，放入牛肉馅炒散。

——待牛肉馅炒成金黄色，放入豆瓣酱同炒。

——放入豆豉、姜末、辣椒粉同炒至牛肉上色。

——下肉汤煮沸。

——放入豆腐煮3分钟。

——加酱油、青蒜段、糖，用盐调味（如果觉得够咸就不用放盐）。

——用湿淀粉勾芡即可。

——盛出后撒上花椒粉。

一八二、家厨出错做成的“神仙蛋”

【名菜典故】

相传在古代，江苏溧阳城里有位绅士在家宴请当地的一些文人名士，吩咐家厨在菜中为每位宾客配只熟鸡蛋。因家厨一时疏忽，将蛋壳煮破。他害怕惹主人生气，便索性将蛋壳磕开一个小孔，取出蛋黄，填入猪肉蓉，又用淀粉封好口，再蒸、炸过后上桌。宾客们从未吃过这种蛋，他们见蛋中有肉，感到非常新奇，吃起来味道鲜美，便齐声赞好，并询问主人，这道新奇的肉蛋叫何名字。主人又去问家厨，家厨告诉他说，这菜乃八仙所食，名叫“神仙蛋”。随着时间的推移，各路厨师发挥

自己的聪明才智，在原来的基础上，选用了一些新的材料，使“神仙蛋”更有特色，味道更加鲜美。

【古菜今做】

原料：鸡蛋10个，猪腿肉200克，绍酒25克，盐6克，酱油40克，白糖20克，味精2克，姜10克，鸡汤200克，水淀粉60克，熟猪油1600克（实用110克），香油5克。

做法：

——先将鸡蛋洗净放入凉水锅中用小火煮5分钟，使蛋白煮熟凝固（蛋黄仍未熟，呈液态），然后将蛋捞出，放入凉水中冷却，将蛋壳打一小孔，将蛋黄倒出。

——将猪瘦肉剁成蓉，在蓉中加入盐、味精、白糖、姜末、绍酒等调匀拌成馅，并将馅逐一酿入蛋内，用水淀粉封住各蛋开口处，再将蛋蒸熟，去壳。

——将加工好的蛋放入油锅中炸至呈金黄色后，倒去锅中的油，然后在锅中放入鸡汤、酱油、盐、糖、绍酒，煮沸后用小火煮15分钟，加味精，用水淀粉勾芡，淋入香油即可上桌。

一八三、清代浙江的姑嫂饼

【名菜典故】

据民间传说，清代桐乡乌镇上有一家小小的糕饼店，专门制作一种甜味的小酥饼应市，很受当地顾客喜爱，生意还算不错。店主为了能独家经营而不让制饼技艺外流，坚持手艺传媳不传女的传统，只教儿媳制饼，而对女儿保密。店主的这种做法引起了女儿的不满，也使她对嫂嫂产生了忌妒。有一天，她趁嫂嫂不注意时，偷偷往制饼用的配料中撒了几把盐。她原以为这样定能使嫂嫂当众出丑，谁知用加过盐的配料制成的小酥饼甜中带咸，风味更佳，顾客十分喜欢吃。店主自己尝了这种饼后，开始大为不解，后来知道了是女儿恶作剧的结果，不禁大笑起来。从此，她让女儿也一起制饼。姑嫂两人齐心协力，按新的配料方法制成的小酥饼甜咸兼备，香醇可口，逐渐名噪一时，驰名各地。桐乡乌镇是我国现代文学巨匠茅盾的故乡，茅盾童年时最爱吃的零食就是“姑嫂饼”。直到晚年，他还常向人们谈起上面这个关于“姑嫂饼”由来的故事。

一八四、源于明朝民间的“缸炉烧饼”

【名菜典故】

相传元朝末年，明太祖朱元璋占领了南京城后，封其儿子朱棣为燕王，率众兵“扫北”，攻打元军。经过激烈的战争，许多村镇成了一片废墟。当背井离乡的黎民百姓重返家园时，房屋已经化为一堆堆瓦砾和灰烬。女人们啼哭，男人们叹气，小孩们哭闹着要吃东西，一片凄凉的景象。

有个心地善良的小炉匠看着这些可怜的孩子，就将自己仅有的一点玉米面从破口袋里倒出来。然而，整个村镇连个完整的锅碗都找不到了，怎么把玉米面煮熟了吃呢？小炉匠左思右想，终于想出了一个应急的办法：从瓦砾堆里挖出两块破缸片，用水洗净。在一块缸片上和好面，做成小饼；把另一块缸片用火烧热，然后把小饼贴在热缸片上，再用火烤。烤熟一尝，这种饼外焦内嫩，香酥可口，大家都很爱吃。

后来，小炉匠买了一口新缸，将缸底凿掉，再反扣过来，在缸的中间烧上炭火，专用缸壁烘烤烧饼出售，生意十分兴隆。之后，人们就将这种烧饼称作“缸炉烧饼”。

【古菜今做】

原料：小麦面粉600克，酵母15克，盐8克，五香粉3克，碱1克，花生油60克。

做法：

——将花生油放入碗内，加入五香粉、精盐搅拌均匀，即成五麻油。

——面粉放入盆内，加入酵母和水拌和均匀，调成面团，盖上拧干的湿洁布，静置二三小时，至面团稍稍发起，成为嫩酵面。

——将面团放在案板上，放入食碱，揉匀揉透，搓成圆条，分成每个重约50克的剂子，擀成厚约0.4厘米的长方片，抹上一层五麻油，折叠三四层，再搓成条。用刀顺长切为两半，每半条切面朝上，用手拿住两头抻长，从外向里盘卷成圆形，剂头压在下面，按扁成为直径6厘米左右的圆饼，表面再刷少许油，即成烧饼生坯。

——将烧饼生坯沾少许水，贴在缸炉炉壁周围至上口周围，用中火烤8~10分钟，烤至呈金黄色熟透时，即可出炉。

一八五、源于清代民间的江南名点——“捏酥”

【名菜典故】

捏酥最早产于安徽芜湖县湾址镇。相传清嘉庆年间初，湾址一家糕饼店里有位善制麻酥糖的糕点师傅。一天，他配好料，正待制作麻酥糖时，与店老板发生了口角，一气之下，竟丢下未做好的麻酥糖，拔腿就跑。面对案板上的食料，店老板又气又急，手足无措。于是，站在一旁的老板娘只得上前收拾。她先把配好的原料切成小团，再用两手捏拢成一个个小方块，再一层层地放到一口缸里，盖上缸盖暂搁一边。谁知隔了几天，缸里散发出一股香味。店家夫妇立即好奇地掀开缸盖，顿时醇香扑鼻，而小方块则不瘫不散。取之一尝，香甜可口，顾客尝后，也纷纷称绝。于是，人们根据其以手捏而成的特点，称这种糕点为“捏酥”。

此品原为粉状，用汤匙吃，是冬令进补的小食品，后为便于出售，乃制成一捏之形，故称“捏酥”。

【古菜今做】

原料：面粉5千克，白芝麻2.5千克，桃仁2.5千克，白糖粉7.5千克，熟猪油2千克。

做法：

——将芝麻、桃仁炒熟后，研成碎屑。

——将面粉用文火炒熟。

——把芝麻屑、桃仁屑、熟面粉、白糖粉拌和均匀。

——将猪油略加热后拌入以上材料并进行搓擦，直至能捏成团为止。天气太冷须多加250克猪油。

——按传统方法以一手捏紧即成，现多采用压入木模的方式，脱模而成。

——脱模后装盒。

一八六、经吕洞宾指点制作的绍兴香糕

【名菜典故】

很久以前，杭州西湖的城隍山下住着一个姓孟的绍兴人。他年纪轻，大家就叫他“小绍兴”。小绍兴很勤快，每天半夜起床，磨米粉，蒸松糕，天亮挑起糕担沿街叫卖，养活自己和瞎眼的母亲。

有一年大年初一，杭州人为讨“步步登高”的吉利，倾城出动，到城隍山登高。因为游人如织，小绍兴生意很好，片刻工夫，松糕就卖得只剩下一小块缺角的。小绍兴想起母亲还未吃饭，就留下这块缺角糕，提前收市，准备带回去给母亲当早饭。走到城隍庙时，只见一个白发银须老人，头枕在口对口地对在一起的两只破碗上，向他乞讨。小绍兴见老人衣衫褴褛，瘦骨嶙峋，异常同情，摸出几文钱送给老人。谁知，老人不要钱，要松糕。小绍兴无奈，拿出留给母亲的破角糕，递给了老人。老人毫不客气

地吃了下去，边吃边连连称好。

小绍兴回到家里以后，把此事告诉母亲，母亲十分赞许，并让他多多接济老人。从此，小绍兴每走过庙门，只要看见老人，便送他一块松糕。

有一天，小绍兴照例给老人送糕。老人见他愁眉不展，问："是不是有不如意的事？"小绍兴答："连日阴雨，生意清淡，松糕卖不出去，娘吃那卖剩的糕，得了重病，茶饭不思。"老头听了哈哈大笑："别着急。要吃的，我没有；要良药，我倒有。"说着，从怀里掏出个葫芦，交给小绍兴，吩咐他做松糕时，将葫芦里的药放到松糕里面，他娘吃了这种糕，病一定会好。

老人说完，一阵风起，他就不见了。小绍兴这才明白遇到了神仙。想起老人那口对口对在一起的破碗，他猛然醒悟，老人是吕洞宾。于是，他连忙回家，按吕洞宾指点的法子制糕。他先把葫芦里的药倒出一点儿，放进糕粉，制成糕胚，蒸熟。待糕冷却，又一块一块放到炭火上面，烘成金黄色。烘出的松糕散发出一股奇香。水米未进的老母闻得异香，顿觉饥饿，拿糕就吃。老母亲吃下糕后的第二天，病果然好了。从此，小绍兴就一直用这个办法制糕。由于这种糕奇香扑鼻，松散香甜，于是声名不胫而走，被人叫作"绍兴香糕"。

后来，人们明白了，放进香糕里的药，原来是中药里的砂仁。砂仁性温，理气宽胸，健脾和胃，增进食欲，适用于脾胃气滞以及消化不良。作为一种养生食品，香糕也就更受人欢迎了。

【古菜今做】

原料：甲级白粳米75.4千克，白砂糖24.1千克，糖桂花300克，香料150克。

做法：

——先把米淘洗干净，用适量水（3%～5%）浸泡10～16小时，使米粒含水量为26.8%左右，磨成细粉，用529目箩过筛，粗粉重磨。

——将过筛的细米粉与砂糖拌和，焖2～5小时，使糖溶化，再用36目筛过细，以60℃～100℃的炭火烘烤。但不宜过干，以免粉易飞散损失。

——拌入香料，入模切成片，蒸30～40分钟。

——取出后用80℃～100℃的文火烘烤12～15分钟，使水分蒸发，再以100℃～120℃的炉火烘烤6～8分钟，翻转再烘烤5～7分钟，即为成品。

【名菜特色】

香糕方方正正，白中透焦黄，质地细腻，入口酥散、香甜。

一八七、南宋民间由诅咒宰相秦桧而来的油条

【名菜典故】

公元1142年，南宋宰相秦桧和妻子王氏等人，以“莫须有”的罪名把抗金英雄岳飞杀害在杭州风波亭。消息传出后，杭州城的老百姓恨不得将这伙卖国贼千刀万剐。但奸臣当道，大家都敢怒而不敢言。传说杭州城有两个卖烧饼的想出了个好主意，他们用两块面疙瘩捏成秦桧和其妻王氏的样子，背靠背地粘在一起，放进滚油里炸，一边炸，一边喊：“大家来看油炸烩了！”周围的人纷纷围拢过来，看到此情景都感到很解恨，于是也跟着喊起来。恰好秦桧退朝经过这里，听到老百姓的喊声，派人将两个卖烧饼的抓来问罪。卖烧饼的不慌不忙地说：“我们炸的是火字旁的烩，不是木字旁的桧。”秦桧看到油锅里浮起的两个面人，厉声喝道：“这炸成黑炭一样的东西也能吃吗？分明是聚众闹事！”正要抓人，人群中站出两个人说：“我们就爱吃炸成这样的。”一边说一边把锅里的面人捞出来，一人一半吃起来，气得秦桧一伙灰溜溜地走了。

“油炸烩”的事一传开，大家都想亲口吃一个“油炸烩”解解恨，纷纷到烧饼摊上来买。由于买的人太多，捏面人又太费事，卖烧饼的就想出了个简便的办法，把面切成许多小条，拿出两根小条来，一根算是秦桧，一根算是王氏，然后粘在一起，仍然叫“油炸烩”。因为“油炸烩”是长条形，于是后来人们又把它称为“油条”。

【古菜今做】

——将香酥油条精倒入盆中，取适量面粉放入盆里搅拌。

——放入适量水，反复搓揉，至面团光滑柔韧，拉细长不断为止。

——再把面团放到案板上，对折起来，撒上干面粉，再拉伸、再对折、再撒干面。

——将面条放入滚烫的油锅中，炸至金黄色时即成。

一八八、用哪吒割的龙须制作的“龙须糕”

【名菜典故】

传说，小哪吒有一天同小伙伴在海边嬉戏，碰上东海龙王的三太子出来欺侮百姓。小哪吒义愤填膺，挺身而出，打死三太子，又抽了它的筋。东海龙王得知此讯，勃然大怒，随即兴风作浪，口吐洪水，要淹没陈塘关。哪吒不愿牵连父母和百姓，自己剖腹、剜肠、剔骨，还筋肉于双亲，借着荷叶莲花之气，脱胎换骨，变成仙风道骨的神灵。后来哪吒大闹东海，砸了龙宫，骑在龙王背上，剥了它的皮，抽了它的筋，连龙须也割了。当时一个做糕师傅的水桶绳子断了，见龙须好用，找哪吒要，哪吒就给了他。谁知，师傅拿了龙须，正要搓制绳子，有人喊他，他便把龙须往锅台上边一放，走了。正好一阵风起，龙须被吹入锅里，和正在蒸制的糕饼混在一起。待师傅回来时，满屋异香，哪里还有龙须，只有一锅细如龙须的香糕。师傅觉得神奇，把这事告诉哪吒，哪吒让师傅把糕分给百姓吃，百姓都说好吃。就这样，此糕流传下来，这就是河南的传统名点——龙须糕。

【古菜今做】

主料：糯米面（干粉），面粉。

辅料：燕根苗（一种野生植物，俗称“打碗花”，具有浓郁香味），白糖，樱桃，青梅，瓜条，桃仁，葡萄干。

做法：

——将燕根苗摘去老根，切成一段段，用水洗净；将青梅、瓜条、桃仁全都剁碎。

——将面粉蒸熟晾凉、擀细、过箩，然后将糯米粉、燕根苗、白糖和水等一起拌匀。

——在四方木框内将拌好的燕根苗粉面倒入，按实压平，上撒樱桃、葡萄干，和剁碎的青梅、瓜条、桃仁，上屉蒸1个多小时，蒸熟为止。

——蒸熟出屉，去掉木框，晾凉，切成长方块，摆在盘内即可食用。

一八九、南北朝百姓慰劳“京口之战”军队的“荷叶包饭”

【名菜典故】

南梁时，侯景攻破了建康，自己当上了皇帝。被软禁的萧衍一生信佛，最后却被活活地饿死。南梁大将陈霸先领数十万大军从江陵出发，杀向建康。经过激战，侯景抵抗不过，只好带10多个随从乘小船逃走，却在半路上被部下杀死，从此南朝四分五裂。公元557年，陈霸先建立起陈朝，自称陈武帝。公元561年，北方出现北齐和北周两个并立的封建王朝，北齐为了扩张势力，派出大军向南陈进攻。陈霸先称帝之后，面临内外交困的形势。大敌当前，陈霸先暂时采取了一些缓解内部矛盾的措施，加紧整顿兵力对付来自北方的入侵者。一时间，建康军民同仇敌忾，士气高昂，为保卫首都安全，在京口和入侵的北齐恶战了一场。陈霸先背水死守，身先士卒。老百姓纷纷送荷叶包饭和荷叶鸭子到军中慰劳，陈军士气大振，狠狠惩罚了入侵者。北齐军大败而逃，死伤惨重，十万之众仅存二三万。

唐宋以后，吃“荷叶包饭”在南方民间盛行起来。柳宗元的诗中就有“青箬裹盐归峒客，绿包荷饭趁虚人”之句。

【古菜今做】

原料（以5份计算）：上籼稻米500克，烧鸭肉200克，虾仁、叉烧、白酱油、绍酒、麻油、味精、胡椒粉各适量，上汤750克，鲜荷叶15片，清水1250克。

做法：

——将米洗净沥干，入猪油拌匀，蒸笼内垫湿布，入米蒸熟。取出降温后，摊成5份。

——鲜笋去壳加清水入锅煮熟，切成细丝，再下清水锅煮沸，捞出、晾干。将叉烧、烧鸭、瘦肉、湿冬菇切成粒，鸡蛋打入碗内搅匀，用生油煎成蛋片切丝。以上各料一同入盆，加盐、麻油、绍酒、味精各5克，胡椒粉2.5克，拌成馅，分成5份。

——鲜荷叶入沸水烫软后取出，两片相叠做底，一片垫中。将熟饭1份分成两半，先放半份于荷叶上摊开，入馅料于饭中间，再加半份熟饭盖上馅料。用荷叶包裹成方形，用水草扎紧，入笼蒸20分钟即熟。食用时每份带上汤一碗。

一九〇、太平军英王军队喜爱的“三河米饺”

【名菜典故】

在安徽合肥不远处有个三河小镇，这里有一种用籼米粉制作的带馅饺子极有名气，人称“三河米饺”。传说它的由来与太平天国的青年将领陈玉成甚有关系。

陈玉成生于广西藤县，14岁参加洪秀全领导的金田起义，随太平军长期转战大江南北，屡立战功。清咸丰四年（1854），他率领太平军一举攻克了重镇武昌城，接着随秦日昌大破清提督孔广顺于应山，斩清西安将军扎拉芬于随州。陈玉成的太平军所向披靡，清军闻风丧胆。不久，他被天王洪秀全授予正丞相之职。以后几年中，他四处作战，数次攻破清军主力江北大营，有力地保卫了天京安全，又被天王授予前军统帅之职。

1858年，陈玉成率太平军与清军另一主力湘军决战于安徽合肥的三河城。年轻的主帅身先士卒，一马当先冲入敌阵，全军将士备受鼓舞，无不奋勇杀敌。太平军犹如天降神兵，经数日苦战，全歼湘军李续宾部，彻底扭转了太平天朝后期军事上不利的形势。天王洪秀全为表彰陈玉成的赫赫战功，加授他“英王”称号。这就是历史上有名的太平军“三河大捷”。

英王陈玉成的军队爱护百姓，所到之处军纪严明，秋毫无犯。三河城老百姓拥护太平军，在战斗最艰苦的日子里，家家户户给太平军将士送吃送喝。其间，最受太平军战士喜爱的就是“三河米饺”了。后来，陈玉成及太平军的足迹踏遍了江南江北，“三河米饺”的美名也随之被传扬到各地，至今盛名不减当年。

【古菜今做】

原料（以30只计算）：籼米粉1500克，猪五花肉200克，豆腐干500克，酱油100克，精盐15克，葱末75克，姜末10克，味精1克，干淀粉75克，熟猪油35克，菜籽油1500克。

做法：

——将猪肉、豆腐干切成黄豆大的丁。炒锅置旺火上，放入熟油烧热，先将肉丁倒入炒熟，再加入豆腐干丁、葱末、姜末、酱油、精盐5克、味精煸炒，同时将干淀粉加水调稀，缓缓淋入锅内，用锅铲不停地搅动，烧开即成馅心。

——将锅置于中火上，放入米粉和精盐10克拌匀，炒至米粉温度60℃左右时，加入清水2400克，搅拌均匀，烧熟出锅。将粉团放在案板上稍凉、揉透，做成每个重约65克的面剂。先将案板上抹菜油少许，把面剂揉成圆放在上面，用刀压成直径10厘米、厚1.7毫米的面皮，左手托皮，包上馅心1份，捏成饺子形状，即成生坯。

——铁锅置于旺火上，放入菜籽油，烧至七成热时下入饺子生坯，炸至呈金黄色时，改用中火再炸5分钟左右，出锅即成。

一九一、皇帝为民妇御笔亲书的“五谷食坊”

【名菜典故】

据说很久以前，有一个巧手的小妇人，几年前送走了心爱的丈夫去保家卫国，每年有驿人往来一次捎信递物。小妇人家里贫寒，只有些粗粮五谷，她冥思苦想，将这些粗粮细细地蒸煮起来，做成干粮寄给远方的丈夫…… 年复一年，小妇人的丈夫久久未归，最后就连驿人也不来了。

小妇人暗自伤怀，仍是年年做这些粗粮干粮，送些给村子里饥饿的孩子和老人们。因为味道绝佳，也有些富人来求，久而久之，小妇人的家成了一个小小的干粮店。

转眼又过了数十年，某天一个气宇非凡的男子来到老妇人店里求一餐，老妇人拿出干粮招待他，那人吃后连声叫绝。老妇人便和这男子讲起了这五谷粗粮背后的数年相思、苦苦守候。那男子叹息一声，执起老妇人的手，告诉她："我定会对得起您老人家的。"数日后，一骑轻骑从京都赶来，宣读了皇帝御赐老妇人为二品诰命妇人的圣旨，并送来皇帝御笔亲书的四个大字："五谷食坊"。

一九二、经济公指点做出的"无锡肉骨排"

【名菜典故】

传说，在800多年前的宋朝，有个济公和尚，身穿一件破袈裟，蓬头垢面，一手拿钵，一手敲木鱼，腰间插着一把破蒲扇，大家都称他花子和尚。

一天，济公和尚化缘到无锡，从无锡东街化到西街，从南街化到北街，人人都嫌他脏，一碗斋饭也没有化到。后来，他就围着陆记熟肉店转，转过来又转过去，不知转了多少趟。柜台里的一个小伙计看见了，猜到他想吃肉，就故意问："你要吃猪肉？"

济公点点头，就把钵送过去，小伙计就给了他几块猪肉。济公接过来，没有走几步就吃完了，又转了回来，小伙计又问道："你还想吃？"济公又点点头，小伙计就又给了他几块猪肉。济公三口两口又吃完了，仍不肯走。小伙计刚要再把肉给济公时，听见背后有脚步声，一看是老板来了，就对济公说："你向老板要！"

济公就向老板要，老板顺手拿了几根骨头给他。济公不要，老板只好又给他几块猪肉，嘴里嘀咕道："肉给你吃光了，明天叫我卖骨头啊？"

济公爽朗地回答道："明天你就卖骨头好了！"

老板动气了，说："你一个出家人，吃的百家饭，说话倒轻巧。骨头卖不到肉价钱，叫我一家老小喝西北风呀？"

济公痴痴癫癫地说："老板，你说的话就不在理了。俗话说：'好金出在沙子里，好肉出在骨头边。'骨头也可以卖肉价钱。"

老板想了半天也没有想出一句话来回济公。济公边吃肉边教老板怎样煮骨头，最后又从腰间破蒲扇上撕下几根蒲茎交给老板，关照他要将其跟骨头放在一起煮，说完就无影无踪了。

济公走后，老板看着柜台上一大堆肉骨头，心想：明天卖啥呢？他眼睛忽然一亮，决定明天就按老和尚的指点，煮骨头卖吧！

第二天，老板如法炮制，煮出的肉骨头异香扑鼻，整个无锡城的居民都闻着香味来买肉骨头。没有多少时辰，肉骨头一卖而空，吃了的都说好。从此，无锡肉骨头的名声也就传开了。

【古菜今做】

原料（4人分量）：腩排600克，片糖100克，大红浙醋2汤匙。

调料（拌匀）：盐半茶匙，绍酒半茶匙，老抽2茶匙，胡椒粉少许，水2杯。

做法：

——将腩排斩成4寸长的排骨共3条，洗净，抹干水分。

——用适量油将腩排两面煎至微黄色，加入调味料，以慢火焖约半小时。

——放入片糖及浙醋焖约10分钟至汁液浓稠即成。

【名菜特色】

浓油赤酱，酥烂脱骨，汁浓味鲜，咸中带甜，香气浓郁。

一九三、白云山寺院的“白云猪手”

【名菜典故】

相传在古代，白云山上有座寺院，寺中的小和尚偷偷弄来一只猪手，想煮熟了吃。猪手刚煮熟，适逢长老找他，小和尚害怕中将猪手丢到了山下的溪水中。第二天猪手被一个樵夫捡去，用糖、盐、醋等调味后食用，发现皮脆肉爽、酸甜适口，这种炮制猪手的方法也流传开来。因它起源于白云山，所以被称为“白云猪手”。

【古菜今做】

原料：猪手，白醋，白砂糖，水，老姜，广东米酒，盐，红辣椒，冰块。

做法：

——将水、白砂糖、白醋、盐、老姜和红辣椒以大火煮5分钟左右，放凉后即成糖醋汁，备用。

——将猪手放入沸水中以大火煮20分钟，随后用流动的水冲洗干净，放入冷水浸泡1小时。

——将猪手沥干水分，切成小块，放入沸水中，加广东米酒、姜片和盐，以大火煮20分钟。

——将猪手捞出放入盛有冰块的容器中，再加入足够的冷水冰镇1小时左右。

——将冰镇过的猪手放入糖醋汁中，浸泡6小时后即可食用。